多智能体系统一致性理论研究及其应用

邵敬平　刘　鹏　张志勇　著

中国原子能出版社

图书在版编目（CIP）数据

多智能体系统一致性理论研究及其应用 / 邵敬平，刘鹏，张志勇著. -- 北京 : 中国原子能出版社，2024. 9. -- ISBN 978-7-5221-3591-5

Ⅰ. TP18

中国国家版本馆 CIP 数据核字第 2024JZ9931 号

多智能体系统一致性理论研究及其应用

出版发行　中国原子能出版社（北京市海淀区阜成路 43 号　100048）
责任编辑　张　磊
责任印制　赵　明
印　　刷　北京厚诚则铭印刷科技有限公司
经　　销　全国新华书店
开　　本　787 mm×1092 mm　1/16
印　　张　17
字　　数　260 千字
版　　次　2024 年 9 月第 1 版　2024 年 9 月第 1 次印刷
书　　号　ISBN 978-7-5221-3591-5　　　　定　价　**78.00 元**

前 言

多智能体系统以其独特的机制深刻揭示了复杂系统的众多核心特性，因此，关于这一系统的理论研究在系统控制领域已然成为备受瞩目的焦点。鉴于多智能体系统在众多领域中的广泛应用，例如机器人编队控制、无人机协同作业、卫星集群的姿态调控以及传感器网络的目标追踪等，多智能体系统的分布式协调问题在过去的十年间已吸引了来自应用数学、统计物理学、生物学、通信、系统与控制、计算机科学等多个学科的众多研究者的广泛关注。

本书旨在系统介绍多智能体系统的协作机制理论及其丰富的应用。除了深入探讨多智能体系统的一致性理论外，还详细阐述了这一理论在不同领域中的具体应用。全书共分为八个章节，涵盖了多智能体系统的基本概念、数理基础、动力学原理、控制策略、定位技术、巡航机制、编队方法等多个方面。第一章概述了多智能体系统理论的研究进展，系统动力学及其数学基础，为后续章节奠定了坚实的理论基础。第二章深入剖析了多智能体系统的一致性理论，深入探讨了网络化系统的协作机制，揭示了多智能体系统实现协同机制的核心原理。第三章则进一步探讨了随机通信拓扑下多智能体系统的一致性理论，分析了随机通信对系统性能的影响，为实际应用提供了重要参考。第四章研究了基于采样的多智能体系统的一致性理论，为处理实际中可能存在的采样延迟和通信误差提供了有效的理论支撑。第五章详细阐述了多智能体系统的分布式协同目标定位问题，研究了基于不同测量技术下的多智能体系统分布式协同目标定位方法，为实际应用提供了有力指导。第六章则讨论了多智能体系统多目标的分布式巡航控制问题，特别关注了目标位置未知情况下的多智能体系统多目标分布式巡航控制策略，为解决复杂环境中的目标追踪问题提供了新思路。第七章着重阐述了一致巡航控制算法的设计问题，为求解受队形约束的一致巡航控制问题提供了新的解决手段。第八章简述了多智能体系统分布式编队问题，深入研究了信息受限条件下的多智能体系统分布式编队方法，为编队控制提供了有效的解决方案。

本书由三部分组成。第一部分为第一章，描述了多智能体系统研究背景、共同特征和数学模型；它还进一步介绍了对分析和设计底层系统有用的数学工具，如代数图论、稳定理论、矩阵论等。第二部分包括第二至四章，第三部分包括第五至八章。第二部分专注于多智能体系统的一致性理论研究，而第三部分研究多智能体系统的一致性控制。第三部分可以被视为第二部分介绍的一致性理论的应用。

综上所述，本书为多智能体系统的研究与应用提供了全面而深入的指导，无论是对于理论研究者还是实际应用开发者，都具有一定的参考价值。

目 录

主要符号表

如不加特殊说明，本书采用如下符号和记号

符号	描述	单位
v	速度	$\mathrm{m \cdot s^{-1}}$
ω	角速度	$\mathrm{rad \cdot s^{-1}}$
$\mathbb{R}$	实数集	
$\mathbb{R}_{\geqslant 0}$	非负实数集	
$\mathbb{R}^n$	n 维实向量空间	
$\mathbb{R}^{n\times m}$	$n\times m$ 维实矩阵空间	
$\mathbb{C}$	复数集合	
$\mathbb{Z}$	整数集	
$\mathbb{Z}^{\geqslant 0}$	非负整数集	
$\mathbb{Z}_+$	正整数集	
$\|\cdot\|_2$	2-范数	
$\|\cdot\|_\infty$	∞-范数	
A^{-1}	矩阵 A 的逆	
A^*	矩阵 A 的共轭转置	
$\overline{n_1, n_2}$	从 n_1 到 n_2 的整数集合，其中 $n_1 \leqslant n_2$	
$\mathcal{G}$	网络系统通信拓扑	
$\lvert S\rvert$	集合 S 中元素的个数	
$\mathcal{O}^I$	惯性坐标系	
$\mathcal{O}^M$	车载或体坐标系	

第一章 绪 论

第一节 多智能体系统的研究背景

多智能体系统（Multi-Agent Systems，MAS）理论的研究是当前控制科学界的前沿热点问题，近 30 年来已经迅速发展成为一门新兴的复杂系统控制科学，它又是一门综合性、交叉性极强的学科，吸引了来自控制、数学、生物、物理、计算机、通信和人工智能等不同领域的科研工作者。多智能体理论已经成为继面向对象方法之后出现的又一种用于系统分析与设计的强有力思想方法与工具，对许多学科与技术的发展起到了很大的指导和促进作用，这一理论对于促进经济、工业、社会、军事等方面的进步也具有深远意义[1]：在信息时代的今天，Internet 已经强烈地冲击着人们的生活，而多智能体系统研究成果的最大应用场景就是互联网，这无疑会对国家的长远发展和人民的生活产生深远影响；多智能体系统的研究成果逐渐广泛地应用到工业系统的升级改造中，并取得了巨大的经济和社会效益；对多智能体系统的研究直接涉及社会现象及其规律的探索，这些理论和方法无疑会在社会活动中大有用武之地。随着社会的快速发展，人们逐渐体会到多智能体技术对社会发展和人民生活具有重要影响，这就促进了人们对多智能体系统的研究。

多智能体系统（MAS）也称为多个体系统、多自主体系统、群体系统，在后面的章节中，对这几个称呼不加以区分，它们都表示网络化系统。目前，对智能体和多智能体系统没有严格的定义。一般来说，智能体可以代表一个物理或者抽象的实体，它应该具有一定的自主能力，例如接收和检测外部信息、处理获得的信息、自我控制等能力。多车辆/机器人系统、传感器网络、人造卫星簇等都属于多智能体系统。与集中控制方式不同，多智能体系统采用的是分布式控制，即每个智能体只能获得来自其中一部分智能体信息，并根据这些信息调节自己的动态行为。与单个智能体行为相比，多智能体系统可以利用一些功能简单、价格低廉的智能体共同完成某些复杂的任务，例如灭火、搜救、抢险救灾等。因此，多智能体系统具有很大的灵活性、鲁棒性和抗干扰能力。对多智能体系统的研究不仅能够帮助我们更好地理解自然规律，还能够为多智能体系统在工程实践中的应用打下坚实的理论基础。目前，多智能体系统理论已经在传感器网络[2-4]、移动机器人[5]、无人驾驶飞行器（UAV）[6]、自制水下潜艇（AUV）[7]、智能化高速公路[8]、航空交通控制[9]等方面得到广泛的应用。

多智能体系统是目前复杂系统理论的一个重要研究方向，具有很多新的特点并富于挑战性。从系统和控制理论的角度看，多智能体系统的研究具有很多新的特点[10]：

（1）多智能体系统在结构上具有“个体动态＋通信拓扑”的特点，即系统中每个智能体通过和其他智能体交换信息调节自身的动态行为，因此，系统的整体动力学是由每个智能体的动力学和所有智能体之间的通信拓扑共同决定的。

（2）多智能体系统的动力学是由简单的个体行为规则和局部信息产生的，即群体行为是所有智能体通过相互合作而涌现的自组织运动。

（3）从控制目标来看，多智能体系统的协调控制的基本任务是实现期望的系统构形和整体运动方式，例如以确定的队伍按照期望的速度和方向前进。

由于上述特点，多智能体系统的研究更具有挑战性。目前，多智能体系统已经成为了一个热门的研究领域，吸引了来自众多领域的研究者，他们的研究方向主要有一致性、目标定位与巡航、编队控制，以及网络化系统的隐私保护和分布式优化等问题。然而，一致性问题是多智能体系统理论研究中最基本的问题。下面将从系统和控制理论角度阐述多智能体系统的一致性问题研究现状。

第二节 多智能体系统一致性的研究现状

在现实生活中，为了使集群或网络化系统共同完成一项任务，经常要求所有个体就某个共同的物理量达到一致，这个物理量可以是编队控制中的期望队形、聚集问题中的目的地或者到达目的地的时间等[11]，这类问题统称为一致性问题。因此，“一致”的意思就是随着时间的推移，所有智能体的状态逐渐收敛到一个相同的值。这个共同的值被称为群体决策值（group decision value）[12]。一致性问题的研究包括模型分析和控制器设计两个方面。模型分析问题，顾名思义针对不同的模型进行分析，不断优化模型使之与实际情况更接近。控制器设计问题主要考虑的是如何设计智能体之间的相互作用规则，这个规则被称为控制器、协议（protocol）或者一致性算法。目前，一致性问题已经被成功应用到交汇问题、队形控制问题、传感器网络的信息融合等方面。一致性问题的研究在计算机科学中有着悠久的历史，并且是分布式计算领域的基础[13]。在管理科学和统计领域，一致性问题的研究始于 DeGroot 的工作[14]。在系统与控制领域，Borkar 和 Varaiya[15]，Tsitsiklis 和 Athans[16]，以及 Tsitsiklis 等[17]作了开创性的工作，他们考虑了异步一致性问题及其分布决策系统中的应用。目前，大部分关于一致性的研究工作都是基于 Vicsek 等人提出的粒子模型。下面我们从四个方面，即一阶智能体、二阶智能体、高阶智能体和一般非线性动态智能体，介绍一致性问题的研究现状。

一、一阶智能体

系统动态描述如下：

$$\dot{x}_i(t)=v_i(t),i=1,\cdots,n \tag{1.1}$$

其中 $x_i \in \mathbb{R}^p$ 表示智能体 i 的位置状态，$u_i \in \mathbb{R}^p$ 表示智能体 i 的速度控制输入。模型（1.1）描述了智能体的质点运动学方程。智能体动态为一阶积分器的多智能体系统，也称为一阶多智能体系统[12–14]。针对一阶多智能体系统，1995年，Vicsek 等[18]提出了一个简单的离散多智能体模型，其中所有智能体的速度大小相同。每个智能体的速度方向的更新是基于一个局部更新规则（也称为邻居规则）：将当前时刻每个智能体和其邻居的速度方向的平均值作为其下一时刻的速度方向。Vicsek 等用数值仿真表明，即使在缺少集中控制器的情况下，所有智能体依然能够逐渐地朝着一个共同的方向前进。Jadbabaie 等[19]研究了不带噪音的 Vicsek 模型。他们用无向图模拟智能体之间的信息交互，从而将 Vicsek 模型用一个离散切换系统来表示。该系统的系统矩阵是非负的，并且具有一些特殊特征。Jadbabaie 等利用非负矩阵等理论证明了在联合连通的条件下，所有智能体将逐渐地朝着一个方向前进，从而对 Vicsek 等提供的仿真结果给出了严格的理论解释。此外，Jadbabaie 等还对 Vicsek 模型进行了修改，研究了领导者-跟随者（leader-follower）模型，也就是说，除了原来的个智能体外，又引进了一个新的智能体。这个新引入的智能体以规定的速度前进，而它的速度大小和原来的个智能体的相同。称这个新引入的智能体为领导者，其他智能体为跟随者。Jadbabaie 等证明了在联合连通的情况下，所有跟随者的前进方向与领导者的前进方向相同。此外，Jadbabaie 等还研究了连续时间的领导者-跟随者模型。Olfati-Saber 和 Murray 等[12]用有向图模拟智能体之间的信息交流，并对有向图引入了代数连通度（algebraic connecticity）的概念。Ren 和 Brard 等[20]进一步拓展了文献[11]和[17]的理论结果，提出了新的多智能体模型。利用非负矩阵的理论，Ren 和 Brard 等给出了在时变有向拓扑的情形下一致性问题可解的条件，即在联合有向生成树的条件下一致性问题可解。随着一致性问题研究的深入，出现了一些比较新的研究方向，例如非线性多智能体系统的一致性、异步一致性、有限时间一致性、随机网络上的一致性、带有预测机制的一致性等。

二、二阶智能体

系统动态描述如下：

$$\begin{cases}\dot{x}_i(t)=v_i(t)\\ \dot{v}_i(t)=u_i(t)\end{cases}, i=1,\cdots,n \tag{1.2}$$

其中 $x_i\in\mathbb{R}^p$ 表示智能体 i 的位置状态，$v_i\in\mathbb{R}^p$ 表示智能体 i 的速度状态，$u_i\in\mathbb{R}^p$ 表示智能体 i 的控制输入。模型（1.2）描述了智能体的二阶质点运动学方程。智能体动态为二阶积分器的多智能体系统，也称为二阶多智能体系统。在一些实际的环境中，多智能体是通过加速度被控制的，因此，也很有必要研究二阶多智能体系统的一致性问题。根据以下两方面：（1）智能体获得的信息是其邻居或者相对于邻居的完全状态信息（位置和速度信息）还是部分状态信息（例如位置或者速度信息）；（2）智能体之间的信息传输是连续的还是不连续的，我们把二阶连续多智能体系统的一致性问题的研究成果分为以下三类：① 完全状态信息＋连续信息传输。在这种情形下，每个智能体时刻都能获得其邻居或者相对于邻居的位置和速度信息，例如 Hu 和 Hong 等[21]解决了这一情形下的一致性问题；② 完全状态信息＋不连续信息传输。在这种情形下，每个智能体只能在一系列离散的时刻上获得其邻居或者相对于邻居的位置和速度信息。对于这类问题的主要处理方法是离散化。例如 Ren 和 Cao 等[22]解决了这一情形下的一致性问题；③ 部分状态信息＋连续信息传输。在此情形下，每个智能体时时刻刻都能获得信息，但是只是获得其邻居或者相对于邻居的部分位置和速度信息。例如 Lin 和 Jia 等[23]解决了这一情形下的一致性问题。

三、高阶智能体

系统动态描述如下：

$$\begin{aligned}\dot{X}_i&=AX_i(t)+BU_i(t)\\ Y_i(t)&=CX_i(t)+DU_i(t),\quad i\in\overline{1,n},\end{aligned} \tag{1.3}$$

其中 $X_i \in \mathbb{R}^n$，$U_i \in \mathbb{R}^r$ 和 $Y_i \in \mathbb{R}^m$ 分别为智能体 i 的状态，控制输入和控制输出；$A \in \mathbb{R}^{n \times n}$，$B \in \mathbb{R}^{n \times r}$ 和 $C \in \mathbb{R}^{m \times n}$ 为给定的相容维数的常数矩阵，通常要求矩阵对满足可控、可观测条件。在一些文献中，$D = 0$。模型（1.3）可以刻画更复杂动态的多智能体系统，例如高阶积分器系统[19,20]和线性振荡器系统[21]。许多二阶多智能体系统一致性结果都可以延伸到高阶多智能体系统中。已经有一些学者，如 Ren 等[24]将二阶连续多智能体系统控制协议拓展到了高阶连续多智能体系统中，并建立了一致性问题可解的充分或充要条件。近年来，收敛判据的研究发展更为迅速，有学者分析了不同步系统的一致性收敛判据[25]，具有时变通信拓扑、延迟和干扰等因素时的收敛判据也被提出[26–28]，而高阶系统下的判据正在研究之中[24,29]。如果高阶系统可以转化为可控标准型，在三阶系统中，就可得到收敛判据[24]。在双向通信拓扑下，基于广义 Nyquist 判据分析了判据的渐进稳定性[29]。还有一些文献利用频域分析[30]、李亚普诺夫稳定性分析[31]等方法，给出一致性的收敛条件，但大多给出的是充分条件，而不是充要条件，且不少针对的都是特定假设情况下的个例，不适合普遍的高阶系统。针对一般的高阶线性动态系统，利用频域分析方法，文献［32］给出了同质和异质多智能体系统可一致性的充分条件和必要条件。从系统稳定性的角度出发，文献［33］分别探讨了在状态反馈型一致性协议和输出反馈型一致性协议下，一般高阶线性多智能体系统可一致性的充要条件；从多智能体系统分布式编队的角度出发，文献［33］进一步考察了基于状态反馈型控制协议和输出反馈型控制协议下多智能体系统可成形性（即可编队性）。

在实际应用中，单个智能体的动态并不能完全利用一阶、二阶或者高阶线性积分器的形式进行刻画。由于在实际环境中的智能体动态受运动力学（kinematic）约束或动态（dynamic）约束，或者两者兼而有之，往往展现出非线性特性。下面，将在第三节和第四节，讨论智能体的机械动力学模型。

第三节 受约束的机械系统模型

大多数车辆都是受约束的机械系统，它们的模型可以通过刚体力学和集中参数的基本原理来推导。在本小节中，总结了标准的建模技术和步骤。除非另有说明，否则假定所有函数都是光滑的。

一、运动约束

定义配置空间为$\mathbb{R}^n$，广义坐标向量为$q\in\mathbb{R}^n$，广义速度向量为$\dot{q}\in\mathbb{R}^n$。k个运动约束的矩阵表示如下：

$$A(q,t)\dot{q}+B(q,t)=0\in\mathbb{R}^k, \tag{1.4}$$

其中$0<k<n$，$A(q,t)\in\mathbb{R}^{k\times n}$。约束（1.4）是完整的（holonomic）或者可积的（integrable），若它们对应的代数方程仅由配置变量q表示如下：

$$\beta(q,t)=0\in\mathbb{R}^k.$$

因此，给定完整约束集合，方程（1.4）中的矩阵可由下式计算，

$$A(q,t)=\frac{\partial\beta(q,t)}{\partial q},\quad B(q,t)=\frac{\partial\beta(q,t)}{\partial t}.$$

反之，给定（1.4）式中的约束条件，其可积性可以被确定（利用 Frobenius 定理[34]，该定理给出了必要和充分条件），或者可以验证以下方程作为必要条件：对于所有有意义的指标i,j,l：

$$\frac{\partial a_{ij}(q,t)}{\partial q_l}=\frac{\partial a_{il}(q,t)}{\partial q_j}=\frac{\partial^2\beta_i(q,t)}{\partial q_l\partial q_j},\quad \frac{\partial a_{ij}(q,t)}{\partial t}=\frac{\partial b_i(q,t)}{\partial q_j}=\frac{\partial^2\beta_i(q,t)}{\partial t\partial q_j},$$

其中$a_{ij}(q,t)$表示矩阵$A(\cdot)$的第(i,j)个元素，$b_j(q,t)$表示矩阵$B(\cdot)$的第j个元素。如果约束是不可积的，它们被称为非完整的（nonholonomic）。

如果约束（1.4）明确依赖于时间，则称其为流变约束（rheonomic），否则称为定常约束（scleronomic）。如果约束（1.4）在速度上是线性的或者$B(q,t)=0$，那么它们被称为无漂移的（driftless）。如果$B(q,t)\neq 0$，则约束带

有漂移（drift），这将在第六小节中讨论。倘若，约束（1.4）是定常的且是无漂移的，则它退化为 Pfaffian 形式的约束。

$$A(q)\dot{q}=0\in\mathbb{R}^k, \tag{1.5}$$

如果 Pfaffian 约束是可积的，则它的完整约束变为：

$$\beta(q)=0\in\mathbb{R}^k. \tag{1.6}$$

显然，完整性约束（1.6）限制了 q 在（$n-k$）维超曲面（或子流形）上的运动。这些几何约束总是可以通过将自由配置变量的数量从 n 减少到（$n-k$）来满足。例如，封闭链的机械装置和两个机器人共同抓住一个物体都是完整约束的例子。另一方面，没有侧滑的滚动运动是形如（1.5）的典型非完整约束。这些非完整约束要求所有允许的速度都属于矩阵 $A(q)$的零空间，而 q 在配置空间 $\mathbb{R}^n$ 中的运动则不受限制。为了确保非完整约束，需要推导出运动学模型和相应的运动学控制，这是下一小节的主题。

二、运动学模型

考虑一个机械系统，其运动学上受到形如（1.5）的非完整速度约束。由于 $A(q)\in\mathbb{R}^{k\times n}$ 且 $k<n$，总是可以找到一个秩为$(n-k)$的矩阵 $G(q)\in\mathbb{R}^{n\times(n-k)}$，使得$G(q)$的列，即 $g_j(q)$，由光滑且线性无关的向量场组成，这些向量场扩张为 $A(q)$ 的零空间，即，

$$A(q)G(q)=0,\ \text{or}\ A(q)g_j(q)=0,\ j=1,\cdots,n-k. \tag{1.7}$$

接着，根据（1.5）和（1.7），可以得知 $\dot{q}$ 可以用向量场 $g_i(q)$ 的线性组合来表示，如下：

$$\dot{q}=G(q)u=\sum_{i=1}^{n-k}g_i(q)u_i, \tag{1.8}$$

其中辅助输入 $u=[u_1\cdots u_{n-k}]^T\in\mathbb{R}^m$ 被称为运动控制。方程（1.8）给出了非完整系统的运动学模型，如果对应的速度是根据（1.8）来规划或引导的，那么（1.5）中的非完整约束条件就会得到满足。

三、动态模型

通过变分原理，可以推导出来受约束（非完整）机械系统的动力学方程。为此，让 $L(q,\ddot{q})$ 表示拉格朗日量（Lagrangian），定义如下：

$$L(q,\dot{q})=K(q,\dot{q})-V(q)$$

其中 $K(\bullet)$ 是系统的动能（kinetic energy），$V(q)$ 是势能（potential energy）。给定时间区间 $[t_0,t_f]$，端点条件 $q(t_0)=q_0$ 和 $q(t_f)=q_f$，我们定义所谓的变分 $q(t,\epsilon)$ 为一个光滑映射，该映射满足 $q(t,0)=q(t),q(t_0,\epsilon)=q_0$ 和 $q(t_f,\epsilon)=q_f$。然后，符号

$$\delta q(t)\triangleq\left.\frac{\partial q(t,\epsilon)}{\partial \epsilon}\right|_{\epsilon=0}$$

表示关于变分的虚拟偏移量，其边界条件为：

$$\delta q(t_0)=\delta q(t_f)=0. \tag{1.9}$$

在没有外力和约束的情况下，哈密顿原理表明系统轨迹 $q(t)$ 是关于如下拉格朗日量时间积分的稳定解，即，

$$\left.\frac{\partial}{\partial \epsilon}\int_{t_0}^{t_f}L(q(t,\epsilon),\dot{q}(t,\epsilon))\mathrm{d}t\right|_{\epsilon=0}=0.$$

利用链式法则，我们可以计算积分关于与变化量 $q(t,\epsilon)$ 的变分，并将其表示为如下虚位移

$$\int_{t_0}^{t_f}\left[\left(\frac{\partial L}{\partial q}\right)^T\delta q+\left(\frac{\partial L}{\partial \dot{q}}\right)^T\delta \dot{q}\right]\mathrm{d}t=0.$$

注意 $\delta\dot{q}=\mathrm{d}(\delta q)/\mathrm{d}t$，分步积分，并代入边界（1.9），可得：

$$\int_{t_0}^{t_f}\left[\left(-\frac{\mathrm{d}}{\mathrm{d}t}\frac{\partial L}{\partial \dot{q}}+\frac{\partial L}{\partial q}\right)^T\delta q\right]\mathrm{d}t=0\delta q(t_0)=\delta q(t_f)=0. \tag{1.10}$$

存在任意输入 $\tau\in\mathbb{R}^m$ 的情况下，拉格朗日-达朗贝尔原理（Lagrange-d' Alembert principle）把哈密顿原理（Hamilton principle）推广为：

$$\frac{\partial}{\partial\epsilon}\int_{t_0}^{t_f} L(q(t,\epsilon),\dot{q}(t,\epsilon))\mathrm{d}t\bigg|_{\epsilon=0} + \int_{t_0}^{t_f}\{[B(q)\tau]^T\delta q\}\,\mathrm{d}t = 0, \tag{1.11}$$

其中 $B(q)\in\mathbb{R}^{n\times m}$ 将输入 τ 映射为力/力矩，$[B(q)\tau]^T\delta q$ 是力 τ 相对于虚拟位移 δq 所做的虚功。重复得出公式（1.10）的推导会得到所谓的拉格朗日-欧拉运动方程（Lagrange-Euler equation of motion）：

$$\frac{\mathrm{d}}{\mathrm{d}t}\left(\frac{\partial L}{\partial\dot{q}}\right)-\frac{\partial L}{\partial q}=B(q)\tau. \tag{1.12}$$

如果存在约束，约束（1.5）将会对系统施加一个约束力向量 F，该系统会经历一个虚拟位移 δq。只要非完整约束被这些力所施加，就可以认为系统是完整约束的但受到约束力的影响，即其运动方程由（1.12）给出，其中 $B(q)\tau$ 由 F 替换。这些力所做的功为 $F^T\delta q$。关于约束力的达朗贝尔原理（d’Alembert principle）表明，对于与约束一致的任何虚拟位移，约束力都不做功，即，

$$F^T\delta q=0, \tag{1.13}$$

其中，假定虚拟位移 δq 满足（1.5）的约束方程，即，

$$A(q)\delta q=0. \tag{1.14}$$

请注意，δq 和 $\dot{q}$ 是不同的，因为虚拟位移 δq 仅满足约束条件，而广义速度 $\dot{q}$ 同时满足速度约束和运动方程。比较（1.13）和（1.14）可得：

$$F=A^T(q)\lambda,$$

其中 $F=A^T(q)\lambda$，是拉格朗日乘子。上述方程也可以利用证明拉格朗日乘子定理的相同论证方法来建立。

在存在外部输入 $\tau\in\mathbb{R}^m$ 和非完整约束（1.5）的情况下，除了 δq 满足式（1.14），拉格朗日-达朗贝尔原理（Lagrange-d’Alembert principle）还给出了式（1.11）。结合外部力和约束力，我们得到以下欧拉-拉格朗日方程（Euler-Lagrange equation），也称为拉格朗日-达朗贝尔方程（Lagrange-d’Alembert equation）：

$$\frac{\mathrm{d}}{\mathrm{d}t}\left(\frac{\partial L}{\partial\dot{q}}\right)-\frac{\partial L}{\partial q}=A^T(q)\lambda+B(q)\tau. \tag{1.15}$$

请注意，通常，将一组 Pfaffian 约束代入拉格朗日函数中，然后应用拉格朗日-达朗贝尔方程，得到的方程并不正确。详细参考文献［35］中的说明性例子。

欧拉-拉格朗日方程或拉格朗日-达朗贝尔方程之所以便于推导和使用，是因为它不需要考虑系统内部的任何力，并且独立于坐标系。这两个优点特别有利于处理具有运动坐标系的多体机械系统。另一种牛顿-欧拉方法将在第一章第四节中介绍。

四、哈密顿量（Hamiltonian）和能量（Energy）

如果惯性矩阵

$$M(q) \triangleq \frac{\partial^2 L}{\partial \dot{q}^2}$$

是非奇异的，拉格朗日量 L 是正则的（regular）。对于这种情况，勒让德变换（Legendre transformation）将状态$[q^T \dot{q}^T]^T$变换为$[q^T p^T]^T$，其中，

$$p = \frac{\partial L}{\partial \dot{q}}$$

是动量。那么，哈密顿函数定义为：

$$H(q,p) \triangleq p^T \dot{q} - L(q,\dot{q}). \tag{1.16}$$

若 $\tau = 0$，可以直接验证拉格朗日欧拉方程（1.12）变为如下哈密顿方程：

$$\dot{q} = \frac{\partial H}{\partial p}, \quad \dot{p} = -\frac{\partial H}{\partial q}.$$

利用惯性矩阵$M(q)$的对称性，拉格朗日函数和哈密顿函数可以表示为：

$$L = \frac{1}{2}\dot{q}^T M(q)\dot{q} - V(q), \quad H = \frac{1}{2}\dot{q}^T M(q)\dot{q} + V(q). \tag{1.17}$$

即，拉格朗日函数表示为动能减势能，哈密顿函数表示为动能加势能，因此哈密顿函数表示能量函数。为了观察在$\tau = 0$的情况下非完整系统是保守的，我们使用能量函数 H，并取其沿（1.15）解的时间导数，即，

$$\frac{\mathrm{d}H(q,p)}{\mathrm{d}t} = \left[\frac{\mathrm{d}}{\mathrm{d}t}\left(\frac{\partial L}{\partial \dot{q}}\right)^T\right]\dot{q} + \left(\frac{\partial L}{\partial \dot{q}}\right)^T \ddot{q} - \left(\frac{\partial L}{\partial q}\right)^T \dot{q} - \left(\frac{\partial L}{\partial \dot{q}}\right)^T \ddot{q} = \lambda^T A(q)\dot{q},$$

根据（1.5），可知，上式等于 0。

五、降阶模型

结合式（1.17）、式（1.15）和式（1.5），非完整约束系统的动态方程可表示为：

$$\begin{aligned} M(q)\ddot{q}+N(q,\dot{q}) &= A^T(q)\lambda+B(q)\tau, \\ A(q)\dot{q} &= 0, \end{aligned} \tag{1.18}$$

其中 $q\in\mathbb{R}^n,\lambda\in\mathbb{R}^k,\tau\in\mathbb{R}^m,N(q,\dot{q})=C(q,\dot{q})\dot{q}+f_g(q),f_g(q)=\partial V(q)/\partial q$ 是包含重力项的向量，$C(q,\dot{q})\in\mathbb{R}^{n\times n}$ 是包含离心力（ q_i^2 项）和科里奥利力（ q_iq_j 项）的矩阵。$C(q,\dot{q})$ 能够表示成张量形式

$$C(q,\dot{q})=\dot{M}(q)-\frac{1}{2}\dot{q}^T\left(\frac{\partial}{\partial q}M(q)\right),$$

或者元素形式

$$C_{lj}(q,\dot{q})=\frac{1}{2}\sum_{i=1}^{n}\left[\frac{\partial m_{lj}(q)}{\partial q_i}+\frac{\partial m_{li}(q)}{\partial q_j}-\frac{\partial m_{ij}(q)}{\partial q_l}\right]\dot{q}_i, \tag{1.19}$$

其中 $m_{ij}(q)$ 是矩阵 $M(q)$ 的元素。嵌入在式（1.19）中的固有性质为：矩阵 $\dot{M}(q)-2C(q,\dot{q})$ 是斜对称的。这一性质在一些机器人相关文献［36-38］中被大量探讨。式（1.18）中有 $(2n+k)$ 个方程，有 $(2n+k)$ 个变量如 $q,\dot{q}$ 和 λ。

由于该状态是 $2n$ 维的，并且还有 k 个约束条件，因此总共 $(2n-k)$ 个降阶动态方程更适合用于分析和设计。为此，我们需要在（1.18）中的第一个方程的两边分别乘以 $G^T(q)$，我们可得：

$$G^T(q)M(q)\ddot{q}+G^T(q)N(q,\dot{q})=G^T(q)B(q)\tau,$$

其中利用（1.7）式可以消除 λ。另外，对（1.8）式求导可得：

$$\ddot{q}=\dot{G}(q)u+G(q)\dot{u}.$$

结合上面两个式子和回顾（1.8）式，可得下面非完整约束系统的降解动态模型：

$$\begin{aligned} \dot{q} &= G(q)u \\ M'(q)\dot{u}+N'(q,u) &= G^T(q)B(q)\tau, \end{aligned} \tag{1.20}$$

其中，

$$M'(q)=G^T(q)M(q)G(q),\quad N'(q,u)=G^T(q)M(q)\dot{G}(q)u+G^T(q)N(q,G(q)u).$$

方程（1.20）包含恰好 $(2n-k)$ 个变量的 $(2n-k)$ 个微分方程。如果 $m=n-k$，$G^T(q)B(q)$ 是可逆的，在方程（1.20）中的第二个方程对应全驱动完整机器人的方程，并且它是反馈线性化的（具体细节参见文献［39］），可以很容易地为 τ 设计各种控制，使得 u 能够跟踪任何期望的轨迹 $u^d(t)$。因此，控制非完整系统的重点在于为运动学模型（1.8）设计运动学控制 u。一旦为运动学模型（1.8）设计了控制 u^d，就可以使用反步法（backstepping procedure）找到控制 τ（具体细节参见文献［39］）。

在解出方程（1.20）中的 q 和 $\dot{q}$ 点后，λ 也可以被确定。从方程（1.18）的第二个方程中得出：

$$A(q)\ddot{q}+\dot{A}(q)\dot{q}=0.$$

在（1.18）中第一个方程的两边，先乘以 $M^{-1}(q)$，然后再乘以 $A(q)$，我们从上面的方程中知道：

$$\lambda=[A(q)M^{-1}(q)A^T(q)]^{-1}\{A(q)M^{-1}(q)[N(q,\dot{q})-B(q)\tau]-\dot{A}(q)\dot{q}\}.$$

六、欠驱动系统

一般来说，在欠驱动机械系统的动力学中自然会产生带飘逸的非完整约束。例如，如果力矩级输入的维数小于运动学输入的维数，或者简单地说 $m<n-k$，那么（1.20）的简化动力学模型就是欠驱动的。为了阐明这一点，考虑（1.20）中的简单情况，

$$n-k=2,\quad m=1,\quad G^T(q)B(q)=[0\quad 1]^T,\quad M'(q)\triangleq\begin{bmatrix} m'_{11}(q)m'_{12}(q)\\ m'_{21}(q)m'_{22}(q)\end{bmatrix},$$

和

$$N'(q,u)\triangleq\begin{bmatrix} n'_1(q,u)\\ n'_2(q,u)\end{bmatrix}.$$

也就是说，降阶的动力学方程是：

$$m'_{11}(q)\dot{u}_1 + m'_{12}(q)\dot{u}_2 + n'_1(q,u) = 0$$
$$m'_{21}(q)\dot{u}_1 + m'_{22}(q)\dot{u}_2 + n'_2(q,u) = \tau. \tag{1.21}$$

如果欠驱动机械系统被适当设计，可以确保动力学子系统（1.21）和系统（1.20）的可控性（并且如果需要，还可以使用文献［39］中给出的条件进行检查）。从（1.21）求解 $\dot{u}_i$ 可得：

$$\dot{u}_1 = \frac{-m'_{12}(q)\tau - m'_{22}(q)n'_1(q,u) + m'_{12}(q)n'_2(q,u)}{m'_{11}(q)m'_{22}(q) - m'_{21}(q)m'_{12}(q)} \tag{1.22}$$

$$\dot{u}_2 = \frac{m'_{11}(q)\tau + m'_{21}(q)n'_1(q,u) - m'_{11}(q)n'_2(q,u)}{m'_{11}(q)m'_{22}(q) - m'_{21}(q)m'_{12}(q)}. \tag{1.23}$$

如果 u_1 是主要需要控制的变量，而 u^d 是 u_1 的期望轨迹，我们会根据（1.22）来设计 τ，例如，

$$\tau = \frac{1}{m'_{12}(q)}\{-m'_{22}(q)n_1(q,u) + m'_{12}(q)n'_2(q,u) + [u_1 - u_1^d - \dot{u}_1^d][m'_{11}(q)m'_{22}(q) - m'_{21}(q)m'_{12}(q)]\}, \tag{1.24}$$

其中：

$$\frac{\mathrm{d}}{\mathrm{d}t}[u_1 - u_1^d] = -[u_1 - u_1^d].$$

将（1.24）代入（1.23）得到一个约束，这个约束以（1.4）的形式出现，并且一般来说是非完整且带有漂移的。详见文献［39］，上述过程是输入－输出反馈线性化（在文献［40］中也被称为部分反馈线性化），而得到的非完整约束是内部动力学。

如果一个机械系统没有 Pfaffian 约束，但是是欠驱动的（即 $m<n$），那么非完整约束将直接从其欧拉-拉格朗日方程（1.12）中产生。例如，如果 $n=2$ 且 $m=1$，且 $B(q)=[0\ \ 1]^T$，则动力学方程（1.12）变为：

$$m_{11}(q)\ddot{q}_1 + m_{12}(q)\ddot{q}_2 + n_1(q,\dot{q}) = 0,$$
$$m_{21}(q)\ddot{q}_1 + m_{22}(q)\ddot{q}_2 + n_2(q,\dot{q}) = \tau. \tag{1.25}$$

虽然欠驱动系统的微分方程，如（1.25）中的方程，是二阶的（其中一个是非完整约束，被称为非完整加速度约束[41]），但与一阶微分方程相比，它们

之间的差异并不大。例如，在引入状态变量 $u=\dot{q}$ 后，（1.22）和（1.25）变得基本相同，因此上述过程可以应用于（1.25）和一类欠驱动机械系统。关于欠驱动机械系统类别的更多讨论可以在文献［42］中找到。

第四节 车辆模型

在本节中，我们将回顾一下车辆模型和其他例子。Pfaffian 约束通常来自两种类型的系统：（1）与某一表面接触时，物体滚动而不出现侧滑；（2）多体系统中旋转分量的角动量守恒。地面车辆属于第一类，空中车辆和空间车辆属于第二类。

一、差速器驱动车辆

在所有车辆中，图 1-1 所示的差速驱动车辆是最简单的。如果有不止一对车轮，为简单起见，假设在同一侧的所有车轮都具有相同的尺寸，并具有相同的角速度。设车辆的导向点（guidepoint）作为中心，它的广义坐标为 $q=[x\ y\ \theta]^T$，其中(x,y)为车辆在二维平面上的位置，θ 为车辆的航向角。对于平面运动，车辆的拉格朗日量仅为动能，即：

$$L=\frac{1}{2}m(\dot{x}^2+\dot{y}^2)+\frac{1}{2}J\dot{\theta}^2, \tag{1.26}$$

其中 m 为车辆的质量，J 为车辆相对于过质点垂直轴的惯性。

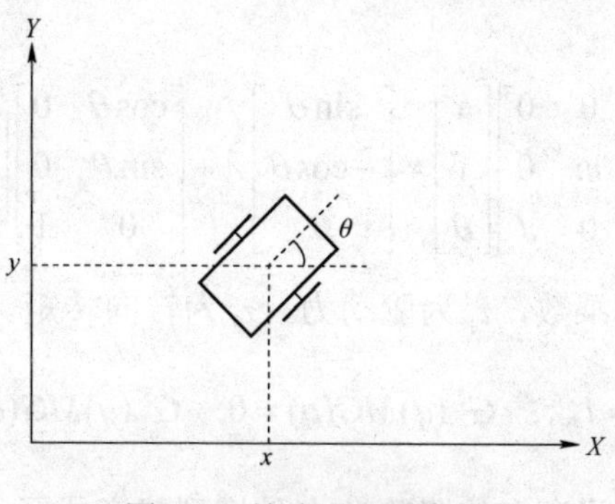

图 1-1 差速器驱动车辆

在假设车辆滚动而不发生侧滑的情况下，车辆不会沿着车轮轴的方向产生任何运动，这由以下非完整约束来描述：

$$\dot{x}\sin\theta-\dot{y}\cos\theta=0,$$

约束的矩阵形式为：

$$0=[\sin\theta-\cos\theta 0]\begin{bmatrix}\dot{x}\\\dot{y}\\\dot{\theta}\end{bmatrix}\triangleq A(q)\dot{q}.$$

如（1.7）所述，矩阵 $A(q)$ 的零空间由下面矩阵 $G(q)$ 的列向量扩张而成：

$$G(q)=\begin{bmatrix}\cos\theta & 0\\\sin\theta & 0\\0 & 1\end{bmatrix}.$$

因此，利用（1.8），差速器驱动车辆的运动学模型为：

$$\begin{bmatrix}\dot{x}\\\dot{y}\\\dot{\theta}\end{bmatrix}=\begin{bmatrix}\cos\theta\\\sin\theta\\0\end{bmatrix}u_1+\begin{bmatrix}0\\0\\1\end{bmatrix}u_2, \tag{1.27}$$

其中，u_1 为驱动速度，u_2 为转向速度。运动学控制变量 u_1 和 u_2 与如下物理运动学变量联系。

$$u_1=\frac{\rho}{2}(\omega_r+\omega_l),\quad u_2=\frac{\rho}{2}(\omega_r-\omega_l),$$

其中，ω_l 为左侧车轮的角速度，ω_r 为右侧车轮的角速度，ρ 为所有车轮的半径。从（1.26）和（1.15）可以得出，车辆的动态模型为：

$$M\ddot{q}=A^T(q)\lambda+B(q)\tau,$$

即，

$$\begin{bmatrix}m & 0 & 0\\0 & m & 0\\0 & 0 & J\end{bmatrix}\begin{bmatrix}\ddot{x}\\\ddot{y}\\\ddot{\theta}\end{bmatrix}=\begin{bmatrix}\sin\theta\\-\cos\theta\\0\end{bmatrix}\lambda+\begin{bmatrix}\cos\theta & 0\\\sin\theta & 0\\0 & 1\end{bmatrix}\begin{bmatrix}\tau_1\\\tau_2\end{bmatrix}, \tag{1.28}$$

其中，λ 为拉格朗日乘数，τ_1 为驱动力，τ_2 为转向转矩。显然，有：

$$G^T(q)B(q)=I_{2\times2},\quad G^T(q)M\dot{G}(q)=0,\quad G^T(q)MG(q)=\begin{bmatrix}m & 0\\0 & I\end{bmatrix}.$$

于是，以（1.20）形式存在的降阶动力学模型就变成了

$$m\dot{u}_1=\tau_1,\quad J\dot{u}_2=\tau_2. \tag{1.29}$$

综上所述，差分驱动车辆的模型由（1.27）和（1.29）两个级联方程组成。

二、类车交通工具

类车交通工具如图 1-2 所示；它的前轮引导车辆，而相对于身体它的后轮有一个固定的方向。如图所示，l 为两个轮轴中点之间的距离，后轴中心为导向点（guide-point）。导向点的广义坐标表示为 $q=[x\ y\ \theta\ \phi]^T$，其中 (x,y) 为二维平面上的笛卡尔坐标，θ 是车体相对于 x 轴的方向，ϕ 为转向角。

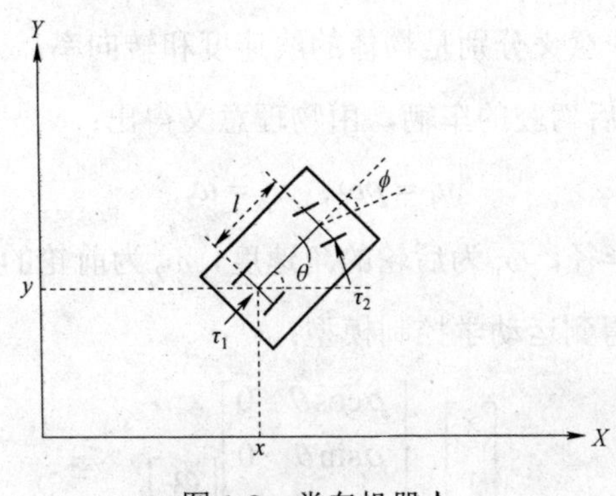

图 1-2　类车机器人

在正常运行过程中，车辆的车轮滚动但不会侧滑，这转化为以下运动约束

$$\begin{aligned} v_x^f\sin(\theta+\phi)-v_y^f\cos(\theta+\phi)=0 \\ v_x^b\sin\theta-v_y^b\cos\theta=0 \end{aligned} \tag{1.30}$$

其中 (v_x^f,v_y^f) 和 (v_x^b,v_y^b) 分别是前轮和后轮的 x 轴和 Y 轴速度对。如图 1-2 所示，前后轴的中点的坐标分别为 $(x+l\cos\theta,y+l\sin\theta)$ 和 (x,y)。因此，我们可得

$$v_x^b=\dot{x},v_y^b=\dot{y},v_x^f=\dot{x}-l\dot{\theta}\sin\theta,v_y^f=\dot{y}+l\dot{\theta}\cos\theta.$$

将上述表达式替换入（1.30）中的方程，得到以下矩阵形式的非完整约束：

$$0=\begin{bmatrix}\sin(\theta+\phi) & -\cos(\theta+\phi) & -l\cos\phi & 0\\ \sin\theta & -\cos\theta & 0 & 0\end{bmatrix}\dot{q}\triangleq A(q)\dot{q}.$$

据此，我们可以找到相应的矩阵 $G(q)$（如（1.7）和（1.8）所述），并得出类

车交通工具的运动学模型为：

$$\begin{bmatrix}\dot{x}\\ \dot{y}\\ \dot{\theta}\\ \dot{\phi}\end{bmatrix}=\begin{bmatrix}\cos\theta & 0\\ \sin\theta & 0\\ \frac{1}{l}\tan\phi & 0\\ 0 & 1\end{bmatrix}\begin{bmatrix}u_1\\ u_2\end{bmatrix}, \tag{1.31}$$

其中，$u_1 \geqslant 0$（或$u_1 \leqslant 0$）和 u_2 是运动学控制输入，它们与物理运动学输入有关。从（1.31）可以得出：

$$\sqrt{\dot{x}^2+\dot{y}^2}=u_1,\quad \dot{\phi}=u_2,$$

其中 u_1 和 u_2 的物理意义分别是物体的线速度和转向率。

对于前转向和后驾驶的车辆，由物理意义得出：

$$u_1=\rho\omega_1,\quad u_2=\omega_2,$$

其中，ρ 为后轮的半径，ω_1 为后轮的角速度，ω_2 为前轮的转向速度。将上述方程代入（1.31）得到运动学控制模型：

$$\begin{bmatrix}\dot{x}\\ \dot{y}\\ \dot{\theta}\\ \dot{\phi}\end{bmatrix}=\begin{bmatrix}\rho\cos\theta & 0\\ \rho\sin\theta & 0\\ \frac{\rho}{l}\tan\phi & 0\\ 0 & 1\end{bmatrix}\begin{bmatrix}\omega_1\\ \omega_2\end{bmatrix}, \tag{1.32}$$

运动学模型（1.32）在 $\phi=\pm\pi/2$ 的超平面上有奇异点，通过将 ϕ 的范围限制在区间 $(-\pi/2,\pi/2)$ 内可以避免奇异点（在数学和实践中）。

对于前转向和前驾驶的车辆，我们由物理意义可得出：

$$u_1=\rho\omega_1\cos\phi, u_2=\omega_2$$

其中，ρ 为前轮的半径，ω_1 为前轮的角速度，ω_2 为前轮的转向速度。因此，相应的运动学控制模型为：

$$\begin{bmatrix}\dot{x}\\ \dot{y}\\ \dot{\theta}\\ \dot{\phi}\end{bmatrix}=\begin{bmatrix}\rho\cos\theta\cos\phi\\ \rho\sin\theta\cos\phi\\ \frac{\rho}{l}\sin\phi\\ 0\end{bmatrix}\omega_1+\begin{bmatrix}0\\ 0\\ 0\\ 1\end{bmatrix}\omega_2,$$

上述方程没有任何奇点。

为了推导出类车辆动力学模型，我们从拉格朗日的动能中知道

$$L=\frac{1}{2}m\dot{x}^2+\frac{1}{2}m\dot{y}^2+\frac{1}{2}J_b\dot{\theta}^2+\frac{1}{2}J_s\dot{\phi}^2,$$

其中，m 为车辆质量，J_b 为车身绕垂直轴的总转动惯性，J_s 为前转向机构的惯性。由（1.15）可知，动力学方程为：

$$M\ddot{q}=A^T(q)\lambda+B(q)\tau,$$

其中

$$M=\begin{bmatrix} m & 0 & 0 & 0 \\ 0 & m & 0 & 0 \\ 0 & 0 & J_b & 0 \\ 0 & 0 & 0 & J_s \end{bmatrix},\quad B(q)=\begin{bmatrix} \cos\theta & 0 \\ \sin\theta & 0 \\ 0 & 0 \\ 0 & 1 \end{bmatrix},$$

$\lambda\in\mathbb{R}^2$ 是拉格朗日乘子，$\tau=[\tau_1,\tau_2]^T$，τ_1 是作用于驱动轮上的扭矩，τ_2 是转向扭矩。按照从（1.18）到（1.20）的过程，我们得到了以下降阶动态模型：

$$\left(m+\frac{J_b}{l^2}\tan^2\phi\right)\dot{u}_1=\frac{J_b}{l^2}u_1u_2\tan\phi\sec^2\phi+\tau_1,\quad J_s\dot{u}_2=\tau_2. \tag{1.33}$$

请注意，（1.33）和（1.29）的降阶动力学方程相似，因为两者的形式与（1.20）中的第二个方程的形式相同。

三、牵引式拖车系统

首先考虑下图 1-3 中所示的消防车；它由一个牵引-挂车对组成，连接在中间轴，而第一和第三轴被允许被驱动[43]。我们选择导向点作为第二轴（拖拉机后轴）的中点，将广义坐标定义为 $q=[x\ y\ \phi_1\ \theta_1\ \phi_2\ \theta_2]^T$，其中 (x,y) 为导向点的坐标，ϕ_1 为前轮的转向角，θ_1 为拖拉机的方向，ϕ_2 为第三轴的转向角，θ_2 为拖车的方向。由此可得：

$$\begin{cases} x_f=x+l_f\cos\theta_1,\quad y_f=y+l_f\sin\theta_1, \\ x_m=x,y_m=y, \\ x_b=x-l_b\cos\theta_2,\quad y_b=y-l_b\sin\theta_2, \end{cases} \tag{1.34}$$

其中，l_f 为前轴和中轴中点间的距离，l_b 为中轴中点与后轴间的距离，

(x_f, y_f)，(x_m, y_m)，(x_b, y_b) 分别为前轴、中轴、后轴的中点。如果车辆运行时未出现车轮的侧面滑动，则相应的防滑约束条件为：

$$\begin{cases} \dot{x}_f \sin(\theta_1+\phi_1) - \dot{y}_f \cos(\theta_1+\phi_1) = 0, \\ \dot{x}_m \sin\theta_1 - \dot{y}_m \cos\theta_1 = 0, \\ \dot{x}_b \sin(\theta_2+\phi_2) - \dot{y}_b \cos(\theta_2+\phi_2) = 0. \end{cases} \tag{1.35}$$

结合（1.34）和（1.35）得到矩阵形式的非完整约束，形式为 $A(q)\dot{q}=0$，其中

$$A(q) = \begin{bmatrix} \sin(\theta_1+\phi_1) & -\cos(\theta_1+\phi_1) & 0 & -l_f\cos\phi_1 & 0 & 0 \\ \sin\theta_1 & -\cos\theta_1 & 0 & 0 & 0 & 0 \\ \sin(\theta_2+\phi_2) & -\cos(\theta_2+\phi_2) & 0 & 0 & 0 & l_b\cos\phi_2 \end{bmatrix}.$$

按照从（1.7）到（1.8）的步骤，我们得到了以下消防车的运动学模型：

$$\dot{q} = \begin{bmatrix} \cos\theta_1 \\ \sin\theta_1 \\ 0 \\ \dfrac{1}{l_f}\tan\phi_1 \\ 0 \\ -\dfrac{1}{l_b}\sec\phi_2 \sin(\phi_2-\theta_1+\theta_2) \end{bmatrix} u_1 + \begin{bmatrix} 0 \\ 0 \\ 1 \\ 0 \\ 0 \\ 0 \end{bmatrix} u_2 + \begin{bmatrix} 0 \\ 0 \\ 0 \\ 0 \\ 1 \\ 0 \end{bmatrix} u_3, \tag{1.36}$$

式中，$u_1 \geqslant 0$ 为拖拉机的线体速度，u_2 为拖拉机前轴的转向速率，u_3 为拖车前轴的转向速率。

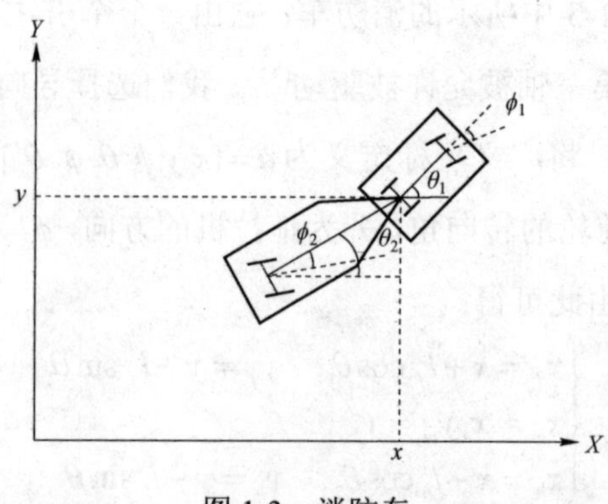

图 1-3　消防车

推导运动学方程（1.36）的过程可应用于其他牵引-挂车系统。例如，考虑在文献［44］中研究的 n 型拖车系统，如图 1-4 所示。该系统由一个差速器驱动的拖拉机（也称为“拖车 0”）组成，牵引着 n 个拖车的链，每个拖车都铰接到前一辆拖车的轮轴的中点。n 型拖车系统的运动学模型可以类似地表示为

$$
\begin{aligned}
&\dot{x}=v_n\cos\theta_n\\
&\dot{y}=v_n\sin\theta_n\\
&\dot{\theta}_n=\frac{1}{d_n}v_{n-1}\sin(\theta_{n-1}-\theta_n)\\
&\vdots\\
&\dot{\theta}_i=\frac{1}{d_i}v_{i-1}\sin(\theta_{i-1}-\theta_i),\quad i=n-1,\cdots,2\\
&\vdots\\
&\dot{\theta}_1=\frac{1}{d_1}u_1\sin(\theta_0-\theta_1)\\
&\dot{\theta}_0=u_2,
\end{aligned}
$$

其中，(x,y) 是导向点位于最后拖车的轴中点，θ_j 是第 j 个拖车的方向角（$j=0,\cdots,n$），d_j 是第 j 个拖车轴中点和第 $(j-1)$ 个拖车轴中点之间的距离，v_i 是第 j 个拖车的切向速度，它被定义为：

$$v_i=\prod_{k=1}^{i}\cos(\theta_{k-1}-\theta_k)\,u_1,\quad i=1,\cdots,n,$$

其中，u_1 为拖拉机的切向速度，u_2 是拖拉机的转向角速度。

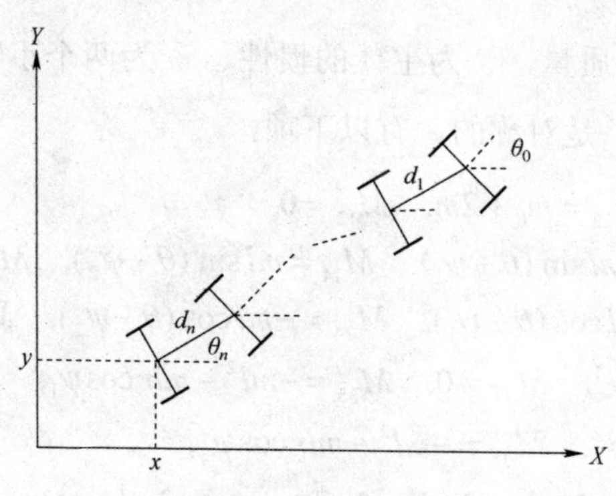

图 1-4 n 拖车系统

四、平面机器人

考虑空间机器人的平面无摩擦运动，如图 1-5 所示，由一个主体和两个位于刚性无重量旋转臂末端的两个小质点物体组成。如果主体的中心位置用(x,y)表示，则小物体的位置分别为(x_1,y_1)和(x_2,y_2)，其中，

$$x_1 = x - r\cos\theta - l\cos(\theta-\psi_1),\quad y_1 = y - r\sin\theta - l\sin(\theta-\psi_1),$$
$$x_2 = x + r\cos\theta + l\cos(\theta-\psi_2),\quad y_2 = y + r\sin\theta + l\sin(\theta-\psi_2)$$

θ 是主体的方向，ψ_1 和 ψ_2 是臂相对于主体的角度，l 是臂的长度，r 是从旋转关节到主体中心的距离。

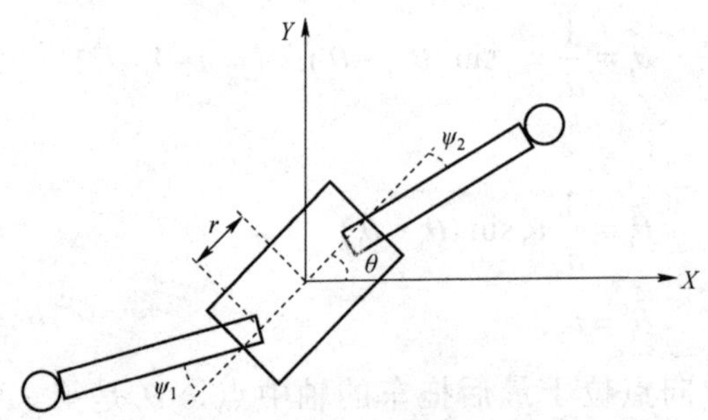

图 1-5　平面空间机器人

由此可见，系统的拉格朗日量（即运动学能量）可表示为：

$$\begin{aligned} L &= \frac{1}{2}m_0(\dot{x}^2+\dot{y}^2)+\frac{1}{2}J\dot{\theta}^2+\frac{1}{2}m(\dot{x}_1^2+\dot{y}_1^2)+\frac{1}{2}m(\dot{x}_2^2+\dot{y}_2^2) \\ &= \frac{1}{2}[\dot{x}\ \dot{y}\ \dot{\psi}_1\ \dot{\psi}_2\ \dot{\theta}]M[\dot{x}\ \dot{y}\ \dot{\psi}_1\ \dot{\psi}_2\ \dot{\theta}]^T, \end{aligned}$$

其中，m_0 为主体的质量，J 为主体的惯性，m 为两个小物体的质量，惯性矩阵 $M=[M_{ij}]\in\mathbb{R}^{5\times5}$ 是对称的，有以下项：

$$\begin{aligned} &M_{11}=M_{22}=m_0+2m,\quad M_{12}=0,\\ &M_{13}=-ml\sin(\theta-\psi_1),\quad M_{14}=ml\sin(\theta-\psi_2),\quad M_{15}=0,\\ &M_{23}=ml\cos(\theta-\psi_1),\quad M_{24}=-ml\cos(\theta-\psi_2),\quad M_{25}=0,\\ &M_{33}=ml^2,\quad M_{34}=0,\quad M_{35}=-ml^2-mlr\cos\psi_1,\\ &M_{44}=ml^2,\quad M_{45}=-ml^2-mlr\cos\psi_2,\\ &M_{55}=J+2mr^2+2ml^2+2mlr\cos\psi_1+2mlr\cos\psi_2. \end{aligned}$$

然后，空间机器人的动力学方程可表示为（1.12）。

如果机器人是自由浮动的，即它不受任何外力/扭矩，并且对于任意的 $t > t_0$ 有 $x(t_0) = y(t_0) = 0, x(t) = y(t) = 0$，因此拉格朗日独立于 θ。由（1.12）可以得出：

$$\frac{\partial L}{\partial \dot{\theta}} = M_{35}\dot{\psi}_1 + M_{45}\dot{\psi}_2 + M_{55}\dot{\theta}$$

必须是一个代表角动量守恒的常数。如果机器人的初始角动量为零，其守恒本质上是由非完整约束来描述的。

$$\dot{q} = \begin{bmatrix} 1 \\ 0 \\ -\dfrac{M_{35}}{M_{55}} \end{bmatrix} u_1 + \begin{bmatrix} 0 \\ 1 \\ -\dfrac{M_{45}}{M_{55}} \end{bmatrix} u_2,$$

其中，$q = [\psi_1, \psi_2, \theta]^T$，$u_1 = \dot{\psi}_1$ 和 $u_2 = \dot{\psi}_2$。

对于卫星和航天飞行器的轨道和姿态机动，必须考虑动量旋进和调节。关于航天器动力学和控制的基本原理的细节可以参考文献［45，46］。

五、牛顿刚体运动的模型

一般来说，刚体的三维运动方程可以用牛顿原理推导出如下。首先，建立一个固定的坐标系 $\{X_f, Y_f, Z_f\}$（或地球惯性坐标系），其中 Z_f 为纵轴，轴 $\{X_f, Y_f, Z_f\}$ 为垂直轴，满足右手准则。固定坐标系中的坐标为 $\{x_f, y_f, z_f\}$ 和欧拉角为 $\{\theta, \phi, \psi\}$，它们的速率分别定义为 $\{\dot{x}_f, \dot{y}_f, \dot{z}_f\}$ 和 $\{\dot{\theta}, \dot{\phi}, \dot{\psi}\}$。其次，建立一个满足右手规则的合适的体坐标系 $\{X_b, Y_b, Z_b\}$。体坐标系中的坐标为位置分量 $\{x_b, y_b, z_b\}$，而线性速度用 $\{u, v, w\}$ 表示（或等价表示为 $\{\dot{x}_b, \dot{y}_b, \dot{z}_b\}$），角速度用 $\{p, q, r\}$ 表示（或 $\{\omega_x, \omega_y, \omega_z\}$ 表示）。不需要确定体坐标系中的方向角，因为它们是由欧拉角（按照惯例，相对于固定坐标系）指定的。

欧拉角中的滚转角 φ、俯仰角 θ 和偏航角 ψ 是按照滚转-俯仰-偏航约定定义的，即，通过以下给定顺序的右手旋转来将固定坐标系的朝向变为体坐标系的朝向：（1）将 $\{X_f, Y_f, Z_f\}$ 绕 Z_f 轴旋转偏航角 ψ 的角度以生成坐标系

$\{X_1,Y_1,Z_1\}$；（2）将 $\{X_1,Y_1,Z_1\}$ 绕 Y_1 轴旋转俯仰角 θ 的角度以生成坐标系 $\{X_2,Y_2,Z_2\}$；（3）将 $\{X_2,Y_2,Z_2\}$ 绕 X_2 轴旋转滚转角 φ 的角度以生成体坐标系 $\{X_b,Y_b,Z_b\}$。即，从固定坐标系到体坐标系的三维旋转矩阵为：

$$R_b^f=\begin{bmatrix}1 & 0 & 0\\ 0 & \cos\phi & \sin\phi\\ 0 & -\sin\phi & \cos\phi\end{bmatrix}\times\begin{bmatrix}\cos\theta & -\sin\theta & 0\\ 0 & 1 & 0\\ \sin\theta & 0 & \cos\theta\end{bmatrix}\times\begin{bmatrix}\cos\psi & \sin\psi & 0\\ -\sin\psi & \cos\psi & 0\\ 0 & 0 & 1\end{bmatrix}.$$

相反，从体坐标系到体坐标系的三维旋转矩阵被定义为：

$$R=R_z(\psi)R_y(\theta)R_x(\phi),$$

即，

$$R=\begin{bmatrix}\cos\theta\cos\psi & \sin\theta\sin\phi\cos\psi-\cos\phi\sin\psi & \sin\theta\cos\phi\cos\psi+\sin\phi\sin\psi\\ \cos\theta\sin\psi & \sin\theta\sin\phi\sin\psi+\cos\phi\cos\psi & \sin\theta\cos\phi\sin\psi-\sin\phi\cos\psi\\ -\sin\theta & \sin\phi\cos\theta & \cos\phi\cos\theta\end{bmatrix}\tag{1.37}$$

其中，$R_z(\psi),R_y(\theta),R_x(\phi)$ 分别为关于 z，y，x 轴的基本旋转矩阵，它们定义为：

$$R_z(\psi)=\begin{bmatrix}\cos\psi & -\sin\psi & 0\\ \sin\psi & \cos\psi & 0\\ 0 & 0 & 1\end{bmatrix},\quad R_y(\theta)=\begin{bmatrix}\cos\theta & 0 & \sin\theta\\ 0 & 1 & 0\\ -\sin\theta & 0 & \cos\theta\end{bmatrix},$$

和
$$R_x(\phi)=\begin{bmatrix}1 & 0 & 0\\ 0 & \cos\phi & -\sin\phi\\ 0 & \sin\phi & \cos\phi\end{bmatrix}.$$

根据下面的公式，将体坐标系中的线速度变换为惯性坐标系（或固定坐标系）中的线速度，

$$[\dot{x}_f \quad \dot{y}_f \quad \dot{z}_f]^T=R[u \quad v \quad w]^T.\tag{1.38}$$

另一方面，它遵循了 $R^TR=I$ 和因此，可得：

$$\dot{R}^TR+R^T\dot{R}=0.$$

定义矩阵：

$$\hat{\omega}(t)\triangleq R^T\dot{R},\tag{1.39}$$

我们知道 $\hat{\omega}(t)$ 是斜对称的，这是通过直接计算得到的。

$$\hat{\omega}(t)=\begin{bmatrix}0 & -r & q\\ r & 0 & -p\\ -q & p & 0\end{bmatrix}. \tag{1.40}$$

将（1.39）的两侧预乘以 R 可得：

$$\dot{R}=R\hat{\omega}(t) \tag{1.41}$$

可以直接验证（1.41）等同于以下从体坐标系中的角速度到惯性坐标系中的角速度的变换：

$$\begin{bmatrix}\dot{\phi}\\ \dot{\theta}\\ \dot{\psi}\end{bmatrix}=\begin{bmatrix}1 & \sin\phi\tan\theta & \cos\phi\tan\theta\\ 0 & \cos\phi & -\sin\phi\\ 0 & \sin\phi\sec\theta & \cos\phi\sec\theta\end{bmatrix}\begin{bmatrix}p\\ q\\ r\end{bmatrix}. \tag{1.42}$$

方程（1.38）和（1.42）构成了刚体运动的运动学模型。

注意，给定（1.37）中的任何旋转矩阵 R，欧拉角总是可以求解，但不能全局求解。例如，在 $\theta=-\pi/2$ 时，旋转矩阵 R 退化为：

$$R=\begin{bmatrix}0 & -\sin(\phi+\psi) & -\cos(\phi+\psi)\\ 0 & \cos(\phi+\psi) & -\sin(\phi+\psi)\\ 1 & 0 & 0\end{bmatrix},$$

因此对于这样的矩阵 R 有无数的解 φ 和 ψ。从旋转中确定欧拉角的逆问题的全局和平滑解存在性的缺失是旋转空间的奇异性问题导致的。通过使用四参数的四元数可以克服奇异性，这种四元数推广了复数，并为旋转空间提供了全局参数化。

在第一章，第三节动态模型的一节中推导拉格朗日-欧拉方程时，我们隐含地假设配置空间（即位置和旋转空间）可以由广义坐标 $q\in\mathbb{R}^n$ 进行参数化。由于欧拉角的奇异性问题，拉格朗日-欧拉方程（1.12）不能用于确定三维刚体运动的全局动力学。接下来，我们使用牛顿-欧拉方法推导了一个刚体在受到外部力和力矩作用下的动力学全局特性。牛顿-欧拉方法也可以应用于多体机械系统，但需要递归地执行，同时考虑系统内的所有相互作用力和力矩[47]。

给定体坐标系中的角速度向量 $\omega=[p,q,r]^T$，固定坐标系中的角速度向量 ω_f 由 $\omega_f=R\omega$ 给出，而固定坐标系中的角动量由 $J_f(t)\omega_f$ 给出，其中 J 是刚体的惯性，$J_f(t)=RJR^T$ 是相对于固定坐标系的瞬时惯性。根据牛顿定律，我们可以得出：

$$\frac{\mathrm{d}}{\mathrm{d}t}[J_f(t)\omega_f]=\tau_f,$$

其中，$\tau\in\mathbb{R}^3$ 是相对于体坐标系的外部力矩向量，而 $\tau_f=R\tau$ 是相对于固定坐标系的外部力矩向量。利用 $RR^T=R^TR=I$ 的性质，对上式方程左边进行微分，结合（1.41）式可得：

$$\begin{aligned}\tau_f&=\frac{\mathrm{d}}{\mathrm{d}t}[RJ\omega]\\&=RJ\dot{\omega}+\dot{R}J\omega\\&=RJ\dot{\omega}+R\hat{\omega}J\omega,\end{aligned}$$

或等价：

$$J\dot{\omega}+\hat{\omega}J\omega=\tau. \tag{1.43}$$

另一方面，给定体坐标系中的线速度向量 $V_b=[u,v,w]^T$，固定坐标系中的线速度 V_f 由 $V_f=RV_b$ 给出，而固定坐标系中的线性动量由 mV_f 给出。根据牛顿定律，可得：

$$\frac{\mathrm{d}}{\mathrm{d}t}[mV_f]=F_f,$$

其中，$F\in\mathbb{R}^3$ 是相对于体坐标系的外部力向量，而 $F_f=RF$ 是相对于固定坐标系的外部力向量。对上述方程左侧求导并将（1.41）代入表达式中，我们得到：

$$m\dot{V}_b+\hat{\omega}mV_b=F. \tag{1.44}$$

方程（1.43）和（1.44）构成了 3D 刚体运动的动态模型，被称为牛顿-欧拉方程（Newton-Euler equations）。

在随后的小节中，使用运动方程(1.38)和(1.42)以及动力学方程(1.43)和（1.44）来对几种类型的 3D 或 2D 车辆进行建模。

六、水下航行器和水面舰船

除了（1.43）和（1.44）的刚体运动方程外，水下航行器和水面舰船的建模还可能涉及它们的运行模式和波浪气候建模。接下来，考虑两种简化的运行模式，并给出相应的模型。

（一）水下航行器的巡航

考虑一个以恒定线速度巡航的水下航行器。不失一般性，定义$\{x_b, y_b, z_b\}$为体坐标系，使得$V_b=[v_x,0,0]^T\in\mathbb{R}^3$是体坐标系中的速度，并且让$[x,y,z]^T\in\mathbb{R}^3$表示车辆在惯性坐标系中的质心位置。根据（1.38）和（1.42），车辆的运动学方程可以简化为[48,49]：

$$\begin{bmatrix}\dot{x}\\ \dot{y}\\ \dot{z}\\ \dot{\phi}\\ \dot{\theta}\\ \dot{\psi}\end{bmatrix}=\begin{bmatrix}\cos\theta\cos\psi & 0 & 0 & 0\\ \sin\psi\cos\theta & 0 & 0 & 0\\ -\sin\theta & 0 & 0 & 0\\ 0 & 1 & \sin\phi\tan\theta & \cos\phi\tan\theta\\ 0 & 0 & \cos\phi & -\sin\phi\\ 0 & 0 & \sin\phi\sec\theta & \cos\phi\sec\theta\end{bmatrix}\begin{bmatrix}v_x\\ \omega_x\\ \omega_y\\ \omega_z\end{bmatrix}\triangleq G(q)\begin{bmatrix}v_x\\ \omega_x\\ \omega_y\\ \omega_z\end{bmatrix},$$

其中，$\{\theta,\phi,\psi\}$是欧拉角，而$\{\omega_x,\omega_y,\omega_z\}$分别是体坐标系中沿$x,y$和$z$轴的角速度。由于体坐标系中$y$轴和$z$轴的线性速度为零，上述模型是非完整的。从$G(q)$的表达式中可以得出，两个非完整约束可以表示为$A(q)\dot{q}=0$，其中矩阵$A(q)$由以下形式给出：

$$\begin{bmatrix}\cos\psi\sin\theta\sin\phi-\sin\psi\cos\phi & \sin\psi\sin\theta\sin\phi+\cos\psi\cos\phi & \cos\theta\sin\phi & 0 & 0 & 0\\ \sin\psi\sin\theta\cos\phi-\sin\psi\sin\phi & \sin\psi\sin\theta\cos\phi-\cos\psi\sin\phi & \cos\theta\cos\phi & 0 & 0 & 0\end{bmatrix}$$

（二）水面舰船

考虑图 1-6 中所示的一个欠驱动水面船只的平面运动。它由两个独立的推进器控制，分别产生纵向力和偏航力矩。根据船体坐标系和惯性坐标系之间的关系，船只的运动学模型为[50,51]：

$$\begin{bmatrix}\dot{x}\\ \dot{y}\\ \dot{\psi}\end{bmatrix}=\begin{bmatrix}\cos\psi & -\sin\psi & 0\\ \sin\psi & \cos\psi & 0\\ 0 & 0 & 1\end{bmatrix}\begin{bmatrix}v_x\\ v_y\\ \omega_z\end{bmatrix},\tag{1.45}$$

其中，(x,y)表示在惯性坐标系$(X-Y)$中质心的位置，ψ是偏航方向角，而

(v_x, v_y) 和 ω_z 分别是船体坐标系中的线速度和角速度。忽略风力和波浪力，可以将（1.43）和（1.44）合并，得到以下简化的动力学模型[50,52]：

$$\begin{cases} \dot{v}_x = \dfrac{m_{22}}{m_{11}} v_y \omega_z - \dfrac{d_{11}}{m_{11}} v_x + \dfrac{1}{m_{11}} \tau_1, \\ \dot{v}_y = -\dfrac{m_{11}}{m_{22}} v_x \omega_z - \dfrac{d_{22}}{m_{22}} v_y, \\ \dot{\omega}_z = \dfrac{m_{11} - m_{22}}{m_{33}} v_x v_y - \dfrac{d_{33}}{m_{33}} \omega_z + \dfrac{1}{m_{33}} \tau_2, \end{cases} \tag{1.46}$$

其中，正常数 m_{ii} 由船舶的惯性和其附加质量效应决定，正常数 d_{ii} 是由于流体动力阻尼，而 τ_1 和 τ_1 是由两个螺旋桨产生的外部力和扭矩。模型（1.46）是非完整的，由于下面的不可积约束

$$m_{22} \dot{v}_y = -m_{11} v_x \omega_z - d_{22} v_y.$$

在惯性坐标系中，上述约束可以表示为：

$$m_{22}(\ddot{x}\sin\psi - \ddot{y}\cos\psi) + (m_{22} - m_{11})\dot{\psi}(\dot{x}\cos\psi + \dot{y}\sin\psi) + d_{22}(\dot{x}\sin\psi - \dot{y}\cos\psi) = 0.$$

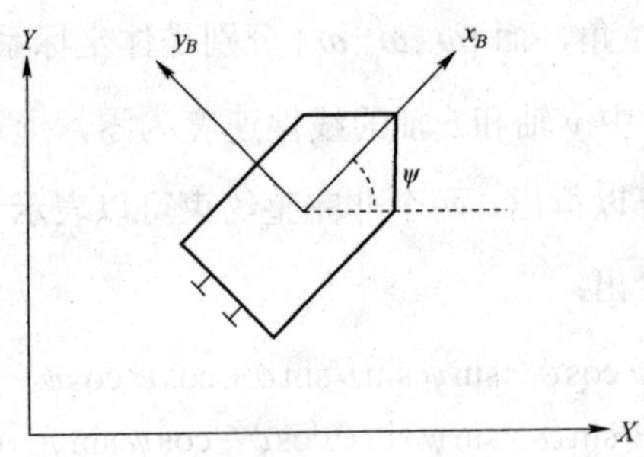

图 1-6　水面舰船

七、飞行器

根据飞行器的类型和操作模式，可以通过适当整合或详细阐述运动学方程式（1.38）和（1.42）以及动力学方程式（1.43）和（1.44）来建立其动力学模型。

（一）固定翼飞机

除了动力学方程式（1.43）和（1.44）外，固定翼飞机的动力学建模通

常还涉及建立所谓的流/稳定性坐标系（其坐标是迎角 α 和侧滑角 β）。在稳定性坐标系中，可以计算气动系数，并可以相对于机体坐标系确定气动力（升力、阻力和侧力）以及气动力矩（俯仰、滚转和偏航）。如果气动系数依赖于 $\dot{\alpha}$ 或 $\dot{\beta}$ 或两者都依赖，则通过将气动和推力/力矩表达式代入（1.43）和（1.44）得到的方程需要进行重新排列，因为加速度会出现在方程的两边。这种详细的建模过程相当复杂，读者可以参考文献［53-55］。

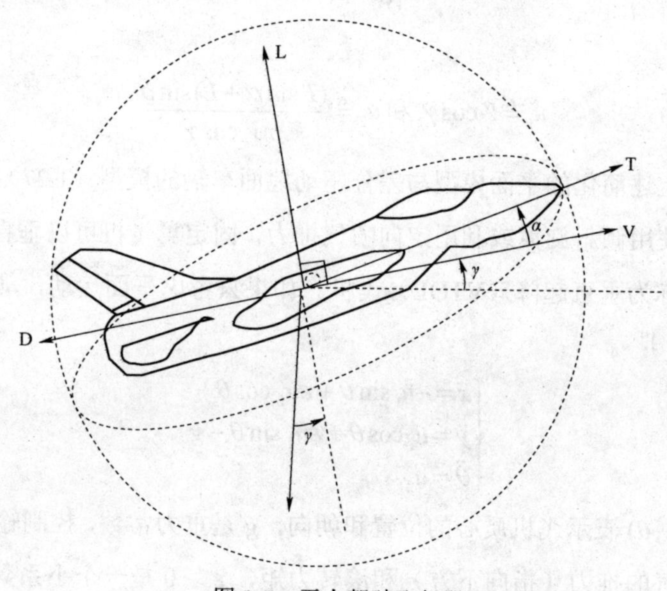

图 1-7 无人驾驶飞行器

对于图 1-7 中所示的固定翼飞行器，其简化的动力学模型[55]由如下方程给出

$$\begin{cases}\dot{x}=V\cos\gamma\cos\phi,\\ \dot{y}=V\cos\gamma\sin\phi,\\ \dot{h}=V\sin\gamma,\\ \dot{V}=\dfrac{T\cos\alpha-D}{m}-g\sin\gamma,\\ \dot{\gamma}=\dfrac{T\sin\alpha+L}{mV}\cos\delta-\dfrac{g}{V}\cos\gamma,\\ \dot{\phi}=\dfrac{T\sin\alpha+L}{mV}\dfrac{\sin\delta}{\cos\gamma},\end{cases}\tag{1.47}$$

其中，x 是沿航迹的位移（或水平方向上的位移），y 是横程位移，h 是高度，

V是地速，假设其等于空速，T是飞机发动机推力，α是迎角，D是气动阻力，m是飞机质量，g是重力常数，γ是飞行路径角，L是升力，δ是倾斜角，ϕ是航向角。如果不考虑高度变化，模型（1.47）就简化为以下平面飞行器模型：

$$\begin{cases}\dot{x}=u_1\cos\phi\\ \dot{y}=u_1\sin\phi\\ \dot{\phi}=u_2\end{cases}$$

其中，

$$u_1\triangleq V\cos\gamma, \text{和}\, u_2\triangleq\frac{(T\sin\alpha+L)\sin\delta}{mV\cos\gamma}.$$

请注意，上述简化的平面模型与差分驱动地面车辆的模型（1.27）相同。

通过使用倾斜旋翼或利用定向喷气推力，固定翼飞机可以垂直起降。这些飞机被称为垂直起降（VTOL）飞机。如果只考虑平面运动，动态方程可以简化为[56]：

$$\begin{cases}\ddot{x}=-u_1\sin\theta+\varepsilon u_2\cos\theta\\ \ddot{y}=u_1\cos\theta+\varepsilon u_2\sin\theta-g\\ \ddot{\theta}=u_2,\end{cases}$$

其中，(x,y,θ)表示飞机质心的位置和朝向，g是重力常数，控制输入u_1和u_2分别是喷气的推力（指向下方）和滚转力矩，$\varepsilon>0$是一个小系数，代表滚转力矩和飞机侧向加速度之间的耦合。在这种情况下，VTOL 飞机是一个欠驱动系统，具有三个自由度但只有两个控制输入。

（二）直升机

与动态方程（1.43）和（1.44）的推导相似，类似文献［56］中的推导，以直接的方式证明直升机模型可由以下方程给出：

$$\begin{cases}\dot{p}_f=v_f,\\ m\dot{v}_f=RF,\\ J\dot{\omega}=-\hat{\omega}J\omega+\tau,\end{cases}$$

其中，$p_f\in\mathbb{R}^3$和$v_f\in\mathbb{R}^3$分别表示直升机在惯性坐标系中质心的位置和速度；

$\omega\in\mathbb{R}^3, F\in\mathbb{R}^3$ 和 $\tau\in\mathbb{R}^3$ 分别是体坐标系中的角速度、力和扭矩；m 和 J 分别是体坐标系中的质量和惯性，R 和 $\hat{\omega}$ 分别在（1.37）和（1.40）中定义。

（三）自主弹药

智能弹药的范围从弹道导弹到自导子弹。对于这些弹药，基本的运动方程仍然保持（1.43）和（1.44）的形式。关于导弹建模、制导和控制的详细信息可以在[57]中找到。

八、其他模型

车辆系统的运行除了物理车辆本身外，还可能涉及其他实体。这些实体，无论是真实的还是虚拟的，都可以由其他模型来描述，例如，以下的 l-积分器模型：

$$\dot{z}_j = z_{j+1}, j=1,\cdots,l-1;\quad \dot{z}_l = v,\quad \psi = z_1, \tag{1.48}$$

其中，$z_j\in\mathbb{R}^m$ 是状态子向量，$\psi\in\mathbb{R}^m$ 是输出，$v\in\mathbb{R}^m$ 是输入。例如，如果 $l=1$，则模型（1.48）简化为单个积分器模型 $\dot{\psi}=v$，该模型已用于描述一般代理的动力学特性。如果 $l=2$，则模型（1.48）变为双积分器模型，该模型通常用作运动形式的模型。

第五节　预备知识

作为准备工作，本小节介绍以后各章中常用的定义和定理。主要内容取自文献［12，20，58–61］。对于这些结果我们只是给出了结论，具体证明请参见相关文献。

一、稳定性理论

考虑线性定常系统

$$\begin{cases}\dot{x} = Ax + Bu\\ y = Cx,\end{cases} \tag{1.49}$$

其中 $x\in\mathbb{R}^n,u\in\mathbb{R}^r$ 和 $y\in\mathbb{R}^m$ 分别为状态向量、控制向量和输出向量，$A\in\mathbb{R}^{n\times n},B\in\mathbb{R}^{n\times r}$ 和 $C\in\mathbb{R}^{m\times n}$ 分别为常数矩阵。为简单起见，用 (A,B,C) 表示线性定常系统（1.49）；用 (A,B) 表示系统（1.49）的第一式，即 $\dot{x}=Ax+Bu$。

如果存在矩阵 $K\in\mathbb{R}^{r\times n}$，使得 $A+BK$ 的特征根全在左半开平面内，那么称 (A,B) 是能稳的；如果存在矩阵 $G\in\mathbb{R}^{n\times m}$，使得 $A+GC$ 的特征根全在左半开平面内，那么称 (A,B,C) 是能检测的，也可以说 (A,C) 是能检测的；将 (A,B) 能稳并且 (A,C) 能检测简记为 (A,B,C) 能稳能检。

关于系统（1.49）的能稳和能检测，我们介绍如下引理[58]。

引理 1.1. (A,B)能稳的充分必要条件是：

$$\mathrm{Rank}\,(sI_n-A\quad B)=n,\forall s\in\mathbb{C},\mathrm{Re}\,s\geqslant 0.$$

引理 1.2. (A,C)能检测的充分必要条件是：

$$\mathrm{Rank}\begin{pmatrix}sI_n-A\\ C\end{pmatrix}=n,\forall s\in\mathbb{C},\mathrm{Re}\,s\geqslant 0.$$

引理 1.3. (A,B)能稳，$Q\in\mathbb{R}^{n\times n}$ 为对称正定矩阵，则代数黎卡提方程。

$$A^TP+PA-PBB^TP+Q=0\tag{1.50}$$

关于 P 具有唯一非负定解，且该非负定解还使得矩阵 $A-BB^TP$ 为稳定矩阵，即特征根全在左半开平面内。

引理 1.4. 设(A,B)能稳，P 是代数黎卡提方程（1.50）的非负定解，则对任意的 $\sigma\geqslant\frac{1}{2}$ 及 $\omega\in\mathbb{R}$，矩阵 $A-(\sigma+\jmath\omega)BB^TP\,(\jmath^2=-1)$ 的特征根全在左半开平面内。

证明： 假设矩阵 $A-(\sigma+\jmath\omega)BB^TP\,(\jmath^2=-1)$ 有某特征根 λ 不在左半开平面内，则 λ 具有非负实部，即 $\mathrm{Re}\lambda\geqslant 0$。设 x 为属于 λ 的一个特征向量，则 $x\neq 0$，并且

$$[A-(\sigma+\jmath\omega)BB^TP]\,x=\lambda x\tag{1.51}$$

注意到

$$\begin{aligned}&[A-(\sigma+\jmath\omega)BB^TP]^*P+P[A-(\sigma+\jmath\omega)BB^TP]\\&=A^TP+PA-2\sigma PBB^TP,\end{aligned}\tag{1.52}$$

其中*表示共轭转置。

设$\epsilon = 2\sigma - 1$，则$\epsilon \geqslant 0$. 结合式（1.50）和式（1.52）可知：

$$[A-(\sigma+\jmath\omega)BB^T P]^* P + P[A-(\sigma+\jmath\omega)BB^T P] + \epsilon PBB^T P + Q = 0$$

对上式两端同时左乘x^*，右乘 x，并注意到式（1.51），可得：

$$2\operatorname{Re}\lambda x^* Px + \epsilon x^* PBB^T Px + x^* Qx = 0. \tag{1.53}$$

由于$\operatorname{Re}\lambda \geqslant 0$，矩阵$P$非负定，因而式（1.53）左端三项均非负，故必全为零。但$x^*Qx=0$，显然与Q的对称正定性矛盾。这一矛盾说明矩阵$A-(\sigma+\jmath\omega)BB^T P$不能有非负实部的特征根，即假设不成立，其中$\jmath^2=-1$。因此，对任意的$\sigma \geqslant \frac{1}{2}$及$\omega \in \mathbb{R}$，矩阵$A-(\sigma+\jmath\omega)BB^T P\ (\jmath^2=-1)$的特征根全在左半开平面内。

二、代数图论

在多智能体系统一致性理论的研究中，图论[59]是一个重要的分析工具。如果用结点代表智能体，用结点间的有向边来表示智能体间的信息传递关系，则可以用代数图论中的有向图（也称为有向连接拓扑）来描述网络结构。

图论中通常用$\mathcal{G}=(\mathcal{V}(\mathcal{G}),\mathcal{E}(\mathcal{G}))$表示一个图，其中$\mathcal{V}(\mathcal{G})=\{v_1,v_2,\cdots,v_N\}$表示结点集，$\mathcal{E}(\mathcal{G})\subset\mathcal{V}(\mathcal{G})\times\mathcal{V}(\mathcal{G})$表示边集。我们用结点$v_i$代表智能体$i$，用有向边$\mathcal{E}_{ij}=(v_i,v_j)$表示智能体$j$能获得智能体$i$的信息，且称$v_i$是父结点，$v_j$是子结点，也说$v_i$是$v_j$的邻居。结点$v_j$的邻居集用集合$N_j$表示，即$N_j=\{v_i:(v_i,v_j)\in\mathcal{E}(\mathcal{G})\}$。在有向图$\mathcal{G}$中，如果$(v_i,v_j)\in\mathcal{E}(\mathcal{G})\Leftrightarrow(v_j,v_i)\in\mathcal{E}(\mathcal{G})$，则称图$\mathcal{G}$为无向图或双向图。

有向图中，从结点v_{j_0}到v_{j_k}的一条有向路径是指一个有向边序列(v_{j_0},v_{j_1})，(v_{j_1},v_{j_2})，…，$(v_{j_{k-1}},v_{j_k})$。所谓有向树，它是一个有向图：其中只有一个结点没有父结点，但该结点到其他所有结点都有有向路径，称该结点为根结点；除了根结点外，其他每个结点有且只有一个父结点。所谓有向生成树，它也是一个有向图，其中至少存在一个结点，它到其他所有结点都有有向路径。如图 1-8 所示，图 1-8（a）为有向图$\mathcal{G}$，图 1-8（b）为有向图$\mathcal{G}$包含的有向生产树。有向图中，如果去掉有向边的方向后图是连通的，则称图是弱连通的；如果任一结点偶对中，至少从一个结点到另一个结点存在有向路径，则称图是单向连通的；如果任一结点偶对中，结点间彼此都存在有向路径，则称图是强连通的。在此基础上，定义一个十分重要的概念—强连通分量。

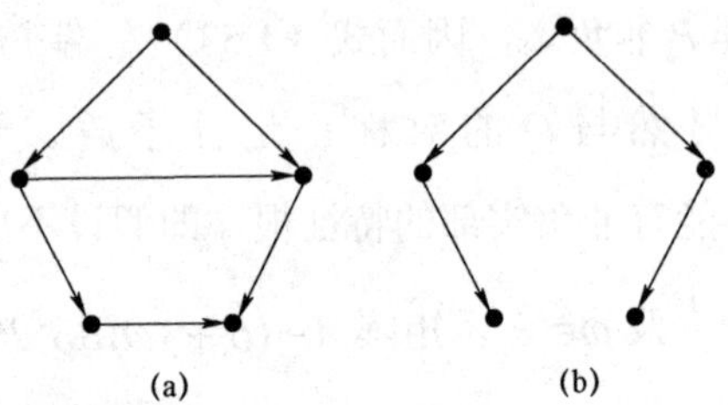

图 1-8　网络拓扑 $\mathcal{G}$.（a）网络拓扑对应的有向图；（b）有向生成树.

定义 1.1（强连通分量[62]）. 如果图 $\mathcal{G}$ 的子图 $\mathcal{G}'$ 是强连通的，且没有包含 $\mathcal{G}'$ 的更大子图是强连通的，则称 $\mathcal{G}'$ 是 $\mathcal{G}$ 的强连通分量，也称强连通分图。

注 1.1. 由以上描述知，强连通一定是单向连通和弱连通的，单向连通一定是弱连通的，反之不成立。

注 1.2. 由以上描述知，一个有向图包含生成树与它是单向连通的是等价描述，也有些文献中称之为有根的，准强连通的[63]。

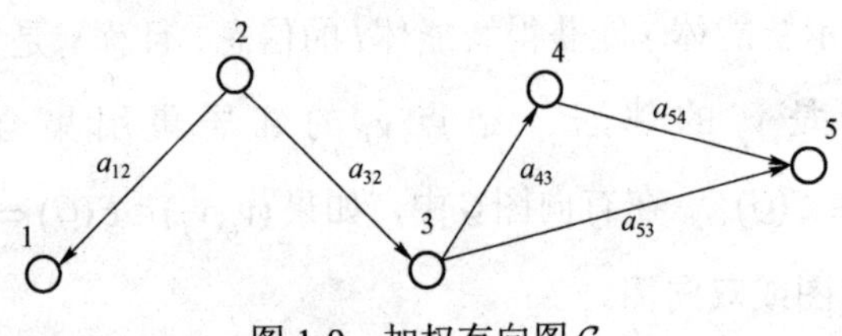

图 1-9　加权有向图 $\mathcal{G}_1$

给定一个有向图，可以定义一个加权邻接矩阵 $\mathcal{A}=[a_{ij}]_{N\times N}:a_{ij}>0 \Leftrightarrow (v_j,v_i)\in \mathcal{E}(\mathcal{G})$；否则 $a_{ij}=0$ 。结点 v_i 的输入度定义为 $\deg_{\text{in}}(i)=\sum_{j=1}^{N}a_{ij}$ ，输出度定义为 $\deg_{\text{out}}(i)=\sum_{j=1}^{N}a_{ji}$ 。如果一个结点的入度等于出度，即 $\deg_{\text{in}}(i)=\deg_{\text{out}}(i)$，则称该结点是平衡结点；如果所有结点都是平衡结点，则称图是平衡图。由

此可知无向图既是平衡图又是双向图。由结点的输入度组成的对角矩阵 $D = \mathrm{diag}(\deg_{\mathrm{in}}(1), \ldots, \deg_{\mathrm{in}}(N))$ 称为图的度矩阵，则定义 Laplacian 矩阵为 $L = D - \mathcal{A}$ 。如图 1-9 所示，$\mathcal{G}_1 = (\mathcal{V}_1, \mathcal{E}_1, \mathcal{A}_1)$ 是一个加权有向图，其中 $\mathcal{V}_1 = \{1, \cdots, 5\}$，边集 $\mathcal{E}_1 = \{(2,1), (2,3), (3,4), (3,5), (4,5)\}$，并且

$$\mathcal{A}_1 = \begin{pmatrix} 0 & 1 & 0 & 0 & 0 \\ 0 & 0 & 0 & 0 & 0 \\ 0 & 1 & 0 & 0 & 0 \\ 0 & 0 & 3 & 0 & 0 \\ 0 & 0 & \frac{1}{3} & 2 & 0 \end{pmatrix}.$$

加权有向图 $\mathcal{G}_1$ 的 Laplacian 矩阵为：

$$L_{\mathcal{G}_1} = \begin{pmatrix} 1 & -1 & 0 & 0 & 0 \\ 0 & 0 & 0 & 0 & 0 \\ 0 & -1 & 1 & 0 & 0 \\ 0 & 0 & -3 & 3 & 0 \\ 0 & 0 & -\frac{1}{3} & -2 & \frac{7}{3} \end{pmatrix}, \text{其中} D_1 = \begin{pmatrix} 1 & & & & \\ & 0 & & & \\ & & 1 & & \\ & & & 3 & \\ & & & & \frac{7}{3} \end{pmatrix}.$$

注意到，$\mathcal{G}_1$ 中，节点 2 只有子节点没有父节点，我们称这样的节点为源节点。易见 Laplacian 矩阵各行行和为 0，所以 0 是 Laplacian 矩阵的一个特征值，其对应的右特征向量为 $\mathbf{1}_N$。对于平衡图，$\mathbf{1}_N$ 也是其左特征向量。进一步由盖氏圆盘定理知，Laplacian 矩阵的所有特征值均位于复平面的右半闭平面内。特别地，对于无向图，其 Laplacian 矩阵是对称半正定阵。关于 Laplacian 矩阵特征值与图的连通性之间的关系，有如下几个结论：

引理 1.5[65]**.** 对于无向连接拓扑，其对应的 Laplacian 矩阵 L 只有一个零特征值，当且仅当该拓扑是连通的。

引理 1.6[20,64]**.** 有向图 $\mathcal{G} = (\mathcal{V}, \mathcal{E}, \mathcal{A})$ 的 Laplacian 矩阵 L 的特征根都具有非负实部并且 L 至少含有一个零根。进一步，L 只有一个零根的充分必要条件是 $\mathcal{G}$ 含有一棵生成树。

引理 1.7[66]. 表 $\omega = [\omega_1, \cdots, \omega_N]^T, \sum_{i=1}^{N} \omega_i = 1$ 为 Laplacian 矩阵对应 0 特征值

的左特征向量，则ω各元非负。进一步若有向连接拓扑是强连通的，则ω各元均大于0。

有向树是一种有向图，它不仅有且只有一个源节点（称为根），而且其余所有的节点有且仅有一个父节点。一个有向图的有向生成树是指由该图的部分边连接所有节点构成的有向树。由图1-9可知，边（2，1），（2，3），（3，4）和（3，5）与节点$\mathcal{V}_1$一起构成有向图$\mathcal{G}_1$的一棵有向生成树。此时，也说有向图$\mathcal{G}_1$含有一棵有向生成树。

需要注意的是，无向图的加权邻接矩阵$\mathcal{A}$是对称矩阵，并且 Laplacian 矩阵L是半正定的。有向图的 Laplacian 矩阵L则是非对称的。下面我们将介绍一种特殊的无向图$\hat{\mathcal{G}}$，它是由有向图$\mathcal{G}$所导出的。

定义 1.2[12]**.** 设$\mathcal{G}=(\mathcal{V},\mathcal{E},\mathcal{A})$是一个加权有向图。记$\tilde{\mathcal{E}}=\{(j,i)|(i,j)\in\mathcal{E}\}$。无向图$\hat{\mathcal{G}}=(\mathcal{V},\hat{\mathcal{E}},\hat{\mathcal{A}})$称为有向图$\mathcal{G}$的镜像图（mirror graph），其中$\hat{\mathcal{E}}=\mathcal{E}\cup\tilde{\mathcal{E}}$，并且对称加权邻接矩阵$\hat{\mathcal{A}}=(\hat{a}_{ij})$的元素$\hat{a}_{ij}$满足$\hat{a}_{ij}=\hat{a}_{ji}=\dfrac{a_{ij}+a_{ji}}{2}\geqslant 0$，其中$a_{ij}$为$\mathcal{G}$的加权邻接矩阵$\mathcal{A}=(a_{ij})$的元素。

如图 1-10 所示，$\mathcal{G}_2=(\mathcal{V}_2,\mathcal{E}_2,\mathcal{A}_2)$是一个加权有向图，$\mathcal{V}_2=\{1,\cdots,4\}$，$\mathcal{E}_2=\{(2,1),(2,4),(3,2),(4,3)\}$，并且，

$$\mathcal{A}_2=\begin{pmatrix}0&1&0&0\\0&0&\frac{3}{2}&0\\0&0&0&\frac{3}{2}\\0&\frac{1}{2}&0&0\end{pmatrix}.$$

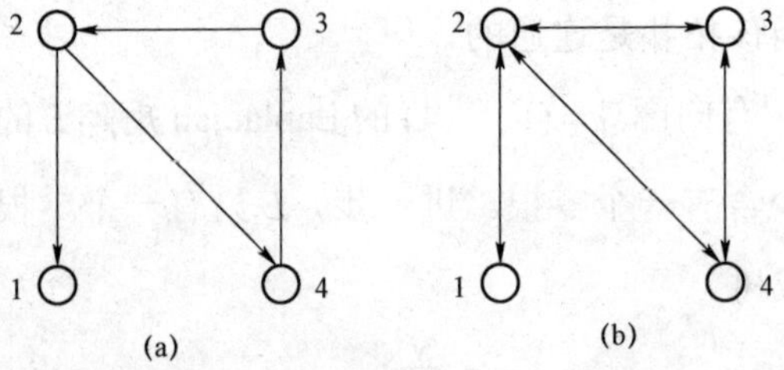

图 1-10　网络拓扑.（a）加权有向图$\mathcal{G}_2$；（b）$\mathcal{G}_2$的镜像图$\hat{\mathcal{G}}_2$

根据定义 1.2，$\tilde{\mathcal{E}}_2=\{(1,2),(4,2),(2,3),(3,4)\}$，如图 1-10（b）所示，$\hat{\mathcal{G}}_2=(\mathcal{V}_2,\hat{\mathcal{E}}_2,\hat{\mathcal{A}}_2)$ 是加权有向图 $\mathcal{G}_2$ 的镜像图，其中 $\hat{\mathcal{E}}_2=\{(2,1),(2,4),(3,2),(4,3),(1,2),(4,2),(2,3),(3,4)\}$，并且，

$$\hat{\mathcal{A}}_2=\begin{pmatrix} 0 & \frac{1}{2} & 0 & 0 \\ \frac{1}{2} & 0 & \frac{3}{4} & \frac{1}{4} \\ 0 & \frac{3}{4} & 0 & \frac{3}{4} \\ 0 & \frac{1}{4} & \frac{3}{4} & 0 \end{pmatrix}.$$

特别地，当 $\mathcal{G}$ 为平衡图时，它的镜像图 $\dot{\mathcal{G}}$ 的 Laplacian 矩阵具有下列性质。

引理 1.8[12]**.** 设 $\mathcal{G}=(\mathcal{V},\mathcal{E},\mathcal{A})$ 是一个加权有向图，$\hat{\mathcal{G}}=(\mathcal{V},\hat{\mathcal{E}},\hat{\mathcal{A}})$ 为 $\mathcal{G}$ 的镜像图。那么 $\frac{L_{\mathcal{G}}+L_{\mathcal{G}}^T}{2}$ 为镜像图 $\hat{\mathcal{G}}$ 的 Laplacian 矩阵当且仅当 $\mathcal{G}$ 是一个平衡图，其中 $L_{\mathcal{G}}$ 为加权有向图 $\mathcal{G}$ 的 Laplacian 矩阵。

图 $\mathcal{G}$ 中节点与边的关系可以用关联矩阵 $B=B(\mathcal{G})=(b_{ij})\in\mathbb{R}^{n\times|\mathcal{E}|}$ 表示。将 $\mathcal{G}$ 中的边按照从 1 到 $|\mathcal{E}|$ 顺序记号，则相应的关联矩阵 $B\in\mathbb{R}^{n\times|\mathcal{E}|}$ 定义为：由边 e_k 所确定的矩阵 B 的第 k 列的第 i 和 j 行有两个非零元素为 1 和 -1，其余元素为零；其中边 e_k 为节点 i 和 j 之间的连接边。对无向图来说，1 和 -1 的位置可以互换，则矩阵 B 的数学表达式不唯一。下面的定理指出，当无向图为树时，矩阵 B^TB 总是正定的。

引理 1.9[240]**.** 当且仅当无向图 $\mathcal{G}$ 为树时，矩阵 B^TB 是正定的。

Saber 和 Murray[241]首先提出用刚性图论（rigid graph theory）[70,71]来刻画基于保持成对智能体间距离的无向（对称）编队控制结构。在网络拓扑对应的图的基础上将成对智能体间距离限制加入到图中边的描述中，使得图中的边不仅描绘了信息的流向而且表明了所连接的两个节点间的距离限制。所谓刚性编队，就是在连续运动（平移和旋转）下保证相邻智能体之间的距离保持不变，则任意两个智能体间的距离都是保持不变的。如果编队是刚性的

（rigid），其对应的图也是刚性的。当图是刚性的，几乎所有与其对应的编队也是刚性的[72]，这里“几乎”是指满足智能体间的位置坐标是线性无关的编队。

在刚性编队控制问题中，令 $\mathcal{D}=\{d_{ij}:i\in V, j\in N_i\}$ 表示距离集合，其中 $d_{ij}=d_{ji}$ 表示边 e_{ij} 需要保持的期望距离，则 $\{\mathcal{G},\mathcal{D}\}$ 表示一个期望的编队。称编队 $\{\mathcal{G},\mathcal{D}\}$ 是刚性的，即在图 $\mathcal{G}$ 中节点有连续小位移变化时，保证由集合 $\mathcal{D}$ 所定义的相邻智能体间的距离保持不变，则图 $\mathcal{G}$ 中所有节点之间的距离均保持不变。编队 $\{\mathcal{G},\mathcal{D}\}$ 最小刚性定义：编队 $\{\mathcal{G},\mathcal{D}\}$ 是刚性的且图 $\mathcal{G}$ 具有最少的边数。著名的 Laman 定理给出了图是刚性的充要条件。

引理 1.10[73]**.** 二维空间 $\mathbb{R}^2$ 中的图 $\mathcal{G}=\{\mathcal{V},\mathcal{E}\}$ 是刚性的，当且仅当存在一个 $2|\mathcal{V}|-3$ 条边的子图 $\mathcal{G}'=\{\mathcal{V},\mathcal{E}'\}$ 使得对 $\mathcal{V}$ 中的任意子集 $\mathcal{V}''$，其诱导出的 $\mathcal{G}'$ 的子图 $\mathcal{G}''=(\mathcal{V}'',\mathcal{E}'')$ 满足 $|\mathcal{E}''|\leqslant 2|\mathcal{V}''|-3$。

平面中，编队的刚性还可以通过刚性矩阵（rigidity matrix）的秩来判断。刚性矩阵是一个 $|\mathcal{E}|\times 2|\mathcal{V}|$ 矩阵，其中第 $2j-1$、$2j$、$2k-1$ 和 $2k$ 上的元素分别为 x_j-x_k、y_j-y_k、x_k-x_j 和 y_k-y_j，其中 (x_i,y_i) 为智能体 i 的位置坐标。当且仅当刚性矩阵的秩为 $2|\mathcal{V}|-3$ 时，对应的图是刚性的，编队也是刚性的。图 1-11（a）所示的是平面中的非刚性图；图 1-11（b）为刚性图；图 1-11（c）是最小刚性图。注意到，本文所定义的编队 $\{\mathcal{G},\mathcal{D}\}$ 的刚性等价于图 $\mathcal{G}$ 的刚性。

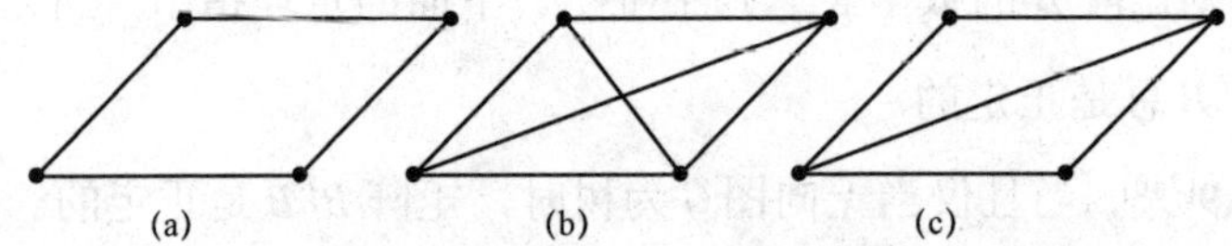

图 1-11　（a）平面中的非刚性图；（b）刚性图；（c）最小刚性图.

下面的引理给出了最小刚性图的边数与结点数的一个量化关系。

引理 1.11[74]**.** 二维空间 $\mathbb{R}^2$ 中的图 $\mathcal{G}=\{\mathcal{V},\mathcal{E}\}$ $(|\mathcal{V}|>1)$ 是最小刚性的，当且仅当图 $\mathcal{G}$ 中边数 $|\mathcal{E}|=2|\mathcal{V}|-3$，且对任意子图 $\mathcal{G}'=\{\mathcal{V}(\mathcal{E}'),\mathcal{E}'\}$，满足下述条件 $|\mathcal{E}'|\leqslant 2|\mathcal{V}(\mathcal{E}')|-3$。

最小刚性图通常能够通过两种图论操作方式得到，这两种操作方式为：

节点的增加和边的分裂。令 j,k 为最小刚性图 $\mathcal{G}=\{\mathcal{V},\mathcal{E}\}$ 中两个不同的节点。节点的增加操作为：增加节点 i，且将节点 i 分别与节点 j,k 相连接，形成边 e_{ij}，e_{ik}，如图 1-12（a）所示。边的分裂操作为：令 e_{jk} 为原图中的边，移除边 e_{jk}，增加节点 i，且将节点 i 分别与节点 j,k,l 相连接，形成边 e_{ij},e_{ik},e_{il}，如图 1-12（b）所示。Henneberg 序列是一组图 $\mathcal{G}_2,\mathcal{G}_3,\cdots,\mathcal{G}_n$，其中 $\mathcal{G}_2=K_2$ 表示具有两个节点的完全图，$\mathcal{G}_i(i\geqslant 3)$ 是由 $\mathcal{G}_{i-1}$ 通过节点的增加或者边的分裂操作所得到的图。下面的引理给出了最小刚性图的构造方法。

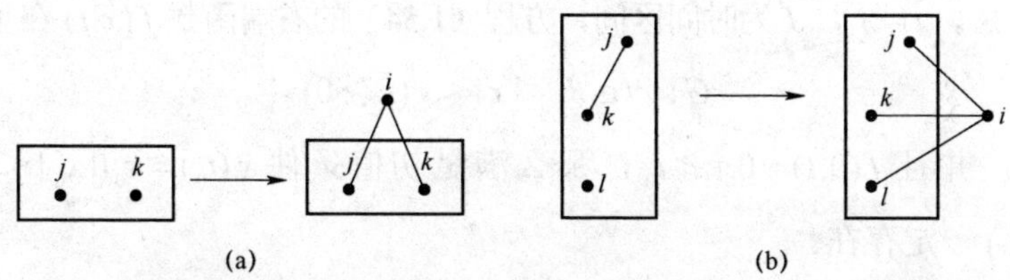

图 1-12　（a）节点的增加操作；（b）边的分裂操作.

引理 1.12[74]. 二维空间 $\mathbb{R}^2$ 中任意最小刚性图 $\mathcal{G}=\{\mathcal{V},\mathcal{E}\}(|\mathcal{V}|>1)$ 能够由 Hen-neberg 序列构造而得到；且所有由 Henneberg 序列构造而得到的图都是最小刚性的。

在描述切换连接拓扑的时候，通常会用到图的并这个概念。所谓图的并，或者称为并图，是指该图的结点集由所有图的结点组成，边集由所有图的边的并集组成。对于结点集相同的连接拓扑集合，其并图包含有向生成树并不要求拓扑集合中的子图包含有向生成树。

三、Kronecker 积

对于任意两个矩阵 $A\in\mathbb{R}^{m\times n}$ 和 $B\in\mathbb{R}^{p\times q}$，其 Kronecker 积（又称张量积）定义为

$$A\otimes B\overset{\text{def}}{=}\begin{pmatrix} a_{11}B & a_{12}B & \cdots & a_{1n}B \\ a_{21}B & a_{22}B & \cdots & a_{2n}B \\ \vdots & \vdots & \ddots & \vdots \\ a_{m1}B & a_{m2}B & \cdots & a_{mn}B \end{pmatrix}\in\mathbb{R}^{mp\times nq},$$

并且具有下列性质（[60]）：

1. $(A\otimes B)(C\otimes D)=(AC)\otimes(BD)$，其中 C，D 为相应维数的矩阵。

2. 如果 A，B 可逆，则 $(A\otimes B)^{-1}=A^{-1}\otimes B^{-1}$。

3. $(A\otimes B)^T=A^T\otimes B^T$。

最后介绍本书中用到的常微分方程的一个基本定理。

考虑一阶微分方程

$$\dot{x}=f(x,t) \tag{1.54}$$

其中 $x\in\mathbb{R}$，$t\in J$，J 为时间区间，方程（1.54）的右端函数 $f(x,t)$ 在下列区域

$$G:\ t\in J,\ |x|<r(r>0)$$

上连续，并且 $f(0,t)=0,t\geqslant t_0$，那么满足初值条件 $x(t_0)=x_0(|x_0|<r)$ 的解 $x(t;t_0,x_0)$ 一定存在。

设 $p(t)$ 是方程（1.54）在区间 $[t_0,a)$ 上满足初值条件 $p(t_0)=x_0$ 的解，如果对 $[t_0,a)$ 上满足初值条件 $x(t_0)=x_0$ 的任意其他解 $x(t)$ 都有 $x(t)\leqslant p(t)$，$t\in[t_0,a)$，那么称 $p(t)$ 是方程（1.54）在区间 $[t_0,a)$ 上的最大解。

引理 1.13[61]**.** 考虑方程（1.54），f 是区域 G 上的连续函数，$p(t)$ 是方程（1.54）在区间 $[t_0,a)$ 上满足初值条件 $p(t_0)=x_0$ 的最大解。设 $r(t)$ 是 $[t_0,a)$ 上的连续函数，并且 $r(t_0)\leqslant x_0$。记

$$Dr(t)\triangleq\limsup_{h\to 0^+}\frac{r(t+h)-r(t)}{h}.$$

如果 $\mathrm{Dr}(t)\leqslant f(r(t),t),t\in[t_0,a)$，那么

$$r(t)\leqslant p(t),t\in[t_0,a).$$

四、主要引理

下面列出后续章节中用到的一些引理。

引理 1.14[67]**.** 设矩阵 $A,B,C,D\in\mathbb{R}^{n\times n}$。我们取 $M=\left[\begin{smallmatrix}A & B\\ C & D\end{smallmatrix}\right]$，那么 $\det(M)=\det(AD-BC)$ 成立，当且仅当矩阵 A,B,C,D 两两可以交换，其中 $\det(\bullet)$ 表示矩阵的行列式。

引理 1.15[68]. 设矩阵 $D=\begin{bmatrix} A & E \\ E^T & C \end{bmatrix}$，其中矩阵 A 和 C 是方阵。若矩阵 D 是正定的当且仅当矩阵 A 和 $C-E^T A^{-1} E$ 是正定的。

引理 1.16[118]. 对于任意的正整数 $i\in \mathcal{Z}_+$ 设 μ_i 为矩阵 A 的特征值，且 $Re(\mu_i)<0$。若 $\gamma>\max_i \sqrt{2/\left(|\mu_i|\cos\left(\frac{\pi}{2}-\tan^{-1}\frac{-\mathrm{Re}(\mu_i)}{|\mathrm{Im}(\mu_i)|}\right)\right)}$ 成立，则矩阵 $\begin{bmatrix} 0 & I_n \\ A & \gamma A \end{bmatrix}$ 的所有特征值均具有负实部。

引理 1.17[69]. 对于一元二次多项式方程 $s^2+as+b=0$，其中 $a,b\in\mathbb{C}$，该方程的根均位于单位圆内，当且仅当方程 $(1+a+b)\,t^2+2(1-b)\,t+b-a+1=0$ 的根均位于 z 平面的左半开平面。

引理 1.18[68]. 设矩阵 $A\in\mathbb{R}^{n\times n}$，$\epsilon>0$。一定存在一个矩阵范数 $|||\bullet|||$ 使得 $\rho(A)\leqslant |||A||| \leqslant \rho(A)+\epsilon$ 成立，其中 $\rho(A)$ 表示矩阵 A 的谱半径。

引理 1.19[68]. 设矩阵 $A\in\mathbb{R}^{n\times n}$。若 $|||\bullet|||$ 是一个矩阵范数且有 $|||A|||<1$ 成立，那么矩阵 I_n-A 是可逆的，且 $(I_n-A)^{-1}=\sum_{i=0}^{\infty}A^i$。

第二章　多智能体系统一致性算法

本章主要介绍多智能体系统在确定性拓扑下的一致性算法，并描述一致性的相关问题。然后阐述经典一致性算法的实质，并就国内外学者关于一致性问题的研究结果与分析方法进行归类总结。在此基础上，为多智能体系统一致性理论的应用打下坚实的基础。

第一节　一致性算法

一致性协议描述的是智能体利用自己及邻居信息更新自身状态，从而使得系统达到一致的规则，有些文献也称之为一致性算法、一致性控制器或者一致性控制律，在本章及其后续章节中，对“算法”和“协议”不加以区分，它们表示同一个意思，具体依赖于上下文语境来理解。根据可利用的信息，可以分为基于状态反馈的协议、基于静态输出反馈的协议和基于动态输出补偿的协议。而根据协议的形式及作用，可分为线性协议和非线性协议。本章基于后一种分类标准对一致性协议做如下归纳。

一、线性一致性算法

对于模型（1.3）描述的智能体，如果智能体间传递的是状态信息，那么可以采用基于状态反馈的一致性协议，其基本形式为：

$$U_i(t)=K\sum_{j=1}^{N}a_{ij}(X_j(t)-X_i(t)),\qquad (2.1)$$

其中 K 是需要设计的状态反馈增益，也称为协议参数。

对于一阶积分器系统，协议（2.1）退化为：

$$u_i(t)=k\sum_{j=1}^{N}a_{ij}(x_j(t)-x_i(t)), \tag{2.2}$$

这就是最简单最经典的一致性协议。

对于二阶积分器系统，其基本的形式是位置差信息与速度差信息的线性组合

$$u_i(t)=\sum_{j=1}^{N}a_{ij}[k_1(x_j(t)-x_i(t))+k_2(v_j(t)-v_i(t))]. \tag{2.3}$$

通过选择合适的协议参数，可以保证智能体能聚集到一起且以相同的速度运动。然而在有些场合下，希望智能体能聚集到静止的一点，也称为系统静态一致。这时可以在协议（2.3）的基础上引入速度镇定项[75–77]，即：

$$u_i(t)=-k_0v_i(t)+\sum_{j=1}^{N}a_{ij}[k_1(x_j(t)-x_i(t))+k_2(v_j(t)-v_i(t))]. \tag{2.4}$$

还可以证明，在没有相对速度信息，即 $k_2=0$ 的情况下，该协议仍然是有效的[78]。

如果智能体间交换的是输出信息，则只能设计基于输出反馈的一致性协议，或者为静态输出反馈协议，或者为动态输出反馈协议，即基于观测器的控制协议。静态输出反馈协议形式如下：[79,80]

$$U_i(t)=K\sum_{j=1}^{N}a_{ij}(Y_j(t)-Y_i(t)), \tag{2.5}$$

该协议形式简单，但静态输出反馈能力有限，有些场合应用起来有较大的局限。相应的，Fax 和 Murray，以及 Seo 等采用动态输出反馈协议，[81–83]

$$\begin{cases}\dot{\chi}_i=A_k\chi_i+B_k\sum_{j=1}^{N}a_{ij}(Y_j(t)-Y_i(t))\\ U_i=C_k\chi_i+D_k\sum_{j=1}^{N}a_{ij}(Y_j(t)-Y_i(t))\end{cases}, \tag{2.6}$$

相较于静态输出反馈协议，动态输出反馈协议在求解一致性问题时适用范围

和灵活性更广。

二、非线性一致性算法

线性协议虽然简单易于实现，但在有些场合无法满足系统其他性能方面的要求，如控制输入有界、有限时间收敛、连接拓扑连通保持等，此时需要设计非线性一致性协议，本节主要介绍三种典型的非线性协议。需要指出的是，非线性协议的设计与分析相较于线性协议复杂得多，因此目前的结果大多针对一阶积分器、二阶积分器等简单的低阶动态系统。

1. 输入饱和

实际应用中，执行机构往往有饱和约束，文献［84–86］提出的非线性协议可以解决一阶积分器智能体系统的这一问题：

$$u_i = \sum_{j=1}^{N} a_{ij}\phi_\Delta(x_j - x_i) \tag{2.7}$$

$$u_i = \sum_{j=1}^{N} a_{ij}(\phi_\Delta(x_j) - \phi_\Delta(x_i)) \tag{2.8}$$

$$u_i = \phi_\Delta\left(\sum_{j=1}^{N} a_{ij}(x_j - x_i)\right). \tag{2.9}$$

对于二阶积分器系统，Ren[87]提出了如下的输入有界的一致性协议：

$$u_i = \sum_{j=1}^{N} a_{ij}[\phi_\Delta(k_1(x_j - x_i)) + \phi_\Delta(k_2(v_j - v_i))] \tag{2.10}$$

常见的饱和函数形式有：$\phi_\Delta(x) = \operatorname{sgn}(x)\bullet\min\{|x|,\Delta\}, \phi_\Delta(x) = \frac{2\Delta}{\pi}\arctan(x)$，$\phi_\Delta(x) = \Delta\tanh(x)$ 等，其中Δ是饱和值。图 2-1 给出了两种饱和函数。

2. 有限时间收敛

相较于渐近稳定，有限时间稳定系统具有收敛快速、抗干扰能力强等优点。文献［88-90］对有限时间一致性问题进行了研究，且根据协议函数是否

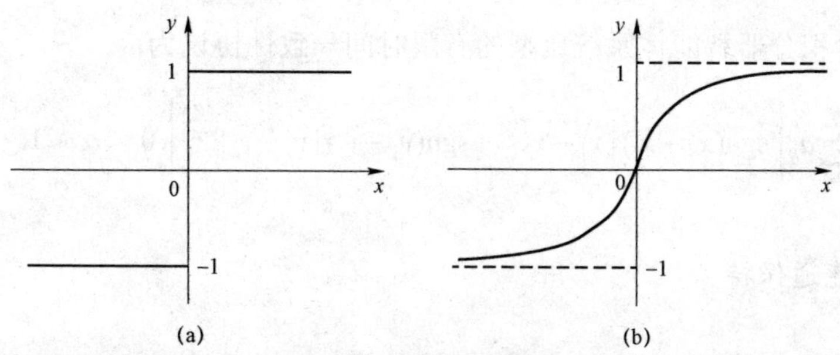

图 2-1　常见饱和函数：

（a）非连续型函数 sgn(x)；（b）连续型函数 tanh(x).

连续可以分为非连续型和连续非光滑型两类。一阶积分器智能体系统典型的有限时间一致性协议包括：

$$u_i = \frac{\sum_{j=1}^{N} a_{ij}(x_j - x_i)}{\left\| \sum_{j=1}^{N} a_{ij}(x_j - x_i) \right\|} \tag{2.11}$$

$$u_i = \mathrm{sgn}\left(\sum_{j=1}^{N} a_{ij}(x_j - x_i) \right) \tag{2.12}$$

和

$$u_i = \mathrm{sgn}\left(\sum_{j=1}^{N} a_{ij}(x_j - x_i) \right) \cdot \left| \sum_{j=1}^{N} a_{ij}(x_j - x_i) \right|^{\alpha} \tag{2.13}$$

$$u_i = \sum_{j=1}^{N} a_{ij}\,\mathrm{sgn}(x_j - x_i) \cdot | x_j - x_i |^{\alpha}, 0 < \alpha < 1 \tag{2.14}$$

其中第一种协议是非连续型协议，且当 $x_i \in \mathbb{R}$ 时，式（2.11）和（2.12）等价；第二种协议是连续非光滑型协议。图 2-2 描述了这两种协议函数。

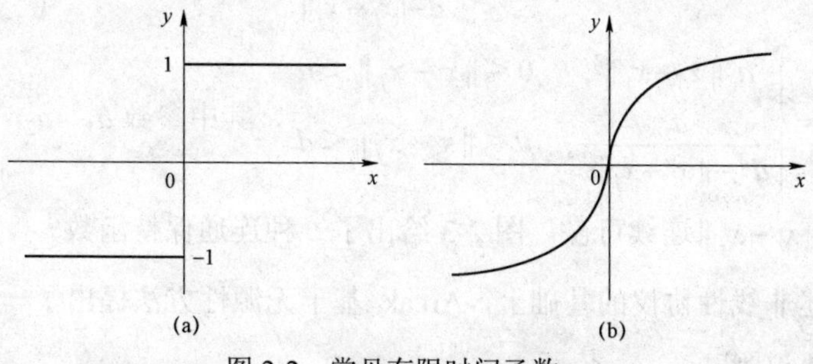

图 2-2　常见有限时间函数：

（a）非连续型函数 sgn(x)；（b）连续非光滑函数 $x^{\alpha}(0<\alpha<1)$.

二阶积分器智能体系统典型的有限时间一致性协议为：

$$u_i=\sum_{j=1}^{N}a_{ij}\left[\operatorname{sgn}(x_j-x_i)\,|x_j-x_i|^{\alpha}+\operatorname{sgn}(v_j-v_i)\,|v_j-v_i|^{\frac{2\alpha}{1+\alpha}}\right],0<\alpha<1.\tag{2.15}$$

3. 连通保持

很多研究一致性问题的文献中都假设连接拓扑是连通的，而实际情形通常是拓扑连通性与智能体之间的距离密切相关：当智能体间的距离小于某个距离（通信半径）时，智能体间有通信连接，否则没有。因此通信拓扑的连通保持本身就是一致性问题中一个很重要的问题。解决该问题的一种方法就是引入满足特定性质的势能函数[86,91–93] V_{ij}：$\mathbb{R}^2\to\mathbb{R}\geqslant 0$：

（1）$V_{ij}(x_i-x_j)=0$ 当且仅当 $x_i=x_j$；

（2）$V_{ij}(x_i-x_j)\to\infty$ 当 $\|x_i-x_j\|\to d$，$V_{ij}(x_i-x_j)=\text{Const}$ 当 $\|x_i-x_j\|\geqslant d$；

（3）$\nabla V_{ij}(x_i-x_j)=0$ 当且仅当 $x_i=x_j$，

其中 d 是通信半径。令，

$$V_i=\sum_{j=1}^{N}V_{ij},\tag{2.16}$$

则对于一阶积分器智能体系统，可构造一致性协议：

$$u_i=-\nabla V_i.\tag{2.17}$$

可以说明若连接拓扑初始连通，则该协议保证拓扑一直连通，且智能体系统能达到一致。常用的势函数有 $V_{ij}(x_i-x_j)=\dfrac{1}{d-\|x_i-x_j\|}$，$V_{ij}(x_i-x_j)=\tan\left(\dfrac{\pi\|x_i-x_j\|}{2d}\right)$，

$V_{ij}(x_i-x_j)=\begin{cases}a_1\|x_i-x_j\|^2, & 0<\|x_i-x_j\|<\mu\\ \dfrac{a_2}{d^2-\|x_i-x_j\|^2}, & \mu<\|x_i-x_j\|<d\end{cases}$，其中参数 a_1，a_2，μ 的选取使得 V_{ij} 对 $\|x_i-x_j\|$ 连续可微。图 2-3 给出了一种连通保持函数。

在上述非线性协议的基础上，Arcak 基于无源性方法提出了一种更一般的非线性协议[94]

$$u_i = \mathcal{H}_i \left\{ -\sum_{j=1}^{N} a_{ij} \phi_{ij}(x_i - x_j) \right\}, \tag{2.18}$$

其中 $\phi_{ij}(\cdot)$ 是一个正定、径向无界函数 $P_{ij}:\mathbb{R}^2 \to \mathbb{R}$ 的梯度函数，即 $\phi_{ij}(\cdot) = \nabla P_{ij}(\cdot)$。因而当 $z \neq 0$ 时，$y^T \phi_{ij}(y) > 0$。$\mathcal{H}_i\{\cdot\}$ 是一个满足无源性的静态或动态系统的输入输出模块。当 $\mathcal{H}_i\{\cdot\}$ 是单位映射模块时，协议（2.18）退化成式（2.7）和式（2.17），可见一致性协议（2.7）和（2.17）是其特例。

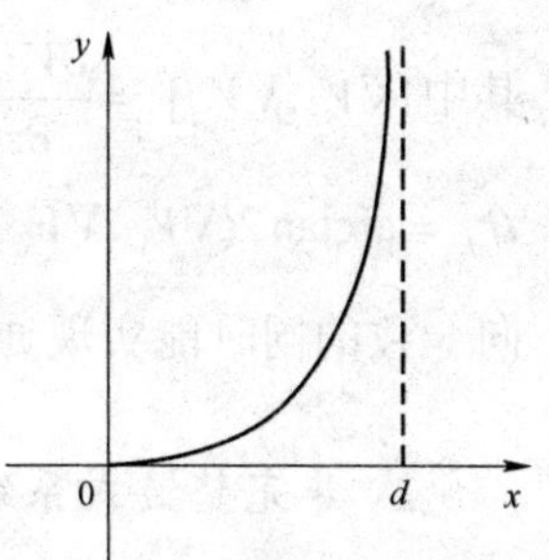

图 2-3　连通保持函数

还有一些其他形式的非线性一致性协议，包括基于采样量化的协议[95–99]等，这里不再详细描述。

三、非线性智能体系统的一致性协议

相较于线性智能体系统的一致性协议设计，非线性智能体系统的一致性协议设计复杂和困难得多，且由于不同的非线性对象动态特性差异较大，也很难有统一的设计方法[140]。因此，本节将重点介绍三类非线性智能体系统的一致性协议，并且不再刻意区分协议是线性的还是非线性的。

1. 非完整小车系统

Yamaguchi 和 Burdick[100]，以及 Lin 等[64]提出了一种基于周期反馈控制策略的时变线性一致性协议：

$$\begin{cases} v_i = k\sum_{j=1}^{N} a_{ij}(z_j - z_i)^T r_i \\ \omega_i = f(t), \end{cases} \tag{2.19}$$

其中 $r_i = [\cos\theta_i, \sin\theta_i]^T$ 是小车前进方向上的单位向量，$f(t)$ 是一个时变的周期函数，如文献［64］中的 $f(t)=\cos t$。可见小车的方向角是开环控制，位置是闭环控制，因此上述一致性协议仅能保证位置一致。

Dimarogonas 等[91]在 2007 年提出了一种基于势能函数的时不变非连续

控制律来研究无向通信拓扑下多小车的聚集问题，

$$
\begin{cases} v_i = -\operatorname{sgn}\{\nabla V_{xi}\cos\theta_i + \nabla V_{yi}\sin\theta_i\} \cdot (\nabla V_{xi}^2 + \nabla V_{yi}^2)^{\frac{1}{2}} \\ \omega_i = -(\theta_i - \theta_{nh_i}), \end{cases} \tag{2.20}
$$

其中$[\nabla V_{xi}, \nabla V_{yi}]^T = \dfrac{\partial V_i(z)}{\partial z_i}$是势能函数$V_i$的梯度，$V_i$的定义由式（2.16）给出，$\theta_{nh_i} = \arctan 2(\nabla V_{yi}, \nabla V_{xi})$。势能函数的引入使得该控制律在实现小车位置和方向一致的同时能实现通信拓扑的连通保持。

2. 非完整链式系统

受 Brockett[101]关于系统镇定的必要条件的启示，Dong 和 Farrell[102]在 2008 年提出了一种时变连续的输出一致性协议：

$$
\begin{cases} u_{i1} = \sum_{j=1}^{N} a_{ij}(x_{j1} - x_{i1}) + \alpha e^{-\lambda t} \\ u_{i2} = \sum_{j=1}^{N} a_{ij}(y_{j2} - y_{i2}) + \sum_{k=3}^{n}(k-2)\lambda\mu_k y_{ik} + \left(\sum_{k=4}^{n}\mu_k y_{i,k-1}\right)\dfrac{u_{i1}}{e^{-\lambda t}} \\ \qquad + \mu_3\left(y_{i2} + \sum_{k=3}^{n}\mu_k y_{ik}\right)\dfrac{u_{i1}}{e^{-\lambda t}}, \end{cases} \tag{2.21}
$$

其中$y_{i2} = x_{i2} - \sum_{k=3}^{n}\mu_k y_{ik}, y_{ik} = \dfrac{x_{ik}}{e^{-(k-2)\lambda t}}, k \in \{3, \cdots, n\}$。系数$\alpha, \lambda, \mu_3, \cdots, \mu_n$为控制参数。

无向连接拓扑下智能体间的作用是相互的，这就不同于镇定问题中智能体只具有单向作用关系。因此无向连接拓扑下的一致性问题具有更大的灵活性，在设计一致性协议时，Brockett 必要条件可能就不再是个约束。Zhai 等[103,104]在 2010 年针对三状态非完整链式系统提出了如下两个时不变连续状态反馈一致性协议，

$$
\begin{cases} u_{i1} = k_1\left[g_1\sum_{j=1}^{N} a_{ij}(x_{j1} - x_{i1}) + g_3 x_{i2}\sum_{j=1}^{N} a_{ij}\{(x_{j2} - x_{i2}) + (x_{j3} - x_{i3})\}\right] \\ u_{i2} = k_2\left[g_2\sum_{j=1}^{N} a_{ij}(x_{j2} - x_{i2}) + g_3\sum_{j=1}^{N} a_{ij}\{(x_{j2} - x_{i2}) + (x_{j3} - x_{i3})\}\right], \end{cases} \tag{2.22}
$$

$$
\begin{cases}
u_{i1}=\dfrac{k}{x_{i2}^2+2}\Bigg[2g_1\sum_{j=1}^{N}a_{ij}(x_{j1}-x_{i1})-g_2x_{i2}\sum_{j=1}^{N}a_{ij}(x_{j2}-x_{i2}) \\
\qquad +g_3x_{i2}\sum_{j=1}^{N}a_{ij}\{(x_{j2}-x_{i2})+(x_{j3}-x_{i3})\}\Bigg] \\
u_{i2}=\dfrac{k}{x_{i2}^2+2}\Bigg[-g_1x_{i2}\sum_{j=1}^{N}a_{ij}(x_{j1}-x_{i1})+g_2(x_{i2}^2+1)\sum_{j=1}^{N}a_{ij}(x_{j2}-x_{i2}) \\
\qquad +g_3\sum_{j=1}^{N}a_{ij}\{(x_{j2}-x_{i2})+(x_{j3}-x_{i3})\}\Bigg],
\end{cases}
\tag{2.23}
$$

其中$k,k_1,k_2,g_1,g_2,g_3>0$为控制参数。

3. 欧拉—拉格朗日系统

无源性理论是非线性系统分析的一个有力工具，通过定义新的输入输出变量，可以说明欧拉—拉格朗日系统是无源性系统。基于这个性质，Chopra和Spong[105]提出了如下的一致性协议：

$$\tau_i=-M_i(q_i)\lambda\dot{q}_i-C_i(q_i,\dot{q}_i)\lambda q_i+g_i(q_i)+\sum_{j=1}^{N}a_{ij}K[(\dot{q}_j+\lambda q_j)-(\dot{q}_i+\lambda q_i)] \tag{2.24}$$

其中$\lambda>0$。

Krogstad 等[106–108]则提出了另一种不依赖于模型参数的 PD 型的一致性协议

$$\tau_i=g_i(q_i)+\sum_{j=1}^{N}a_{ij}K_{q_i}(q_j-q_i)+\sum_{j=1}^{N}a_{ij}K_{\dot{q}_i}(\dot{q}_j-\dot{q}_i)-K_i\dot{q}_i。\tag{2.25}$$

20 世纪 90 年代 Lohmiller 和 Slotine[109]针对非线性系统提出了压缩分析方法，并在 2007 年将该方法应用到欧拉-拉格朗日系统的一致性（也称同步）问题研究中[110,111]。相较于前面两种协议，这里通过选择合适的耦合增益可以得到指数收敛的结果。

第二节　一致性问题的基本结果

本节从最经典的一致性模型出发，阐述一致性算法的实质。然后以一致性问题的分析方法为依据，对一致性问题相关结果进行总结。

一、一致性协议的实质

1. 无向拓扑情形

对于最简单的一阶积分器模型

$$\dot{x}_i = u_i \tag{2.26}$$

一致性协议最直观的构造就是使智能体朝着它的邻居运动，由于每个智能体可能有不止一个邻居，因此用与邻居位置差信息的加权求和，即

$$u_i = \sum_{j=1}^{N} a_{ij}(x_j - x_i) \tag{2.27}$$

写成向量形式：

$$\dot{x} = u = -Lx \tag{2.28}$$

Olfati-Saber 和 Murray 证明了如下结果：

定理 2.1[84]**.** 对于一阶积分器多智能体系统（2.26），在无向通信拓扑下，线性一致性协议（2.27）是负梯度算法。

作者定义了一个关于一致性偏差的线性二次型函数：

$$V(x) = \frac{1}{4}\sum_{i=1}^{N}\sum_{j=1}^{N} a_{ij}(x_i - x_j)^2$$

对于无向连接拓扑，Laplacian 矩阵 L 对称半正定，且具有如下性质：

$$x^T Lx = \frac{1}{2}\sum_{i=1}^{N}\sum_{j=1}^{N} a_{ij}(x_i - x_j)^2$$

因此有：

$$u = -Lx = -\nabla V(x) \tag{2.29}$$

可见，经典的一致性算法是负梯度算法。

实际上，对于更一般的非线性一致性协议

$$u_i = \sum_{j=1}^{N} a_{ij}\phi_{ij}(x_j - x_i) \tag{2.30}$$

若连续函数 $\phi_{ij}(r), i,j\in[1,N]$满足下列性质：

（1）$\phi_{ij}(r)=0\Leftrightarrow r=0$；

（2）$r\phi_{ij}(r)>0,\forall r\neq 0$；

（3）$\phi_{ij}(-r)=-\phi_{ji}(r)$，//则有如下结果：

定理 2.2. 对于一阶积分器多智能体系统（2.26），在无向通信拓扑下，非线性一致性协议（2.30）也是负梯度算法。

证明：构造一个关于一致性偏差的正定函数

$$V(x)=\frac{1}{2}\sum_{i=1}^{N}\sum_{j=1}^{N}a_{ij}\int_{0}^{x_i-x_j}\phi_{ij}(\tau)\mathrm{d}\tau$$

则，

$$\begin{aligned}\nabla V_i(x)&=\frac{\partial V(x)}{\partial x_i}\\&=\frac{1}{2}\left(\sum_{j=1}^{N}a_{ij}\phi_{ij}(x_i-x_j)+\sum_{j=1}^{N}a_{ji}\phi_{ji}(x_j-x_i)(-1)\right)\\&=\frac{1}{2}\left(\sum_{j=1}^{N}a_{ij}\phi_{ij}(x_i-x_j)+\sum_{j=1}^{N}a_{ij}\phi_{ij}(x_i-x_j)\right)\\&=\sum_{j=1}^{N}a_{ij}\phi_{ij}(x_i-x_j)\\&=-u_i,\end{aligned}$$

写成向量形式即：

$$u=-\nabla V(x).$$

因此在无向连接拓扑下，非线性一致性协议（2.30）也是负梯度算法。定理 2.2 证毕。

2. *有向拓扑情形*

由前面的分析结果知，无向连接拓扑下一致性协议是负梯度算法，那么在有向连接拓扑下，一致性算法是否还是负梯度算法呢？先考察最平凡的一致性问题——静态跟踪问题。连接拓扑如图 2-4 所示，其中智能体①是静态

领导者，智能体②是跟踪者。传统的线性一致性算法：$u_1=0,u_2=x_1-x_2$

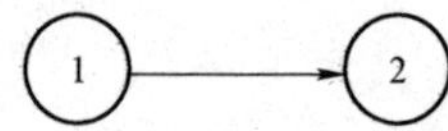

图 2-4　两结点领导—跟随结构.

写成向量形式，即：

$$u=-\begin{bmatrix}0\\x_2-x_1\end{bmatrix}. \tag{2.31}$$

如果忽略加权系数，一致性偏差的线性二次型函数有且仅有一种选择：$V(x)=\frac{1}{2}(x_1-x_2)^2$，而

$$-\nabla V(x)=-\begin{bmatrix}x_1-x_2\\x_2-x_1\end{bmatrix}\neq u, \tag{2.32}$$

可见有向连接拓扑下一致性协议不再是负梯度算法。但是它是负的次梯度算法，这一点可以从图 2-5 中看出，向量 u 与向量 $-\nabla V(x)$ 的夹角为 $\frac{\pi}{4}$。对于一般的有向通信拓扑，有如下结果：

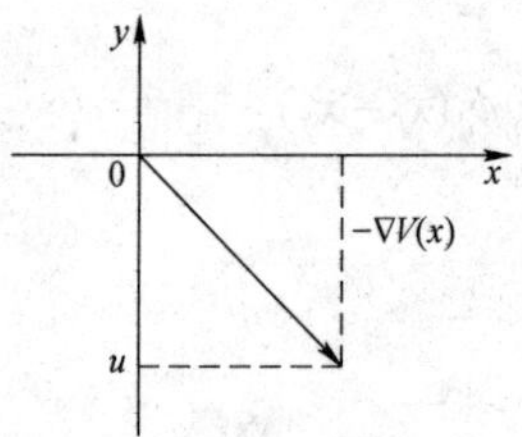

图 2-5　负的次梯度示意图

定理 2.3. 对于一阶积分器多智能体系统（2.26），在无向通信拓扑下，非线性一致性协议（2.27）也是负梯度算法。

先给出证明过程中将会用到的一个结论。

引理 2.1[112]**.** 对于任一 Laplacian 矩阵 L，都存在一个对称正定阵 $P>0$，使得

$$L^TP+PL=Q\geqslant 0.$$

证明　根据引理 2.1 的结果，可定义一个关于一致性偏差的线性二次型

函数：

$$V(x)=\frac{1}{2}(Lx)^{T}P(Lx) \tag{2.33}$$

则，

$$\nabla V(x)=L^{T}PLx, \tag{2.34}$$

从而有，

$$\begin{aligned}<\nabla V(x),u>&=<L^{T}PLx,-Lx>\\&=-x^{T}L^{T}PL\bullet Lx\\&=-(Lx)^{T}PL(Lx)\\&=-\frac{1}{2}(Lx)^{T}(L^{T}P+PL)(Lx)\\&=-\frac{1}{2}(Lx)^{T}Q(Lx)\leqslant 0.\end{aligned}$$

这说明一致性协议 $u=-Lx$ 是一致性偏差函数 $V(x)$ 的负的次梯度。定理 2.3 证毕。

与无向连接拓扑下智能体间的作用关系是相互的不同，在有向拓扑结构下，有些智能体间的作用关系是单向的，这是一致性协议是负的次梯度算法而非负梯度算法的根本原因。

第三节　一致性问题的分析方法及结论

随着一致性问题研究的逐渐深入，智能体动态由简单的线性动态延伸到非线性动态，通信拓扑由简单的固定拓扑拓展到动态切换拓扑，时延、丢包、噪声干扰等实际因素也考虑了进来。本节从一致性问题的分析方法入手，对目前一致性问题的研究结果进行梳理和分类。

一、基于图论和矩阵论的分析方法

基于图论和矩阵论的分析方法依赖于两个重要概念——随机矩阵和随机矩阵的遍历性。所谓随机矩阵，是指所有元非负且行和为 1 的方阵。如果

随机矩阵 M 满足 $\lim_{k\to\infty} M^k = \mathbf{1}_N c^T$，其中 c 为某一列向量，则称 M 是遍历的（也有文献称之为不可分解且非周期的，indecomposable and aperiodic）。

离散时间一阶积分器多智能体系统在线性一致性协议作用下可用方程 $x(k+1)=F(k)x(k)$ 来描述，其中 $F(k)$ 是随机矩阵。如果 F 对应的拓扑是连通的，则 F 是遍历的。对于连续时间一阶积分器动态，在线性一致性协议作用下系统方程可表示为 $x(t)=\Phi(t,0)x(0)$，其中 $\Phi(t,0)$ 是负的 Laplacian 矩阵 $-L(t)$ 的状态转移矩阵。对任意的 t，$\Phi(t,0)$ 是随机矩阵。同样地，若对应的拓扑是连通的，则矩阵 $\Phi(t,0)=e^{-Lt}$ 也是遍历的[113]。

引理 2.2（Wolfowitz 定理[114]）. 表 $\{S_1,S_2,\cdots,S_N\}$ 为遍历矩阵构成的有限集合，且该集合满足对任一长度有限的序列 $S_{i_1},S_{i_2},\cdots,S_{i_k}$，其矩阵乘积 $S_{i_k}\cdots S_{i_2}S_{i_1}$ 是遍历的。则对无穷序列 $S_{i_1},S_{i_2},\cdots$，存在列向量 $\mathbf{c}$ 使得 $\lim_{k\to\infty} S_{i_k}\cdots S_{i_2}S_{i_1} = \mathbf{1}_N\mathbf{c}^T$。

对于连接拓扑任意切换的情形，利用 Wolfowitz 定理，Jadbabaie 等[19]考察了线性 Vicsek 模型，证明了如果存在一个关于时间间隔$[t_i, t_{i+1})$的无穷序列，$[t_i, t_{i+1})$一致有界且连接拓扑在每个时间间隔内并图连通，那么所有智能体最终将收敛到统一状态；Ren 等[20]将连接拓扑拓展到一般有向图的情形，证明了如果在连续有界的时间间隔内连接拓扑的并图包含有向生成树，则多智能体系统渐近一致。Cao 等[115]引入合成图的概念，也获得了类似的结果。

二、基于稳定性理论的分析方法

对于多智能体系统，采用一致性协议的目的是使得系统收敛到状态子空间 $S=\{x: x_1=x_2=\cdots=x_n\}$，因此可以用稳定性的相关理论来研究一致性问题。在利用稳定性理论来考察系统时，通常有两种途径，一种是先对系统进行处理，将一致性问题转化为稳定性问题，从而利用稳定性的相关结论来分析一致性问题；另一种是直接选取 Lyapunov 函数，然后利用 Lyapunov 稳定性定理或者是 LaSalle 不变集原理来分析系统收敛到一致子空间 S 的条件。

1. 系统变换法

通过系统变换$[x_s,x_e]^T=Tx$，多智能体系统的一致性问题可以转化为降维子系统的稳定性问题。常见的系统变换形式有以下几种。

（1）标准变换及其他抽象变换

T_1，使得$T_1LT_1^{-1}$为若当型的非奇异矩阵（若是无向拓扑，则T_1是正交阵，$T_1LT_1^{-1}$为对角阵）；或者T_2，使得$T_2LT_2^H$为上三角阵的酉阵（Shur 变换）；或者更一般的T_3，形如$\begin{bmatrix}\frac{1}{n}1_n,\bar{T}_3\end{bmatrix}^T$的任一非奇异矩阵，其中$\bar{T}_3^T\mathbf{1}_N=0$，且$\bar{T}_3^T\bar{T}_3=I_{N-1}$。

（2）基于物理意义的变换

主要是智能体子系统间作差，常见的形式有如下几种：

$$T_4=\begin{bmatrix}1 & & & & -1\\ & 1 & & & -1\\ & & \ddots & & \\ & & & 1 & -1\\ 1 & 1 & \cdots & 1 & 1\end{bmatrix},T_5=\begin{bmatrix}1 & & & & \\ -1 & 1 & & & \\ -1 & & 1 & & \\ & & & \ddots & \\ -1 & & & & 1\end{bmatrix},$$

$$T_6=\begin{bmatrix}1 & 1 & \cdots & 1 & 1\\ 1 & -1 & & & \\ & 1 & -1 & & \\ & & \ddots & & \\ & & & 1 & -1\end{bmatrix}。$$

（3）两种系统变换比较

在固定连接拓扑下这两种变换等价，且各有优点。基于标准型的系统变换数学意义明确，在推导过程中形式简单明了，而基于物理意义的系统变换物理意义更明确。但在切换拓扑下，采用基于物理意义的系统变换更合适，因为基于标准型的变换直接依赖于拓扑，此时无法找到一个非奇异变换使得所有连接拓扑的 Laplacain 矩阵都能化为若当型。

基于系统变换法，线性系统的一致性问题得到了广泛的研究，并获得了很多较好的结果。据作者所知，最早就一致性问题给出严格理论分析结果的可能是 Yam-aguchi 和 Arai[116]，其在 1994 年研究了多个移动机器人的队形控制问题，其实质就是基于一致性的编队问题。通过系统变换 T_4，作者说明了在强连通拓扑下，一致性误差子系统 x_e 是 Hurwitz 稳定的。推广到二阶及高阶系统，多智能体系统的一致性不仅与连接拓扑有关，也与协议参数的选取有关。对于二阶积分器智能体系统，在连接拓扑包含生成树的假设下，Lafferriere 等[75]利用劳斯判据以一组不等式的形式刻画出了可行协议参数的充要条件，并给出了一组可行解的求解原则（T_2 变换），Ren 和 Atkins[117]则显式的给出了可行协议参数的一个充分性条件（T_1 变换）。但是一个很重要的问题就是，在给定的连接拓扑下，是否一定存在协议参数使得多智能体系统达到一致，即系统是否具有寻求一致的能力。Zhang 和 Tian[118]在讨论离散时间二阶积分器智能体系统的一致性问题时回答了这个问题，首次提出了可一致性的概念（consentability），指出系统可一致的充要条件是连接拓扑包含生成树（T_5 变换）。作者利用低增益方法给出了可行协议参数的一个充分条件，并且将结果推广到 Markov 切换拓扑情形。Zhang 和 Tian[98]还讨论了 Bernoulli 切换拓扑下连续时间二阶积分器智能体系统基于采样数据的一致性问题。受 Zhang 和 Tian 工作的启发，Zhu 等[77]利用劳斯判据显式的刻画出了一般二阶连续时间系统一致的充要条件。对于高阶线性时不变动态智能体的一致性问题，其结果大多可以统一在低增益和高增益镇定控制的框架下进行讨论[32]。Fax 和 Murray[81]在 2004 年揭示了基于动态输出反馈的多智能体系统一致性问题就等价于动态相同、输出分别被缩放了 Laplacian 矩阵非零特征值倍的 $n-1$ 个子系统的同时稳定性问题（T_2 变换）。基于特征多项式稳定性分析法，Wang 等[29]证明了无向连接拓扑下能同时镇定这 $n-1$ 个子系统的反馈增益的存在性（T_2 变换）。对于右半平面没有极点的智能体系统，Seo 等[82]利用低增益方法给出了有向连接拓扑下一个具体的动态输出反馈补偿器（T_1 变换）。与[118]中的处理方法类似，Ma 和 Zhang[80]则考察了更一般的高阶动态系统的可一致性问题。作者揭示了可一致性问题和高增益镇定方法之间的联系，并基于 Ricatti 方程给出了高增益一致性协议的构造条件。但高增益方法无法适用于离散系统，You 和 Xie[119]给出了离散时间单输入单输出高阶智能体系统可一致的充分必要条件（T_1 变换）。针对离散时间多输入多输出智能体，Zhang 和 Tian[120]给出了系统可一致的一个充分条件，且将结果推广到切换拓扑情形（T_5 变换）。还有一些其他变换的结果，可参看文献[121–124]。

基于系统变换法，并借助其他线性非线性分析工具，一些非线性动态智能体系统的一致性问题也得到了研究。如对于非完整小车系统，Yamaguchi 等[64,100]基于周期反馈策略设计了一种时变光滑的线性一致性协议，且借助平均化方法完成了系统的一致性分析。对于非完整链式系统，Dong 和 Farrell[102]借助线性时变系统稳定性的相关理论，也构造了一种时变连续一致性协议。

2. 直接 Lyapunov 函数法

也有文献采用 Lyapunov 函数法来分析多智能体系统的一致性。对于无向连接拓扑下的一阶积分器智能体，Olfati-Saber 和 Murray[84]指出线性一致性协议是负梯度算法，因此可通过考察 Lyapunov 函数 $V(x)=\frac{1}{2}x^T Lx$ 来分析系统的一致性。对于平衡连接拓扑，Moreau[125,126]选择 V 函数 $V(x)=x^T x$，计算可得 $\dot{x}=-x^T(L+L^T)x$。作者证明对于平衡拓扑，矩阵 $L+L^T$ 半正定，进而若平衡连接拓扑含有生成树，则分析可得系统渐近一致。实际上，在无向连接拓扑或者平衡连接拓扑下，平均状态 $x_{\text{ave}}=\frac{1}{N}\sum_{i=1}^{N}x_i(t)$ 是个不变量，因而若系统达到一致，则必收敛到平均值。所以也有不少文献通过考察函数 $V(x)=\|x-x_{\text{ave}}\mathbf{1}\|^2$ 来研究系统的一致性以及一致性性能问题。Olfati-Saber 和 Murray[12]分析了系统的指数收敛性问题，Hatano 等[149]讨论了 Erdos-Renyi 随机网络模型下的概率一致性问题，Kas 等[127,128,146]则研究了信道含有噪声情况下系统的均方一致或者均方鲁棒一致性问题。然而在有向连接拓扑下，V 函数的构造复杂得多。注意到函数 $\max\{x_1,\cdots,x_N\}$ 是单调非增的，$\min\{x_1,\cdots,x_N\}$

是单调非减的，因此可以构造一个单调非增函数 $V(x)=\max\{x_1,\cdots,x_N\}-\min\{x_1,\cdots,x_N\}$。通过考察这样的 V 函数，Moreau[126]讨论了有向连接拓扑任意切换时系统的一致性问题，Porfori[129]则研究了 Bernouli 随机切换拓扑下的概率一致性问题，而 Munz 等[130]探讨了具有通信时延的非线性一致性问题。对于离散一阶积分器智能体系统，Moreau[131]还提出了一种集值函数 $V(x_1,\cdots,x_N)=(\mathrm{conv}\{x_1,\cdots,x_N\})^n$，这里 $\mathrm{conv}\{x_1,\cdots,x_N\}$ 表示状态 $x_1,\cdots,x_N$ 构成的凸组合。作者证明若一致性协议满足严格凸条件，则 $V(t)$是单调递减的，且系统状态渐近一致当且仅当存在 $T>0$，使得对任意的时刻 t，在时间间隔 $[t,t+T]$ 内所有连接拓扑的并包含生成树。而对于第二章第一节中列举的非线性一致性协议，通常也只能采用 Lyapunov 函数法来分析。针对特定的非线性协议形式，通过选取具体的 V 函数，计算 V 导数的负定性或半负定性从而得到系统一致的条件。

对于非线性动态智能体系统，更多的只能基于 Lyapunov 函数法来设计一致性协议，分析系统的一致性，且有时还需要借助更复杂的 Lyapunov 分析工具。Di-marogonas 和 Kyriakopoulos[91]在 2007 年提出了一种基于势能函数的时不变非连续一致性控制律来考察小车的聚集问题，分析主要是基于非光滑 Lyapunov 理论，而势能函数的引入在实现小车聚集的同时还能保持通信拓扑的连通。针对三状态的低阶非完整链式系统，Zhai[103,104]直接基于 Lyapunov 函数法构造了两种时不变连续状态反馈一致性协议。而对于欧拉—拉格朗日系统，Chopra 和 Spong[105]通过定义新的输入和输出变量证明了系统的无源性，然后基于无源性理论提出了一种一致性协议并进行了分析。与之相对的是 Krogstad 等[106–108]直接基于物理意义提出的 PD 型的一致性协议。由于一致性误差系统不再是自治的，作者借助更为复杂的 Matrosov 定理来分析系统的一致性。

需要指出的是，基于直接 Lyapunov 方法的一致性协议设计与分析结果绝大多数都限于无向连接拓扑或者平衡连接拓扑，因为在这种情形下拓扑具有某种对称性质，Lyapunov 函数更容易找到。

3. 频域分析法

频域法是研究线性多智能体系统一致性问题的另一个有效手段，尤其是在分析具有通信时延和输入时延的一致性问题，以及异质智能体的一致性问题时，且通常可以获得分布式的，或者称为可扩展性的（scalable）检验条件。其主要思路是考察闭环系统的特征方程，利用频域判据分析特征根在复平面的分布情况，从而得到系统达到一致的条件。由于本文不涉及这个方向的内容，详细的结果可参考文献[25,132–139]。

三、分析方法小结

在上述分析方法中，基于图论和矩阵论的分析方法可以完整的解决一阶积分器系统在任意切换拓扑和随机切换拓扑下的一致性问题，从而得到较为不保守的结果，但是该方法很难运用到二阶积分器系统以及具有一般动态的系统。

相较于基于矩阵论和图论的分析方法，基于稳定性理论的分析方法应用得比较广泛。其中直接 Lyapunov 函数方法更适用于低阶系统，包括选取公共 Lya-punov 函数或者时变 Lyapunov 函数来分析切换拓扑下系统的一致性，构造 Lya-punov Krasovskii 和 Lyapunov Razumikhin 函数来研究时延系统收敛的条件。对于高阶系统，Lyapunov 函数的选取则很困难。频域分析法只能处理线性动态多智能体系统的一致性问题，但通常可以获得分布式的检验条件，且保守性较小。而基于系统变换的分析方法在将一致性问题转化为稳定性问题后，可以直接借助成熟的稳定性理论来深入研究，包括最优控制理论、$\mathcal{H}^\infty$ 控制理论，等等。需要指出的是，系统变换分析法通常要求智能体同质，否则子系统间做差（基于物理意义的变换）后无法转换成降阶系统，而直接 Lyapunov 函数法和频域方法则没有此要求，因而可以处理异质智能体系统的一致性问题。

第四节　本章小结

本章介绍多智能体系统分布式协调控制的背景知识与研究意义，描述一致性的相关问题。然后阐述经典的一致性算法的实质，并对国内外关于一致性问题的研究结果与分析方法进行归纳总结。在此基础上分析一致性问题研究中仍然存在的问题。本章涉及的主要参考文献为［140］。

第三章　多智能体系统随机一致性算法

本章主要讨论离散时间多智能体系统在随机切换拓扑下的一致性问题，在进行系统一致性分析时，引入系统变换，从而将多智能体系统的一致性问题转化为降阶系统的稳定性问题来解决，利用稳定性的相关理论来研究系统一致性条件、可一致条件、以及协议设计。本章的主要内容为：从二阶积分器智能体入手，考察 Markov 随机网络下的多智能体系统，给出了系统均方一致的充分必要条件；将智能体动态拓展到一般线性时不变系统，考察 Bernoulli 随机网络连接丢失概率对多智能体系统的影响。最后，通过数值仿真验证了结论。

第一节　离散时间多智能体系统在随机切换拓扑下的一致性：二阶积分器智能体

本小节主要讨论具有离散时间二阶积分器动态的多智能体系统在 Markov 随机切换拓扑下的均方一致问题，给出了系统达到均方一致的条件。首先通过系统变换将有向拓扑下的一致性问题转化为稳定性问题；然后从连接拓扑固定的情形入手讨论系统可一致的条件；接着利用随机稳定性理论得到了系统均方一致的充分必要条件，并采用摄动原理推导了系统在线性协议下均方一致问题可解，即系统均方可一致的充分必要条件；最后提出了基于线性矩阵不等式的协议设计算法。

一、背景介绍

在通信网络中，智能体通过与邻居个体之间的通信连接获取信息然后调整其状态。如果所有智能体的状态都趋于相同，则称系统达到了一致。在一致性问题的研究中，已有文献讨论的比较多的是系统的一致性条件。实际上，与稳定性问题对应的，在一致性问题中也存在着三个基本问题：第一，在什么条件下系统具备寻求一致的能力，这个条件与协议中的控制参数无关，这里我们称其为可一致问题，与线性系统理论中的可镇定问题相似；第二，在什么条件下系统达到一致，该条件要同时依赖于拓扑和协议参数等；第三，如何设计协议使得系统达到一致。

智能体在相互通信的过程中，由于种种原因它们之间的通信连接会发生中断，从而连接拓扑发生变化。对于变化拓扑下的一阶积分器系统，一致性的相关问题已经得到了较好的解决。Jadbabaie 等[19]考察线性 Vicsek 模型，证明了只要存在连续有界时间间隔序列，在时间间隔内拓扑连带连通，则系统能渐近达到一致。Ren 等[141–143]将结论拓展到有向拓扑的情形，证明了只要存在连续有界时间间隔序列，在时间间隔内所有连接拓扑的并含有生成树，那么系统在变化拓扑下能渐近达到一致。Hataner 等[144–149]考虑 Bernoulli 随机切换拓扑下的一阶积分器智能体，指出只要拓扑权重大于 0，并且平均连接拓扑连通或含有有向生成树，那么系统总能均方达到一致或以概率为 1 渐近达到一致。上述文献中一阶积分器系统的一致收敛性仅由拓扑的连通性来决定，所以其一致性条件就是系统的可一致条件。

与一阶积分器系统不同的是，二阶积分器多智能体系统的一致算法的收敛性不仅与拓扑的连通性有关，还依赖于协议中的参数。相比于一阶积分器系统，关于二阶积分器系统的一致性问题的研究还不多，而且结论也相对比较保守。对于在任意切换拓扑下的二阶系统，通常要求连接拓扑保持连通或含有有向生成树[150–153]，这比一阶系统的结论保守许多。对于随机切换拓扑下的二阶系统，相关研究更是很少。

本节考察 Markov 随机切换拓扑下的离散时间二阶积分器多智能体系统，解决一致性中的三个基本问题。通过系统变换，将一致性问题转化为稳定性问题，从而利用稳定性的相关结论得到了系统渐近一致（固定拓扑下）和均方一致（随机切换拓扑下）的充分必要条件。基于得到的一致性条件，又进一步探讨了系统一致性问题可解的条件，证明了在固定连接拓扑下系统可一致，当且仅当连接拓扑含有有向生成树；在 Markov 随机切换拓扑下系统均方可一致，当且仅当连接拓扑集合的并含有有向生成树。最后，提出了基于线性矩阵不等式的协议设计算法。

二、问题描述

这一节主要描述智能体的动态，介绍 Markov 随机切换拓扑。

1. 智能体动态描述

假设网络中有个 n 智能体，智能体之间通过交换状态信息调整其自身状态。考虑具有离散时间二阶积分器动态的智能体：

$$\begin{cases} x_i(k+1) = x_i(k) + v_i(k) \\ v_i(k+1) = v_i(k) + u_i(k) \end{cases} \tag{3.1}$$

为分析简便，这里假设一维空间的运动，即 $x_i, v_i \in \mathbb{R}$ 分别表示智能体 i 的位置和速度。

因为智能体间能传输位置和速度信息，所以这里采用基于状态反馈的线性一致协议。

$$u_i(k) = k_1 \sum_{j=1}^{n} a_{ij}(x_j(k) - x_i(k)) + k_2 \sum_{j=1}^{n} a_{ij}(v_j(k) - v_i(k)) \tag{3.2}$$

其中 $k_1, k_2 > 0$ 为需要设计的协议参数，$[a_{ij}]_{n\times n}$ 为加权的邻接矩阵，并且权重大于零。

取 Laplacian 矩阵 $L = [l_{ij}]_{n\times n}$，其中当 $i \neq j$ 时，$l_{ij} = -a_{ij}$，当 $i=j$ 时，$l_{ii} = \sum_{j=1}^{n} a_{ij}$。

令 $x(k)=[x_1(k),\cdots,x_n(k)]^T$,$v(k)=[v_1(k),\cdots,v_n(k)]^T$，则多智能体系统（3.1）在协议（3.2）下可以表示为：

$$\begin{bmatrix} x(k+1) \\ v(k+1) \end{bmatrix} = \Gamma \begin{bmatrix} x(k) \\ v(k) \end{bmatrix} \tag{3.3}$$

其中，

$$\Gamma = \begin{bmatrix} I_n & I_n \\ -k_1 L & I_n - k_2 L \end{bmatrix}.$$

对任意的 $i \neq j$ ，如果 $\lim_{k\to\infty} | x_i(k) - x_j(k) |= 0$, $\lim_{k\to\infty} | v_i(k) - v_j(k) |= 0$ 成立，则称多智能体系统渐近达到了一致。

定义 3.1. 如果存在参数 k_1，$k_2>0$ 使得系统（3.3）渐近达到一致，就称多智能体系统（3.1）在线性协议（3.2）下是渐近可一致的。

上述定义中的可一致性概念与稳定性理论中在状态反馈下的可镇定性相似。本小节的一个主要目标就是寻找系统的可一致条件。

2. Markov 随机切换拓扑描述

在通信网络中，由传输错误、数据包丢失等引起的智能体间的连接丢失通常可以合理建模为一个随机变化过程。最简单的随机模型是 Bernoulli 模型[154]，即当前时刻的连接情况与上一时刻无关；有时也会用 Markov 分布来建立连接丢失的随机模型[155,156]，以刻画当前时刻的连接情况与上一时刻的相关性。目前多智能体系统相关研究中讨论随机切换拓扑的文献几乎都是考虑 Bernoulli 网络模型，很少有考虑 Markov 随机切换拓扑的。然而，采用 Markov 模型能更准确地刻画网络连接的丢失过程，所以本章考察 Markov 随机切换拓扑。

用 $\{a_{ij}(k), k \geqslant 0\}$ 表示连接(j, i)的变化过程。如果在 k 时刻该连接丢失，则 $a_{ij}(k)$=0；否则 $a_{ij}(k)$=$w_{ij}>0$。如果连接丢失过程服从 Markov 分布，则 $a_{ij}(k)$ 的分布概率与前一时刻 $a_{ij}(k-1)$的状态有关，并且 $\Pr(a_{ij}(k+1)=s_1 | a_{ij}(k)=s_0)=\Pr(a_{ij}(1)=s_1 | a_{ij}(0)=s_0)$。如果边的连接丢失过程服从 Markov 分布，则

智能体间的连接拓扑的变化也是服从Markov分布的。

设所有可能的连接拓扑组成的拓扑集合为$\{\mathcal{G}_1,\mathcal{G}_2,\cdots,\mathcal{G}_N\}$，连接拓扑之间的切换过程服从一个遍历的 Markov 分布，其转移概率矩阵为$\Pi=[\pi_{ij}]_{N\times N}$。用 $s(\bullet):\mathbb{Z}^{\geqslant 0}\to\{1,2,\cdots,N\}$ 表示连接拓扑的切换过程，则 $\Pr(s(k+1)=j|\, s(k)=i)=\pi_{ij}$。令$\pi_i(k)=\Pr(s(k)=i),\ \ \pi(k)=\left[\pi_1(k),\cdots,\pi_N(k)\right]^T$，则$\pi^T(k)=\pi^T(0)\Pi^k$。如果存在 $k>0$ 使得Π^k的元素都大于 0，就称该 Markov 链是遍历的。如果某一概率分布π满足$\pi^T=\pi^T\Pi$，就称该分布为Markov 链的平稳分布。

用 L_i 表示拓扑$\mathcal{G}_i$对应的 Laplacian 矩阵，$L_{s(k)}$表示 k 时刻连接拓扑对应的 Laplacian 矩阵，则在切换拓扑下，系统（3.3）变成：

$$\begin{bmatrix} x(k+1) \\ v(k+1) \end{bmatrix}=\Gamma_{s(k)}\begin{bmatrix} x(k) \\ v(k) \end{bmatrix} \tag{3.4}$$

其中，

$$\Gamma_{s(k)}=\begin{bmatrix} I_n & I_n \\ -k_1L_{s(k)} & I_n-k_2L_{s(k)} \end{bmatrix}.$$

定义 3.2. 在任意给定的连接拓扑初始分布和智能体初始状态下，如果

$$\lim_{k\to\infty}E(\|x_i(k)-x_j(k)\|^2)=0,\lim_{k\to\infty}E(\|v_i(k)-v_j(k)\|^2)=0$$

对于任意$i\neq j$成立，则称多智能体系统均方达到一致。如果存在参数使得系统（3.4）均方达到一致，就称在 *Markov* 切换拓扑下多智能体系统（3.1）在线性协议（3.2）下是均方可一致的。

如果系统均方达到一致，那么它必然以概率为 1 渐近收敛到一致。

三、主要结论

这一节主要分别讨论多智能体系统在固定拓扑和 Markov 随机切换拓扑下的一致性和可一致性条件。

1. 系统变换

令$\xi_i(k)=x_1(k)-x_i(k),\ \xi_i(k)=v_1(k)-v_i(k),\ i=2,\cdots,n$。因为对任意$i\neq j$有

$|x_i(k)-x_j(k)|\leqslant|\xi_i(k)-\xi_j(k)|,|v_i(k)-v_j(k)|\leqslant|\zeta_i(k)-\zeta_j(k)|$，所以由一致性的定义知道，系统渐近收敛到一致就等价于 $\lim\limits_{k\to\infty}|\xi_i(k)|=0,\ \lim\limits_{k\to\infty}|\zeta_i(k)|=0$；系统均方达到一致等价于 $\lim\limits_{k\to\infty}E\|\xi_i(k)\|^2=0,\ \ \lim\limits_{k\to\infty}E\|\zeta_i(k)\|^2=0$。

将 $u_1-u_i,i=2,\cdots,n$ 用 ξ_i,ζ_i 可表示如下：

$$
\begin{aligned}
&u_1(k)-u_i(k)\\
&=k_1\left\{\sum_{j=2}^{n}(a_{ij}-a_{1j})\xi_j(k)-l_{ii}\xi_i(k)\right\}+k_2\left\{\sum_{j=2}^{n}\left(a_{ij}-a_{1j}\right)\zeta_j(k)-l_{ii}\zeta_i(k)\right\},
\end{aligned}
$$

从而对 i, i=2, ⋯, n，有：

$$
\begin{cases}
\xi_i(k+1)=\xi_i(k)+\zeta_i(k)\\
\zeta_i(k+1)=\zeta_i(k)-k_1\sum\limits_{j=2}^{n}(l_{ij}-l_{1j})\xi_j(k)-k_2\sum\limits_{j=2}^{n}(l_{ij}-l_{1j})\,\zeta_j(k)
\end{cases}
\tag{3.5}
$$

令增广状态向量为 $\xi(k)=\left[\xi_2(k),\cdots,\xi_n(k)\right]^T$， $\zeta(k)=\left[\zeta_2(k),\cdots,\zeta_n(k)\right]^T$，$z(k)=[\xi^T(k)\zeta^T(k)]^T$，得到降价系统为：

$$
z(k+1)=Fz(k) \tag{3.6}
$$

其中，

$$
F=\begin{bmatrix} I_{n-1} & I_{n-1}\\ -k_1\tilde{L} & I_{n-1}-k_2\tilde{L}\end{bmatrix},\tilde{L}=\begin{bmatrix} l_{22}-l_{12} & l_{23}-l_{13} & \cdots & l_{2n}-l_{1n}\\ l_{32}-l_{12} & l_{33}-l_{13} & \cdots & l_{3n}-l_{1n}\\ \vdots & \vdots & \ddots & \vdots\\ l_{n2}-l_{12} & l_{n3}-l_{13} & \cdots & l_{nn}-l_{1n}\end{bmatrix}.
$$

为简便，称为降价 Laplacian 矩阵。所以，可以通过分析系统（3.6）的稳定性来考察多智能体系统（3.3）的一致性。

2. 固定连接拓扑下的一致性

本小节的主要工作是考察随机切换拓扑下二阶积分器多智能体系统的一致性问题。这里先从连接拓扑固定的系统入手。首先可以由离散时间线性系统的稳定性理论得到以下结论：

定理 3.1. 在固定连接拓扑下，多智能体系统（3.1）在线性协议（3.2）下渐近趋于一致，当且仅当 $\rho(F)<1$。

在给出系统在固定拓扑下的可一致性条件前，先介绍两个重要引理。

引理 3.1.（1）对所有连接拓扑，如果权重都是正数，那么对应的降价 *Laplacian* 矩阵 $\tilde{L}$ 的非零特征值的实部都大于零。（2）$\tilde{L}$ 没有零特征值，当且仅当连接拓扑含有有向生成树。

证明　引理 2.1 由矩阵 $\tilde{L}$ 与 Laplacian 矩阵 L 的关系即可得到。令

$$L_{22}=\begin{bmatrix} l_{22} & l_{23} & \cdots & l_{2n} \\ l_{32} & l_{33} & \cdots & l_{3n} \\ \vdots & \vdots & \ddots & \vdots \\ l_{n2} & l_{n3} & \cdots & l_{nn} \end{bmatrix},\quad \alpha=\begin{bmatrix} l_{12} & l_{13} & \cdots & l_{1n} \end{bmatrix}$$

则

$$L=\begin{bmatrix} l_{11} & \alpha \\ -L_{22}\mathbf{1}_{n-1} & L_{22} \end{bmatrix},\tilde{L}=L_{22}-1_{\mathrm{n-1}}\alpha$$

取非奇异矩阵 $T=\begin{bmatrix} 1 & 0 \\ \mathbf{1}_{n-1} & I_{n-1} \end{bmatrix}$，则有 $T^{-1}LT=\begin{bmatrix} 0 & \alpha \\ 0 & \tilde{L} \end{bmatrix}$。所以降价 Laplacian 矩阵 $\tilde{L}$ 的特征值集合由 Laplacian 矩阵 L 的除 $\mathbf{1}_n$ 对应的零特征值外的其余 $n-1$ 个特征值组成。再有引理 1.6，引理 3.1 得证。

引理 3.2[150]**.** 设矩阵 $A\in\mathbb{R}^{n\times n}$ 的特征值为 $\mu_i, i=1,\cdots,n$，并且对所有 i，$\mathrm{Re}(\mu_i)<0$。如果

$$\gamma>\max_i\left\{\sqrt{\frac{2}{|\mu_i|\cos\left(\frac{\pi}{2}-\tan^{-1}\frac{\mathrm{Re}(\mu_i)}{|\mathrm{Im}(\mu_i)|}\right)}}\right\},$$

那么矩阵 $\begin{bmatrix} 0 & I_n \\ A & \gamma A \end{bmatrix}$ 的所有特征值的实部也都小于零。

下面给出固定连接拓扑下系统的可一致条件。

引理 3.2. 在固定连接拓扑下，存在参数 $k_1,k_2>0$ 使得系统（3.1）在线性协议（3.2）下渐近达到一致，当且仅当连接拓扑含有有向生成树。

证明（必要性）假设连接拓扑不含有有向生成树，则由引理 3.1，矩阵 $\tilde{L}$ 至少有一个零特征值。经过计算有：

$$\det(sI_{2(n-1)}-F)=\det((sI_{n-1}-I_{n-1})(sI_{n-1}-I_{n-1}+k_2\tilde{L})+k_1\tilde{L}$$
$$=\det((s-1)^2I_{n-1}+((s-1)k_2+k_1)\tilde{L})$$

设 λ_i，$i=1,\cdots,n-1$ 为 $\tilde{L}$ 的特征值，则与 $\det(sI_{n-1}-\tilde{L})=\prod_{i=1}^{n-1}(s-\lambda_i)$ 相似的可以得到：

$$\det(sI_{2(n-1)}-F)=\prod_{i=1}^{n-1}((s-1)^2+\big((s-1)k_2+k_1\big)\lambda_i)\text{。}$$

显然，如果连接拓扑不含有有向生成树，那么对任意参数 $k_1,k_2>0$，矩阵 F 至少有两个单位特征值，也就是说 $\rho(F)\geqslant 1$ 必然成立。由定理 2.1，系统无法渐近收敛到一致，与结论矛盾，从而必要性得证。

（充分性）由引理 3.1、引理 3.2 知道，如果连接拓扑含有有向生成树，那么必然存在 $\gamma_0>0$ 使得当 $\gamma>\gamma_0$ 时矩阵 $\begin{bmatrix}0 & I_{n-1}\\ -\tilde{L} & -\gamma\tilde{L}\end{bmatrix}$ 的特征值实部都小于 0。所以存在 $\varepsilon>0$ 使得对该矩阵的任意特征值 λ 有 $-L\,\mathrm{Re}(\lambda)/|\lambda|^2>\varepsilon$，即矩阵 $\varepsilon\begin{bmatrix}0 & I_{n-1}\\ -\tilde{L} & -\gamma\tilde{L}\end{bmatrix}$ 的特征值 μ 满足 $-2\,\mathrm{Re}(\mu)/|\mu|^2>1$，从而矩阵 $\begin{bmatrix}I_{n-1} & 0\\ 0 & I_{n-1}\end{bmatrix}+\begin{bmatrix}0 & \varepsilon I_{n-1}\\ -\varepsilon\tilde{L} & -\varepsilon\gamma\tilde{L}\end{bmatrix}$ 的谱半径小于 1。

分解矩阵 $F=\begin{bmatrix}I_{n-1} & 0\\ 0 & I_{n-1}\end{bmatrix}+\begin{bmatrix}0 & I_{n-1}\\ -k_1\tilde{L} & -k_2\tilde{L}\end{bmatrix}$。若取 $k_1=\varepsilon^2,k_2=\varepsilon\gamma$，则 $\begin{bmatrix}0 & I_{n-1}\\ -k_1\tilde{L} & -k_2\tilde{L}\end{bmatrix}$ 与 $\begin{bmatrix}0 & \varepsilon I_{n-1}\\ -\varepsilon\tilde{L} & -\varepsilon\gamma\tilde{L}\end{bmatrix}$ 相似，从而在上述给定的 ε,γ 下矩阵 F 的谱半径小于 1。所以，由定理 3.1，对任意含有有向生成树的连接图，都存在 k_1，k_2 使得系统（3.1）在线性协议（3.2）下渐近达到一致，充分性得证。

注 3.1. 定理 3.1 对任意权重为正数的连接拓扑来说都成立，所以对二阶积分器多智能体系统来说，连接权重可以是任意正数。

3. Markov 切换拓扑下的一致性

这一部分讨论 Markov 切换拓扑下的一致性问题，给出系统的均方一致条件和均方可一致条件。

设拓扑集合中 $\mathcal{G}_1$ 对应的降价 Laplacian 矩阵为 $\tilde{L}_i$，降价系统矩阵为 F_i。在切换拓扑下，降价系统表示为

$$z(k+1)=F_{s(k)}z(k) \tag{3.7}$$

其中 $s(\cdot):\mathbb{Z}^{\geqslant 0}\to\{1,2,\cdots,N\}$ 服从概率转移矩阵为 $\Pi=[\pi_{ij}]_{N\times N}$ 的遍历 Markov 分布。所以系统（3.7）是一个线性 Markov 跳跃系统，可以利用已有的 Markov 跳跃系统的相关结论来分析该系统。

引理 3.3[157]**.** 线性 Markov 跳跃系统（3.7）均方稳定，当且仅当下列条件中有一个成立。

条件 1：矩阵 $(\Pi^T\otimes I_{4(n-1)^2})\mathrm{diag}\{F_i\otimes F_i\}$ 的谱半径小于 1；

条件 2：存在对称正定矩阵 $P_i\in\mathbb{R}^{2(n-1)\times 2(n-1)}>0$ 使得 $P_i-F_i^T\sum_{j=1}^{N}\pi_{ij}P_jF_i>0$。

由引理 3.3，可以直接得到系统均方一致的条件：

定理 3.3. 在 Markov 随机切换拓扑下，多智能体系统（3.1）在线性协议（3.2）下渐近达到一致，当且仅当 $\rho(M)<1$，其中 $M=(\Pi^T\otimes I_{4(n-1)^2})\mathrm{diag}\{F_i\otimes F_i\}$。

定理 3.3 给出了多智能体系统均方一致的判据，这为探讨系统的可一致条件提供了依据。如果存在参数 $k_1,k_2>0$ 使得 $\rho(M)<1$，那么系统就是均方可一致的。在给出系统均方可一致的条件前，同样先介绍几个重要引理。

引理 3.4. 若矩阵 $A\in\mathbb{R}^{n\times n}$ 的特征值实部均小于（等于）0，那么矩阵 $A\otimes I_n+I_n\otimes A$ 的特征值实部也都小于（等于）0。

证明： 首先对矩阵 A，存在非奇异矩阵 T 使得 $A=T\Lambda T^{-1}$，其中，

$$\Lambda=\mathrm{diag}\{\Lambda_1,\cdots,\Lambda_r\}$$

为若当标准型，Λ_i 为若当标准块，从而，

$$A\otimes I_n+I_n\otimes A=(T\otimes T)(\Lambda\otimes I_n+I_n\otimes\Lambda)(T^{-1}\otimes T^{-1})。$$

显然，$\Lambda\otimes I_n$ 和 $I_n\otimes\Lambda$ 均为上三角矩阵，且 $\Lambda\otimes I_n+I_n\otimes\Lambda$ 的对角块矩阵为 $\lambda_iI_n+\Lambda$，其中 λ_i 为 A 的特征值。所以如果对所有 i 有 $\mathrm{Re}(\lambda_i)<0(\leqslant 0)$，那

么矩阵 $A\otimes I_n+I_n\otimes A$ 的特征值实部也都小于（等于）0，从而引理得证。

引理 3.5. 对任意 $p_i>0,i=1,\cdots,N$，矩阵 $\sum_{i=1}^{N}p_i\tilde{L}_i$ 没有零特征值，当且仅当拓扑集合 $\{\mathcal{G}_1,\mathcal{G}_2,\cdots,\mathcal{G}_N\}$ 中所有图的并含有有向生成树。

证明： $\sum_{i=1}^{N}p_iL_i$ 可以看作一个与拓扑集合的并图含有相同边集合的加权图的拉普拉斯（Laplacian）矩阵，其边(j,i)对应的权重为 $\sum_{s=1}^{N}p_s a_{ij}^s$，$a_{ij}^s$ 是拓扑 $\mathcal{G}_s$ 对应的邻接矩阵元素。所以拓扑集合的并图含有有向生成树就等价于 Laplacian 矩阵 $\sum_{i=1}^{N}p_iL_i$ 对应的连接拓扑含有有向生成树。再由引理 3.1，该引理得证。

下面给出 Markov 切换拓扑下的均方可一致条件。

定理 3.4. 在 Markov 随机切换拓扑下，存在参数 $k_1,k_2>0$ 使得系统（3.1）在线性协议（3.2）下均方达到一致，当且仅当连接拓扑集合的并图含有有向生成树。

证明：（充分性）取 $k_1=\varepsilon^2$，$k_2=\varepsilon\gamma$，则 F_i 相似于矩阵 $I_{2(n-1)}+\varepsilon M_i$，其中，

$$M_i=\begin{bmatrix}0 & I_{n-1}\\ -\tilde{L}_i & -\gamma\tilde{L}_i\end{bmatrix},$$

从而定理 3.3 中矩阵 M 相似于

$$\tilde{M}=(\Pi^T\otimes I_{4(n-1)^2})\operatorname{diag}\{(I_{2(n-1)}+\varepsilon M_i)\otimes(I_{2(n-1)}+\varepsilon M_i)\}。$$

下面将证明在拓扑条件下，存在 $\varepsilon,\gamma>0$ 使得矩阵 $\tilde{M}$ 的谱半径小于 1。

首先分解 $\tilde{M}$ 得到：

$$\begin{aligned}\tilde{M}=&\Pi^T\otimes I_{2(n-1)}\otimes I_{2(n-1)}\\ &+\varepsilon\begin{bmatrix}\pi_{11}\Phi_1 & \cdots & \pi_{N1}\Phi_N\\ \vdots & \vdots & \vdots\\ \pi_{1N}\Phi_1 & \cdots & \pi_{NN}\Phi_N\end{bmatrix}\\ &+\varepsilon^2\begin{bmatrix}\pi_{11}(M_1\otimes M_1) & \cdots & \pi_{N1}(M_N\otimes M_N)\\ \vdots & \vdots & \vdots\\ \pi_{1N}(M_1\otimes M_1) & \cdots & \pi_{NN}(M_N\otimes M_N)\end{bmatrix}\end{aligned}\tag{3.8}$$

其中，

$$\Phi_i = M_i \otimes I_{2(n-1)} + I_{2(n-1)} \otimes M_i \text{。}$$

采用摄动原理[158]来分析。对充分小的正数ε，上式可看作矩阵$\Pi^T \otimes I_{2(n-1)} \otimes I_{2(n-1)}$受到关于$\varepsilon$的两部分摄动。显然式中第二部分的摄动相对前一部分来说是关于ε的高阶无穷小，所以它对矩阵$\Pi^T \otimes I_{2(n-1)} \otimes I_{2(n-1)}$的影响可以忽略，只需考察矩阵

$$\bar{M} = \Pi^T \otimes I_{2(n-1)} \otimes I_{2(n-1)} + \varepsilon \Pi^T \otimes \text{diag}\{M_i \otimes I_{2(n-1)} + I_{2(n-1)} \otimes M_i\},$$

矩阵$\Pi^T \otimes I_{2(n-1)} \otimes I_{2(n-1)}$有$4(n-1)^2$个单位特征值，对应的右特征向量为$\pi \otimes v$，其中$\pi$为 Markov 链的平稳分布，满足$\pi_i > 0$，$\Pi^T \pi = \pi$，$v$为任意$4(n-1)^2$维列向量。再由圆盘定理[159]知道，$\Pi^T \otimes I_{2(n-1)} \otimes I_{2(n-1)}$的其余特征值都在单位圆内。

如果ε充分小，则根据摄动原理，矩阵$\bar{M}$的特征值和特征向量充分接近于$\Pi^T \otimes I_{2(n-1)} \otimes I_{2(n-1)}$对应的特征值和特征向量，从而可以用$1+\varepsilon\mu$和$\pi \otimes v + \varepsilon w$分别表示单位特征值和特征向量受到关于$\varepsilon$的摄动后的特征值和特征向量形式，其中$w = [w_1^T, \cdots, w_N^T]^T$，也就是说$\bar{M}(\pi \otimes v + \varepsilon w) = (1+\varepsilon\mu)(\pi \otimes v + \varepsilon w)$。所以对$i = 1, \cdots, N$有

$$\begin{aligned} &\sum_{j=1}^{N} \pi_{ji} (I_{4(n-1)^2} + \varepsilon (M_j \otimes I_{2(n-1)} + I_{2(n-1)} \otimes M_j))(\pi_j v + \varepsilon w_j) \\ &= (1+\varepsilon\mu)(\pi_i v + \varepsilon w_i) \end{aligned} \tag{3.9}$$

式（3.9）两边同时乘以v^H并且对i从 1 到N求和得到

$$\begin{aligned} &\varepsilon \sum_{i=1}^{N} \sum_{j=1}^{N} \pi_{ji} (v^H (M_j \otimes I_{2(n-1)} + I_{2(n-1)} \otimes M_j) \pi_j v + v^H w_j) \\ &+ \varepsilon^2 \sum_{i=1}^{N} \sum_{j=1}^{N} \pi_{ji} v^H (M_j \otimes I_{2(n-1)} + I_{2(n-1)} \otimes M_j) w_j \\ &= \varepsilon \sum_{i=1}^{N} (v^H w_i + \pi\mu v^H v) + \varepsilon^2 \sum_{i=1}^{N} \mu v^H w_i \text{。} \end{aligned}$$

因为$\sum_{i=1}^{N} \pi_{ji} = 1$，并且$\sum_{i=1}^{N} \pi_i = 1$，所以上式简化为

$$\begin{aligned}&v^H\left(\sum_{j=1}^{N}\pi_j M_j\otimes I_{2(n-1)}+I_{2(n-1)}\otimes\sum_{j=1}^{N}\pi_j M_j\right)v\\&+\varepsilon v^H\sum_{j=1}^{N}\left(M_j\otimes I_{2(n-1)}+I_{2(n-1)}\otimes M_j\right)w_j\\&=\mu v^H v+\varepsilon\mu\sum_{i=1}^{N}v^H w_i\end{aligned}\tag{3.10}$$

从而对充分小的$\varepsilon>0$，μ的实部大小主要由

$$v^H\left(\sum_{j=1}^{N}\pi_j M_j\otimes I_{2(n-1)}+I_{2(n-1)}\otimes\sum_{j=1}^{N}\pi_j M_j\right)v$$

的实部大小来决定。

如果拓扑集合$\{\mathcal{G}_1,\mathcal{G}_2,\cdots,\mathcal{G}_N\}$的并图含有有向生成树，那么由引理 3.5 和引理 3.2 知道，存在$\gamma>0$使得矩阵$\sum_{j=1}^{N}\pi_j M_j$的特征值实部都小于零；从而再由引理 3.4 得到，矩阵$\sum_{j=1}^{N}\pi_j M_j\otimes I_{2(n-1)}+I_{2(n-1)}\otimes\sum_{j=1}^{N}\pi_j M_j$是 Hurwitz 的。所以，总存在$4(n-1)^2$个线性无关的向量$v$使得

$$v^H\left(\sum_{j=1}^{N}\pi_j M_j\otimes I_{2(n-1)}+I_{2(n-1)}\otimes\sum_{j=1}^{N}\pi_j M_j\right)v$$

的实部小于零，进而μ的实部小于零。

综上所述，当定理拓扑条件满足时，矩阵$\bar{M}$中$\Pi^T\otimes I_{2(n-1)}\otimes I_{2(n-1)}$的单位特征值受到具有负实部的较小摄动后要进入单位圆内，$\Pi^T\otimes I_{2(n-1)}\otimes I_{2(n-1)}$的单位圆内的特征值在受到摄动后仍在单位圆内。所以矩阵$\bar{M}$的谱半径小于 1，从而存在参数$k_1,k_2>0$使得$\rho(M)<1$。由定理 3.3，该定理的充分性得证。

（必要性）采用反证法来证明。

令$e_i(k)=E(z(k)|(s(k)=i))$，则由式 3.7 及 Markov 特性可以得到对$i=1,\cdots,N$有$e_i(k+1)=\sum_{j=1}^{N}\pi_{ji}F_j e_j(k)$。再令$e(k)=[e_1^T(k),\cdots,e_N^T(k)]^T$，得到关于$e(k)$的系统方程

$$e(k+1)=\Xi e(k)\tag{3.11}$$

其中$\Xi=(\Pi^T\otimes I_{2(n-1)})\mathrm{diag}\{F_i\}$。

因为$E(\| z(k)\|)\geqslant\| E(z(k))\|$，所以系统 3.7 均方稳定的必要条件是系统 3.11 是渐近稳定的。如果 Ξ 至少有一个单位特征值，那么多智能体系统无法均方达到一致。

假设拓扑集合的并不含有有向生成树，下面证明 Ξ 至少有一个单位特征值。

由引理 3.1，存在公共的非奇异矩阵 T 使得对所有 $L_i,i=1,\cdots,N$，L_i 相似于

$$\begin{bmatrix} 0 & \alpha_i \\ 0 & \tilde{L}_i \end{bmatrix},$$

从而存在非奇异变换使得矩阵 Γ_i 相似于 $\bar{\Gamma}_i$，其中，

$$\bar{\Gamma}_i=\begin{bmatrix} I_2 & c_i \\ 0 & F_i \end{bmatrix},c_i=\begin{bmatrix} 0 & 0 \\ -k_1\alpha_i & -k_2\alpha_i \end{bmatrix}。$$

所以矩阵 $\Omega=(\Pi^T\otimes I_{2n})\operatorname{diag}\{\Gamma_i\}$ 相似于 $(\Pi^T\otimes I_{2n})\operatorname{diag}\{\bar{\Gamma}_i\}$。再对 $(\Pi^T\otimes I_{2n})\cdot\operatorname{diag}\{\bar{\Gamma}_i\}$ 进行一系列初等行列变换后可以得到矩阵

$$\begin{bmatrix} \Pi^T\otimes I_2 & (\Pi^T\otimes I_2)\operatorname{diag}\{c_i\} \\ 0 & (\Pi^T\otimes I_{2(n-1)})\operatorname{diag}\{F_i\} \end{bmatrix}。$$

如果矩阵Ω至少有 3 个单位特征值，那么矩阵 Ξ 至少有一个单位特征值。下面讨论从矩阵Ω入手。

因为拓扑集合的并不含有生成树，所以对所有图 $\mathcal{G}_i,i=1,\cdots,N$，其对应的 Laplacian 矩阵都可分解成形为：

$$\begin{bmatrix} L_i^1 & 0 & 0 \\ 0 & L_i^2 & 0 \\ L_i^3 & L_i^4 & L_i^5 \end{bmatrix}$$

的矩阵[64]，其中 $L_i^1\in\mathbb{R}^{n_1\times n_1}$、$L_i^2\in\mathbb{R}^{n_2\times n_2}$ 的行和为 0，$L_i^5\in\mathbb{R}^{n_3\times n_3}$。

经过简单的初等行列变换，式（3.4）中的矩阵 Γ_i 可变换成：

$$\begin{bmatrix} H_i^1 & 0 & 0 \\ 0 & H_i^2 & 0 \\ H_i^3 & H_i^4 & H_i^5 \end{bmatrix}$$

其中，

$$H_i^1=\begin{bmatrix} I_{n_1} & I_{n_1} \\ -k_1L_i^1 & I_{n_1}-k_2L_i^1 \end{bmatrix},\quad H_i^2=\begin{bmatrix} I_{n_2} & I_{n_2} \\ -k_1L_i^2 & I_{n_2}-k_1L_i^2 \end{bmatrix},$$

$$H_i^4=\begin{bmatrix} 0 & 0 \\ -k_1L_i^4 & -k_2L_i^4 \end{bmatrix},\quad H_i^3=\begin{bmatrix} 0 & 0 \\ -k_1L_i^3 & -k_2L_i^3 \end{bmatrix},$$

$$H_i^5=\begin{bmatrix} I_{n_3} & I_{n_3} \\ -k_1L_i^5 & I_{n_3}-k_2L_i^5 \end{bmatrix}。$$

进一步地，矩阵Ω经过一系列初等行列变换后可转化为$\bar{\Omega}$，即，

$$\begin{bmatrix} (\Pi^T\otimes I_{2*n1})\mathrm{diag}\{H_i^1\} & 0 & 0 \\ 0 & (\Pi^T\otimes I_{2*n2})\mathrm{diag}\{H_i^2\} & 0 \\ (\Pi^T\otimes I_{2*n3})\mathrm{diag}\{H_i^3\} & (\Pi^T\otimes I_{2*n3})\mathrm{diag}\{H_i^4\} & (\Pi^T\otimes I_{2*n3})\mathrm{diag}\{H_i^5\} \end{bmatrix}$$

显然对任意参数 k_1,k_2 都有：

$$H_i^1\begin{bmatrix} \mathbf{1}_{n1} \\ 0 \end{bmatrix}=\begin{bmatrix} \mathbf{1}_{n1} \\ 0 \end{bmatrix},\quad i=1,\cdots,N,$$

并且对应特征值的代数重数为 2，从而

$$(\Pi^T\otimes I_{2*n1})\mathrm{diag}\{H_i^1\}\left(\pi\otimes\begin{bmatrix} 1_{n1} \\ 0 \end{bmatrix}\right)=\pi\otimes\begin{bmatrix} 1_{n1} \\ 0 \end{bmatrix},$$

对应特征值的代数重数也为 2。同样的，对任意参数 k_1,k_2，矩阵 $(\Pi^T\otimes I_{2*n2})\cdot\mathrm{diag}\{H_i^2\}$ 也有 2 个单位特征值。所以矩阵 $\bar{\Omega}$ 至少有 4 个单位特征值。因为 Ω 相似于矩阵 $\bar{\Omega}$，所以 Ω 也至少有 4 个单位特征值。

综上所述，当拓扑集合的并不含有向生成树时，对任意参数 k_1，k_2，系统（3.7）都不能均方稳定，从而多智能体系统（3.4）的均方一致性问题不可解。这与结论矛盾，从而必要性得证。即定理 3.4 证明完成。

目前相关文献中讨论的随机切换拓扑几乎都集中于独立同分布的切换过程，或者说是服从 Bernoulli 分布的变化过程[122,145–149,160,161]。事实上，Bernoulli 分布是一种特殊的 Markov 分布，相当于转移概率矩阵为 $\Pi=\mathbf{1}_N\cdot[\pi_1,\pi_2,\cdots,\pi_N]$，其中 π_i 为拓扑集合中 $\mathcal{G}_i$ 对应的发生概率。

推论 3.1. 存在参数 k_1, $k_2>0$ 使得Bernoulli随机切换拓扑下的系统(3.1)在

线性协议（3.2）下均方达到一致，当且仅当平均拓扑含有有向生成树。

对二阶积分器多智能体系统来说，其可一致性由连接拓扑的连通性决定。对于随机切换拓扑的情形，系统可一致性仅依赖于拓扑集合的并图的连通性，与随机分布特性和每个子图的连通性无关。所以即使连接拓扑始终都不连通，系统仍能以概率为 1 渐近达到一致。此外，无论连接拓扑是固定的还是变化的，对二阶积分器系统来说，拓扑连接权重可以是任意正数。

四、协议设计

这一节讨论在 Markov 切换拓扑下如何设计一致性协议参数使得系统均方收敛到一致。利用 MatLab™ 中的 LMI 工具箱来设计参数 k_1,k_2。假设拓扑集合的并图含有有向生成树。

首先分解 F_i，取

$$A=\begin{bmatrix} I_{n-1} & I_{n-1} \\ 0 & I_{n-1} \end{bmatrix},\quad B_i=\begin{bmatrix} 0 & 0 \\ -\tilde{L}_i & -\tilde{L}_i \end{bmatrix},\quad K=\begin{bmatrix} k_1 I_{n-1} & 0 \\ 0 & k_2 I_{n-1} \end{bmatrix},$$

则 $F_i=A+B_iK$，对应系统（3.7）转化为：

$$z(k+1)=(A+B_{s(k)}K)z(k) \tag{3.12}$$

所以存在 k_1,k_2 使得多智能体系统（3.1）均方收敛到一致，等价于存在矩阵 K 使得系统（3.12）均方稳定。由引理 3.3，系统（3.12）均方稳定的充分必要条件是存在 $P_i\in\mathbb{R}^{2(n-1)\times 2(n-1)}>0$，$i=1,\cdots,N$ 使得：

$$P_i-(A+B_iK)^T\sum_{j=1}^{N}\pi_{ij}P_j(A+B_iK)>0 \tag{3.13}$$

在给出定理之前，先介绍一个关于矩阵不等式的重要引理——Schur 补引理。

引理 3.6（Schur 补引理[162]）. 矩阵 $\begin{bmatrix} P_1 & P_2 \\ P_2^T & P_3 \end{bmatrix}>0$，当且仅当 $P_1>0$，$P_3-P_2^TP_1^{-1}P_2>0$；或者 $P_3>0$，$P_1-P_2P_3^{-1}P_2^T>0$。

定理 3.5. 存在参数 $k_1, k_2>0$ 使得多智能体系统（3.1）～（3.2）在 *Markov*

切换拓扑下均方达到一致，当且仅当存在 $Q_i, P_i \in \mathbb{R}^{2(n-1)\times 2(n-1)} > 0$，以及规格矩阵 $K>0$ 使得在矩阵约束 $Q_i^{-1} = \sum_{j=1}^{N} \pi_{ij} P_j$ 下对所有 $i=1,\cdots,N$ 有

$$\begin{bmatrix} P_i & (A+B_iK)^T \\ A+B_iK & Q_i \end{bmatrix} > 0。 \tag{3.14}$$

证明：由 Schur 补引理 3.6 可以直接从不等式（3.13）得到。

以上是含有矩阵逆约束的线性矩阵不等式组，无法直接利用 MatLab™ 中的 LMI 工具箱来求解。这里采用凸算法[163]来求解这个问题。

算法 1　线性矩阵不等式组求解步骤

（1）寻找线性矩阵不等式组（3.14）的可行解 K、$P_i^0, Q_i^0, i=1,2,\cdots,N$，令 k=0；如果不存在则退出；

（2）寻找 K，$P_i^{k+1}, Q_i^{k+1}, i=1,2,\cdots,N$ 解线性矩阵不等式问题

$$\min t_k = \mathrm{tr}\left\{\sum_{i=1}^{N}\left(\sum_{j=1}^{N}\pi_{ij}P_j^k Q_i + Q_i^k \sum_{j=1}^{N}\pi_{ij}P_j\right)\right\} \tag{3.15}$$

满足矩阵不等式约束（3.14）和

$$\begin{bmatrix} \sum_{j=1}^{N}\pi_{ij}P_j & I_{2(n-1)} \\ I_{2(n-1)} & Q_i \end{bmatrix} \geqslant 0, i=1,2,\cdots,N \tag{3.16}$$

（3）若 $t_k = 4N(n-1)$，则退出算法，矩阵 K 的对角线元素即为得到的可行参数；否则，令 $k=k+1$，返回到第二步。

五、数值仿真

考虑网络中有 4 个具有二阶积分器动态的智能体，连接权重矩阵给定为：

$$W = \begin{bmatrix} 1 & 0.5 & 0.3 & 0.2 \\ 0.2 & 1 & 0.5 & 0.3 \\ 0.3 & 0.2 & 1 & 0.5 \\ 0.5 & 0.3 & 0.2 & 1 \end{bmatrix}。$$

设连接拓扑在$\{\mathcal{G}_1,\mathcal{G}_2\}$内 Markov 切换，概率转移矩阵为：

$$\Pi=\begin{bmatrix}0.7 & 0.3\\ 0.2 & 0.8\end{bmatrix},$$

其中$\mathcal{G}_1$、$\mathcal{G}_2$的邻接矩阵分别为：

$$A_1=\begin{bmatrix}0&1&0&0\\1&0&1&0\\1&0&0&0\\0&0&0&0\end{bmatrix},\quad A_2=\begin{bmatrix}0&0&0&1\\1&0&0&0\\0&0&0&0\\1&0&0&0\end{bmatrix}。$$

显然，拓扑$\mathcal{G}_1$、$\mathcal{G}_2$都不含有向生成树，但是它们的并图含有有向生成树。这里采用算法 1 设计协议参数。经过 73 步算法停止，得到可行的参数 $k_1=0.180\,9$，$k_2=1.535\,7$ 使得 $\rho(M)=0.937\,3<1$。智能体的运动轨迹由图 3-1 给出。显然，所有智能体渐近收敛到一致。

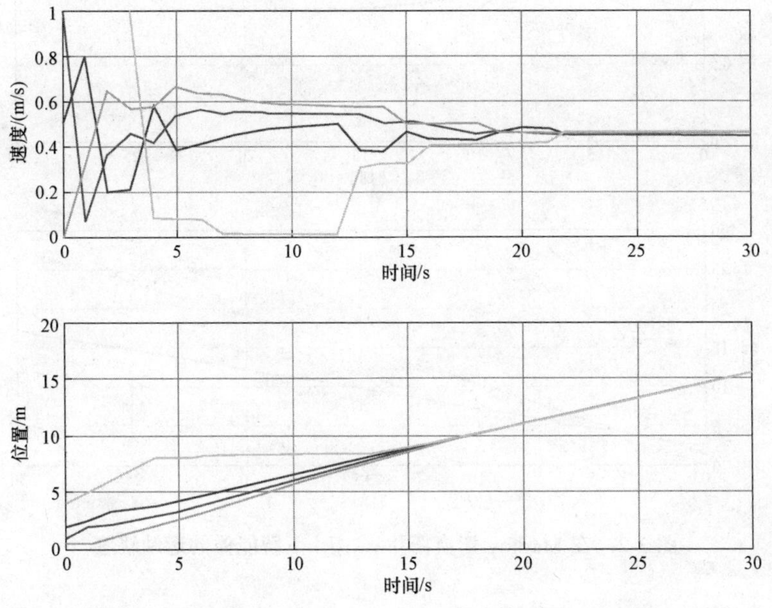

图 3-1　在 Markov 切换拓扑$\{\mathcal{G}_1,\mathcal{G}_2\}$下智能体的运动轨迹

如果连接拓扑在$\{\mathcal{G}_3,\mathcal{G}_4\}$内 Markov 切换，其中$\mathcal{G}_3$、$\mathcal{G}_4$的邻接矩阵分别为：

$$A_3=\begin{bmatrix}0&0&0&0\\0&0&1&1\\0&1&0&1\\0&1&0&0\end{bmatrix},\quad A_4=\begin{bmatrix}0&0&0&0\\0&0&0&1\\0&1&0&1\\0&1&1&0\end{bmatrix}.$$

显然，拓扑$\mathcal{G}_3$、$\mathcal{G}_4$都不含有向生成树，而且它们的并图也不含有向生成树。同样采用算法 1 设计协议参数，经过 2 000 步迭代计算，算法仍未停止。也就是说如果拓扑集合的并图不含有向生成树，那么用算法 1 设计参数将无解。这也验证了定理 3.3，即如果连接拓扑集合的并图不含有向生成树，无论怎样选择参数，$\rho(M)\geqslant 1$必然成立。如果选择参数 $k_1=0.1$，$k_2=0.6$，智能体的运动轨迹如图 3-2 所示，显然智能体没有达到一致。

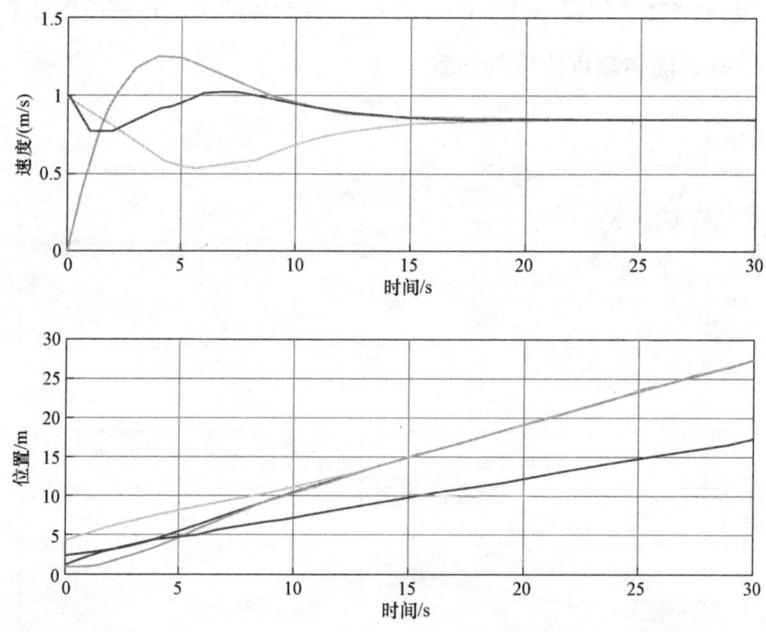

图 3-2　在 Markov 切换拓扑$\{\mathcal{G}_3,\mathcal{G}_4\}$下智能体的运动轨迹

六、小结

与一阶积分器多智能体系统不同，二阶积分器多智能体系统的一致性不仅依赖于拓扑条件还要依赖于协议中的参数。能否设计一致性协议使得离散

时间二阶积分器系统达到一致是本节主要讨论的问题。为分析方便，对系统进行降价处理，从而将多智能体系统的一致及可一致性问题转化为降阶系统的稳定及可镇定性问题。结论指出，在遍历的 Markov 随机切换拓扑下，系统均方可一致的充分必要条件是拓扑集合的并图含有有向生成树，从而即使连接拓扑变化并且始终都不连通，系统的一致性也仍然可能可达的，并且二阶积分器系统是否可一致与拓扑随机切换特性无关。除了给出系统“可一致”的条件，本节还给出了二阶积分器系统在随机切换拓扑下的一致性协议设计算法。对于随机切换拓扑下的具有更复杂动态的离散时间多智能体系统，将在下一节中讨论。

第二节　离散时间多智能体系统在随机切换拓扑下的一致性：一般动态的智能体

本小节考察 Bernoulli 随机丢失网络中具有离散时间一般线性动态的多智能体系统，揭示其区别于一阶、二阶积分器系统的两个特性。首先，从连接拓扑固定的系统入手，揭示了网络连接权重对该系统一致性问题是否可解具有不可忽略的影响，明确了将连接权重作为控制参数的必要性。然后考察随机连接丢失对系统的影响，揭示了当连接丢失概率太大时，系统的一致性问题可能无解。同时基于随机稳定性分析，给出了一个允许连接丢失概率上界，使得只要平均拓扑含有有向生成树并且网络的连接丢失概率小于这个上界，多智能体系统在随机丢失网络下的均方一致性问题就可解。最后通过数值仿真例子验证本节的结论。

一、研究背景

由于多智能体系统一致性在分布式计算、传感器网络、多机器人协调控制等方面的广泛应用，近些年该课题引起了科研工作者越来越多的关注。尽管一致性问题的相关研究已经有很多，但大多都集中于低价积分器动态的多智能体系统。例如，在传感器网络中通常采用一阶分布式算法[3,4,164]；在移动小车的协调控制中，智能体通常看作是具有一阶或二阶积分器动态的质点[64,165]。然而，在实际应用中许多系统动态需要用高阶或更复杂的线性动态来刻画。目前这方面的研究还不多[24,29,75,79,81,166,167]。Fax 和 Murray[81]讨论固定连接拓扑下的编队控制问题，通过对系统进行若当形分解将编队控制问题转化为 $n-1$ 个子系统的同时镇定问题，进而采用 Nyquist 判据给出控制器的条件。Wang 等[29]考察具有连续时不变线性动态的多智能体系统在基于状态反馈的线性协议下的一致性问题的可解性，证明了如果固定的无向连接拓扑是连通的或者任意切换的无向连接拓扑频繁地保持连通，那么系统的一致性问题是可解的。Xiao 和 Wang[166]采用含有状态反馈镇定项的一致性协议，讨论系统在固定连接拓扑下的一致条件。Tuna[79]采用基于静态输出反馈的一致性协议，讨论具有一般线性稳定动态的多智能体系统的一致条件。Porfiri 等[167]考虑具有连续时间一般线性动态的智能体，分别探讨了在固定连接拓扑和周期切换连接拓扑下系统的跟踪和编队问题，指出在固定连接拓扑下 n 个智能体的编队问题可以转化为依赖于 Laplacian 矩阵特征值的 $n-1$ 个子系统的镇定问题，在周期切换拓扑下如果切换速率很快，那么智能体的编队问题可以转化为平均拓扑下系统的编队问题。目前研究随机丢失网络下的具有一般动态的多智能体系统的相关文献还非常少。

随机网络中的一致性问题在低阶积分器动态的多智能体系统中已经有所研究[144–146,148,149,161,168]。无论是一阶积分器系统还是在第三章第一节中讨论的二阶积分器系统，系统的可一致性仅与连接拓扑集合的并图（或平均拓扑）的连通性有关，与连接权重和连接丢失概率无关。这一节考察具有离散时间一般线性动态的多智能体系统，该系统的一致性问题与复杂网络的同步问题密切相关。在研究大规模随机网络的同步问题时，通常假设网络是保持连通的[169–172]。Porfiri 等[122]突破了这个假设前提，指出只要平均网络是连通的，并且拓扑切换速率充分快，那么线性耦合振子的同步是以概率为 1 渐近可达的。

本节讨论随机通信网络中具有一般线性动态的多智能体系统的一致性问题。对于具有复杂动态的系统，其相关性质不是对一阶、二阶积分器系统的简单推广，它具有更复杂的特性。本节揭示了该系统区别于一阶、二阶积分器系统的两个重要特性。第一，对于离散时间一般线性动态的多智能体系统，其网络连接权重不能是任意正数，否则即使连接拓扑固定并且连通条件满足了，系统的一致性问题也可能无解。这里把连接权重看作需要设计的控制参数，通过选择合适的权重和协议参数使得系统达到一致。第二，网络的连接丢失概率对系统的均方可一致性至关重要，当连接丢失概率大于某个值时，系统的均方一致性问题可能就不可解。本节的主要工作在于寻找一个允许连接丢失概率上界，使得在满足的拓扑条件下只要连接丢失概率小于这个上界值，那么可以设计权重和协议使得系统均方达到一致。文中得到的拓扑条件只需平均拓扑含有有向生成树，不需要连接拓扑始终或频繁地保持连通。

二、问题描述

考虑网络中 n 个具有离散时间一般线性时不变动态的智能体

$$x_i(k+1)=Ax_i(k)+Bu_i(k) \tag{3.17}$$

其中 $x_i(k),u_i(k)$ 分别表示智能体 i 在 k 时刻的状态和控制输入；$A\in\mathbb{R}^{p\times p}$，$B\in\mathbb{R}^{p\times q}$，$(A, B)$完全可镇定。如果智能体开环动态是渐近稳定的，即 $\rho(A)<1$，那么即使智能体之间不交换信息系统也能渐近收敛到零态一致，所以只考虑 $\rho(A)\geqslant 1$ 的智能体动态。

网络中的智能体利用接收到的邻居状态信息构造控制器输入，所以这里采用基于静态状态反馈的一致性协议。

$$u_i(k)=K\sum_{j=1}^{n}a_{ij}(k)w_{ij}(x_j(k)-x_i(k)) \tag{3.18}$$

其中 $K\in\mathbb{R}^{q\times p}$ 表示状态反馈增益；$a_{ij}(k)\in\{0,1\}$ 表示 k 时刻智能体 j 到 i 的信

息传输情况，如果邻接矩阵元素 $a_{ij}(k)$ 是不变的，那么该连接拓扑就是固定的，否则连接拓扑是变化的；$w_{ij}\in\mathbb{R}$ 表示边 (j,i) 上的连接权重，这里 w_i 与 K 一样是需要设计的控制参数。

考虑 Bernoulli 随机丢失网络[164]，即（1）在每个时刻，智能体间的连接以某一概率丢失，并且不同智能体间的连接丢失概率可能不相同；（2）连接丢失概率是一个常数；（3）各智能体之间的连接情况相互独立。

假设智能体间的通信拓扑结构提前给定为 $\mathcal{G}=(\mathcal{V},\mathcal{E},\mathcal{A})$，以确定智能体间可行的通信范围。若边 $(j,i)\notin\mathcal{E}$，那么智能体 j 始终都不向 i 发送数据，从而 $a_{ij}(k)\equiv 0$。若边 $(j,i)\in\mathcal{E}$，则智能体 j 要通过通信网络把数据发送给主体 i。由于网络物理层的传输错误以及网络层发生拥塞时导致丢包等原因，j 当前时刻发送的数据包可能没有到达智能体 i，从而当前时刻智能体 j 到 i 的连接丢失，对应的邻接矩阵元素 $a_{ij}(k)\equiv 0$；相反如果 j 的数据包及时地到达 i，则 $a_{ij}(k)=1$。设从智能体 j 到 i 的连接丢失概率为 r_{ij}，则对 $(j,i)\in\mathcal{E}$，$\{a_{ij}(k),k\geqslant 0\}$ 的变化服从 0～1 Bernoulli 分布，其分布概率为 $\Pr(a_{ij}(k)=0)=r_{ij}<1$。

定义平均拓扑 $\overline{\mathcal{G}}=(\mathcal{V},\overline{\mathcal{E}},\overline{\mathcal{A}})$，其中，

$$\overline{a}_{ij}=\begin{cases}1-r_{ij} & (j,i)\in\mathcal{E}\\ 0 & (j,i)\notin\mathcal{E}\end{cases},$$

显然，对 Bernoulli 网络来说，其平均连接拓扑 $\overline{\mathcal{G}}$ 的连接情况与给定的连接拓扑 $\mathcal{G}$ 相同。

令 $x(k)=[x_1^T(k),\cdots,x_n^T(k)]^T$，Laplacian 矩阵 $L(k)=[l_{ij}(k)]_{n\times n}$，其中当 $i\neq j$ 时，$l_{ij}(k)=-a_{ij}(k)w_{ij}$，当 $i=j$ 时，$l_{ii}(k)=\sum_{j=1}^{n}a_{ij}(k)w_{ij}$，则多智能体系统可以表示为

$$x(k+1)=\left(I_n\otimes A-L(k)\otimes BK\right)x(k) \tag{3.19}$$

由 Bernoulli 网络的随机特性知道，$\{L(k),k\geqslant 0\}$ 的随机变化过程服从独立同分布。如果对任意智能体初始状态，$\lim_{k\to\infty}E(\|x_i(k)-x_j(k)\|^2)=0$ 对所有

$i \neq j$ 都成立，就称多智能体系统（3.19）达到了均方一致。本节主要讨论当网络满足什么条件时存在状态反馈增益 K 和连接权重使得多智能体系统（3.17）在线性协议（3.18）下均方达到一致。

三、主要结论

首先，为了分析简便，与上一节相同，对系统进行降阶处理，从而将一致性问题转化为稳定性问题来解决。令 $z_i(k)=x_i(k)-x_1(k)$，$i=2,\cdots,n$，$z(k)=[z_2^T(k),\cdots,z_n^T(k)]^T$，则可以得到：

$$z(k+1)=F(k)z(k) \tag{3.20}$$

其中，

$$\begin{aligned}
&F(k)=I_{n-1}\otimes A-\tilde{L}(k)\otimes BK,\\
&\tilde{L}(k)=[\tilde{l}_{ij}(k)]_{(n-1)\times(n-1)},\\
&\tilde{l}_{ij}(k)=l_{(i+1)(j+1)}(k)-l_{1(j+1)}(k)\quad \text{其中} i,j=1,\cdots,n-1\text{。}
\end{aligned}$$

引理 3.7. 多智能体系统（3.17）在线性协议（3.18）下渐近收敛到一致（在没有连接丢失的网络中）或均方收敛到一致（Bernoulli 随机丢失网络中），当且仅当系统（3.20）是渐近稳定（在没有连接丢失的网络中）或均方稳定（在 Bernoulli 随机丢失网络中）的。

接下来，利用稳定性的相关结论来讨论多智能体系统的一致性问题。

1. 网络连接权重的重要性

这一小节一方面说明引入控制参数权重的必要性，另一方面给出当网络中没有连接丢失时一致性问题可解的充分必要条件。

首先由线性系统的稳定性理论容易得到，多智能体系统在固定连接拓扑下渐近达到一致，当且仅当 $\rho(I_{n-1}\otimes A-\tilde{L}\otimes BK)<1$。设 $\tilde{L}$ 的 Jordan 标准型为 J，J 的对角线元素为 $\lambda_1,\lambda_2,\cdots,\lambda_{n-1}$。因为对任意非奇异矩阵 T 及方阵 A 有 $\det(sI-A)=\det(sI-T^{-1}AT)$，所以

$$\begin{aligned}&\det(sI_{p(n-1)}-(I_{n-1}\otimes A-\tilde{L}\otimes BK))\\&=\det(sI_{p(n-1)}-(I_{n-1}\otimes A-J\otimes BK))\text{。}\\&=\prod_{i=1}^{n-1}\det(sI_p-(A-\lambda_i BK))\end{aligned}$$

因此多智能体系统渐近收敛到一致，等价于 K 同时镇定 $n-1$ 个矩阵 $A-\lambda_i BK$。

在已有的多智能体系统的研究中，拓扑的连接权重通常是预先给定的，而且可以是任意正数。对积分器系统，甚至是连续时间一般线性动态的多智能体系统[29]，只要连接权重是正数，它对系统可一致性的影响都可以忽略。对于离散时间一般线性动态的多智能体系统，连接权重是不是也可以任意给定呢？下面看一个简单的例子。

例 3.1. 考虑网络中的 3 个智能体，其系统动态矩阵为 A=5，B=1，连接拓扑的邻接矩阵为

$$\begin{bmatrix}0&1&0\\1&0&0\\0&1&0\end{bmatrix}.$$

显然该连接拓扑含有有向生成树。给定权重 $w_{ij}=1,\forall i,j$。通过计算得到矩阵 $\tilde{L}$ 的特征值为 1 和 2，从而系统渐近达到一致等价于 $\rho(A-BK)<1$，$\rho(A-2BK)<1$ 同时成立。显然 $\rho(A-BK)<1$ 当且仅当 $4<K<6$，而 $\rho(A-2BK)<1$ 当且仅当 $2<K<3$。所以在给定的权重下，不存在 K 使得系统渐近收敛到一致。

注 3.2. 对于具有离散时间一般线性动态的多智能体系统来说，权重对一致性问题是否可解至关重要。为了提高系统的可一致性，这里将权重视为需要设计的控制参数。

下面考察理想网络下系统的可一致条件。

定理 3.6. 在没有连接丢失的网络中，存在连接权重 w_{ij} 和反馈增益 K 使得多智能体系统（3.17）在线性协议（3.18）下渐近收敛到一致，当且仅当连接拓扑含有有向生成树。

证明：（必要性）如果连接拓扑不含有生成树，那么根据引理 3.1，对任何连接权重 w_{ij}，矩阵 $\tilde{L}$ 至少有 1 个零特征值。又因为 $I_{n-1}\otimes A-\tilde{L}\otimes BK$ 的特征值由所有矩阵 $A-\lambda_i BK$，$i=1,\cdots,n-1$ 的特征值组成，而且 $\rho(A)\geqslant 1$，所以在任何 K 及 w_{ij} 下系统都无法达到一致，必要性得证。

（充分性）如果连接拓扑含有有向生成树，总能找到合适的权重 w_{ij} 使得 $\tilde{L}$ 的特征值都非零且相等。因为(A,B)完全可镇定，所以总存在 K 使得

$$\rho(I_{n-1}\otimes A-\tilde{L}\otimes BK)<1,$$

从而线性协议使得系统渐近达到一致。下面给出一种权重 w_{ij} 的选择方法使得 $\tilde{L}$ 的特征值都非零且相等。

拓扑 $\mathcal{G}$ 含有有向生成树，设由其中一棵有向生成树构成的图为 $\mathcal{G}_0=(\mathcal{V},\mathcal{E}_0,A_0)$，显然 $\mathcal{E}_0\subset\mathcal{E}$。令，

$$w_{ij}=\begin{cases}1 & \text{如果}\varepsilon_{ij}\in\mathcal{E}_0,\\ 0 & \text{如果}\varepsilon_{ij}\in\mathcal{E}\setminus\mathcal{E}_0,\\ \text{任意} & \text{其余.}\end{cases}\tag{3.21}$$

则容易得到矩阵 $\tilde{L}$ 的特征值均为 1，进而充分性得证。

返回到例 3.1，如果权重不是提前给定而是可设计的参数，选择 $w_{1j}=w_{2j}=0.5$，$w_{3j}=1$ 得到矩阵 $\tilde{L}$ 的特征值均为 1。从而只要 $4<K<6$，多智能体系统（3.17）在线性协议（3.18）下能渐近达到一致，也就是说该系统的一致性问题可解。

2. 系统可一致的允许连接丢失概率

这一小节考察 Bernoulli 随机丢失网络。一方面给出一致性问题可解的拓扑条件，另一方面说明网络连接丢失概率对系统可一致性的影响，并给出一个系统可一致能容许的连接丢失概率上界值。

在 Bernoulli 随机丢失网络下，系统（3.20）是一个 Bernoulli 切换系统。令 $\eta(k)=E(z(k)\otimes z(k))$，则 $\eta(k+1)=E((F(k)z(k))\otimes(F(k)z(k)))$。由于对任何矩阵 A,B,C,D 有 $(AC)\otimes(BD)=(A\otimes B)(C\otimes D)$，再由 Bernoulli 随机切换特性

可以得到

$$\eta(k+1)=E(F(k)\otimes F(k))\eta(k) \tag{3.22}$$

系统（3.22）是一个线性时不变系统。

因为$E(\|z(k)\|^2)\leqslant\|\eta(k)\|_1\leqslant p(n-1)E(\|z(k)\|^2)$，所以 Bernoulli 切换系统（3.20）均方稳定，等价于系统（3.22）渐近稳定，从而可以得到以下引理：

引理 3.8. Bernoulli 切换系统（3.20）均方稳定，当且仅当矩阵$E(F(k)\otimes F(k))$的谱半径小于 1。

另一方面，对 Bernoulli 切换系统（3.20），根据随机过程性质有$E(\|z(k)\|)\geqslant\|E(z(k))\|$，所以系统（3.20）均方稳定的必要条件是$\lim\limits_{k\to\infty}E(z(k))=0$。令$\zeta(k)=E(z(k))$，则由 Bernoulli 随机切换特性得到：

$$\zeta(k+1)=E(F(k))\zeta(k) \tag{3.23}$$

所以容易得到以下引理：

引理 3.9. Bernoulli 切换系统（3.20）均方稳定的必要条件是矩阵$E(F(k))$的谱半径小于 1。

由引理 3.8 和引理 3.9 容易得到，$\rho(E(F(k)))\leqslant\rho(E(F(k)\otimes F(k)))$。下面探讨系统均方可一致的拓扑条件。

定理 3.7. 在 Bernoulli 随机网络传输下，存在连接权重w_{ij}和反馈增益K使得多智能体系统（3.17）在线性协议（3.18）下均方收敛到一致的必要条件是平均连接拓扑含有有向生成树。

证明： 由引理 3.9 和引理 3.7 知道，多智能体系统均方收敛到一致的必要条件是矩阵$E(F(k))$的谱半径小于 1。

显然$E(F(k))=I_{n-1}\otimes A-E(\tilde{L}(k))\otimes BK$。$E(L(k))=[\overline{l}_{ij}]_{n\times n}$为平均 Laplacian 矩阵，其中当$i\neq j$时，$\overline{l}_{ij}=-(1-r_{ij})a_{ij}w_{ij}$，当$i=j$时，$\overline{l}_{ii}=\sum\limits_{j=1}^{n}(1-r_{ij})a_{ij}w_{ij}$。所以如果平均拓扑不含有向生成树，那么对任意权重$w_{ij}$，$E(L(k))$至少有两个零特征值，从而$E(\tilde{L}(k))$至少有一个零特征值。与定理 3.6 的必要性证明相似，对任意K及w_{ij}恒有$\rho(E(F(k)))\geqslant\rho(A)\geqslant 1$，从而系统（3.23）不能渐近稳定。

所以多智能体系统无法均方收敛到一致，定理得证。

定理 3.7 给出了多智能体系统（3.19）均方可一致的必要拓扑条件。对于一阶、二阶积分器系统来说，可一致性只依赖于连接拓扑的连通性，而与网络的连接丢失概率无关。对于本章中考察的一般线性动态系统，是否也可以忽略连接丢失概率的影响呢？下面由一个简单的例子来给出否定的回答。

例 3.2. 假设网络中只有两个智能体，其动态为 A=2，B=1。智能体 2 跟踪智能体 1 的运动轨迹。设网络连接丢失概率为 r，则 $\{a_{21}(k), k\geqslant 0\}\in\{0,1\}$ 服从 Bernoulli 分布变化，且 $\Pr(a_{21}(k)=0)=r$。由引理 3.8，智能体 2 能在均方意义下跟踪到智能体 1 的充分必要条件是

$$\rho(rA\otimes A+(1-r)(A-w_{21}BK)\otimes(A-w_{21}BK))<1。$$

如果 $r\geqslant 0.25$，则对任意 w_{21} 及 K，以上条件均不能满足。也就是说，对于这个多智能体系统，当网络连接丢失概率大于 0.25 时，系统的一致性问题不可解。

注 3.3. 随机网络中具有一般线性动态的多智能体系统在线性协议（3.18）下的均方可一致性，不仅要依赖于拓扑条件，还与网络连接丢失概率有关。当连接丢失概率大于某个值时，智能体接收到的信息太少而无法使得系统达到一致。

我们感兴趣的是，如果拓扑的连通性条件满足了，可否找到一个概率上界使得当随机网络的连接丢失概率小于该上界值时多智能体系统在线性协议（3.18）下总均方可一致。

为了寻找容许的概率上界，首先考察一个简单的 Bernoulli 切换系统的均方可镇定条件。给定系统：

$$y(k+1)=(A-a(k)BK)y(k)。\tag{3.24}$$

其中 $A\in\mathbb{R}^{p\times p}$，$B\in\mathbb{R}^{p\times q}$ (A,B)完全可镇定，开环系统不渐近稳定；$\{a(k), k\geqslant 0\}\in\{0,1\}$ 服从 Bernoulli 分布，且 $\Pr(a(k)=0)=r$，$0<r<1$。

引理 3.10. 如果存在对称正定矩阵 $Q_0,Q_1\in\mathbb{R}^{p\times p}>0$，以及 $Y\in\mathbb{R}^{q\times p}$ 使得以下线性矩阵不等式成立

$$\begin{bmatrix} Q_0 & \sqrt{r}Q_0A^T & \sqrt{1-r}Q_0A^T \\ \sqrt{r}AQ_0 & Q_0 & 0 \\ \sqrt{1-r}AQ_0 & 0 & Q_1 \end{bmatrix} > 0 \tag{3.25}$$

$$\begin{bmatrix} Q_1 & \sqrt{r}(Q_1A^T - Y^TB^T) & \sqrt{1-r}(Q_1A^T - Y^TB^T) \\ \sqrt{r}(AQ_1 - BY) & Q_0 & 0 \\ \sqrt{1-r}(AQ_1 - BY) & 0 & Q_1 \end{bmatrix} > 0 \tag{3.26}$$

那么系统（3.24）在反馈增益 $K = YQ_1^{-1}$ 下是均方稳定的。进一步，如果连接丢失概率为 $\Pr(a(k)=0)=\alpha$，并且同时满足线性矩阵不等式（3.25）、式（3.26）和

$$Q_1 > Q_0 \tag{3.27}$$

那么只要 $\alpha \leqslant r$，反馈增益 $K = YQ_1^{-1}$ 总能均方镇定系统（3.24）。

证明： 取 Lyapunov 函数 $V(y(k),a(k)) = y^T(k)P_{a(k)}y(k)$，其中 $P_{a(k)} = Q_{a(k)}^{-1} > 0$，则

$$\begin{aligned} & E(V(y(k+1),a(k+1))|\ y(k),a(k)=s) \\ & = E(y^T(k)(A-a(k)BK)^T P_{a(k+1)}(A-a(k)BK)y(k)|\ y(k),a(k)=s) \\ & = y^T(k)(A-sBK)^T E(P_{a(k+1)})(A-sBK)y(k) \\ & = y^T(k)A_s^T\left(rP_0+(1-r)P_1\right)A_s y(k) \end{aligned}$$

其中 s=0 或 1，A_0=A，A_1=$A-BK$。

如果 $A_s^T(rP_0+(1-r)P_1)A_s < P_s$，那么

$$E(V(y(k+1),a(k+1))|\ y(k),a(k)) < V(y(k),a(k)),$$

从而系统（3.24）是均方稳定的。在上述不等式两边同时乘以 Q_s，并且令 Y=KQ_1，得到：

$$\begin{aligned} & rQ_0A^TQ_0^{-1}AQ_0 + (1-r)Q_0A^TQ_1^{-1}AQ_0 < Q_0, \\ & r(Q_1A^T - Y^TB^T)Q_0^{-1}(AQ_1 - BY) + (1-r)(Q_1A^T - Y^TB^T)Q_1^{-1}(AQ_1 - BY) \\ & < Q_1。 \end{aligned}$$

由 Schur 补引理，上面两个不等式就等价于线性矩阵不等式（3.25）和（3.26）。

另一方面，如果线性矩阵不等式（3.27）也成立，即有 $P_0 > P_1$，那么当

连接丢失概率为 $\Pr(a(k)=0)=\alpha$，并且 $\alpha\leqslant r$ 时，矩阵不等式 $A_s^T(\alpha P_0+(1-\alpha)P_1)A_s<P_s$ 总能成立。从而在控制器 $K=YQ_1^{-1}$ 下系统（3.24）总能均方稳定，引理得证。

下面再介绍两个关于矩阵 Kronecker 积的性质。

引理 3.11.（1）对任何矩阵

$$\begin{bmatrix} A & B \\ C & D \end{bmatrix}.$$

有：

$$\begin{bmatrix} A & B \\ C & D \end{bmatrix}\otimes\begin{bmatrix} A & B \\ C & D \end{bmatrix}=\begin{bmatrix} A\otimes\begin{bmatrix} A & B \\ C & D \end{bmatrix} & B\otimes\begin{bmatrix} A & B \\ C & D \end{bmatrix} \\ C\otimes\begin{bmatrix} A & B \\ C & D \end{bmatrix} & D\otimes\begin{bmatrix} A & B \\ C & D \end{bmatrix} \end{bmatrix}.$$

（2）对方阵 G 有矩阵：

$$G\otimes\begin{bmatrix} A & B \\ C & D \end{bmatrix}$$

相似于矩阵：

$$\begin{bmatrix} G\otimes A & G\otimes B \\ G\otimes C & G\otimes D \end{bmatrix}.$$

证明：第一个性质根据 Kronecker 积的定义即可得到。

对第二个性质，若 $G=[g_{ij}]_{n\times n}$，则：

$$G\otimes\begin{bmatrix} A & B \\ C & D \end{bmatrix}=\begin{bmatrix} g_{ij}A & g_{ij}B \\ g_{ij}C & g_{ij}D \end{bmatrix}_{n\times n},$$

进行一系列对称的初等行列变换即可得到：

$$\begin{bmatrix} G\otimes A & G\otimes B \\ G\otimes C & G\otimes D \end{bmatrix}.$$

从而矩阵：

$$G\otimes\begin{bmatrix} A & B \\ C & D \end{bmatrix}.$$

相似于矩阵：

$$\begin{bmatrix} G\otimes A & G\otimes B \\ G\otimes C & G\otimes D \end{bmatrix},$$

引理得证。

接下来就讨论如何寻找容许的连接丢失概率上界。利用引理 3.8，只需考察当连接丢失概率小于何值时存在权重和反馈增益使得矩阵 $E(F(k)\otimes F(k))$ 的谱半径小于 1。

定理 3.8. 如果在 Bernoulli 随机网络传输下平均拓扑含有有向生成树，并且网络连接丢失概率满足 $r_{ij} < r^*$，$(j,i)\in\mathcal{E}$，其中

$$r^*=\sup\{r:\ 0<r<1,\ \text{LMIs (3.25)–(3.27)具有可行解}\} \tag{3.28}$$

那么存在连接权重和反馈增益使得多智能体系统（3.17）在线性协议（3.18）下均方收敛到一致。

证明： 这里采用构造法来证明。因为在 Bernoulli 随机网络传输下平均拓扑的连接情况与给定通信拓扑的相同，所以由定理条件知道拓扑 $\mathcal{G}$ 含有有向生成树。设由其中一棵有向生成树构成的图为 $\mathcal{G}_0$。将智能体重新进行编号，使得图 $\mathcal{G}_0$ 中的根节点对应的智能体编号为 1，其余每个节点按照编号大于其父节点的原则进行编排，得到一个新的与原给定连接拓扑 $\mathcal{G}$ 相对应的连接拓扑 $\hat{\mathcal{G}}=(\hat{\mathcal{V}},\hat{\mathcal{E}},\hat{\mathcal{A}})$，有向生成树 $\mathcal{G}_0$ 对应的拓扑为 $\hat{\mathcal{G}}_o=(\hat{\mathcal{V}},\hat{\mathcal{E}}_o,\hat{\mathcal{A}}_o)$。

与定理 3.6 的充分性证明相同，同样取

$$w_{ij}=\begin{cases}1 & \text{如果}\,\varepsilon_{ij}\in\mathcal{E}_0,\\ 0 & \text{如果}\,\varepsilon_{ij}\in\mathcal{E}\setminus\mathcal{E}_0,\\ \text{任意} & \text{其余}.\end{cases} \tag{3.29}$$

则 k 时刻连接拓扑 $\hat{\mathcal{G}}(k)$ 对应的降阶 Laplacian 矩阵 $\tilde{L}(k)$ 是个下三角矩阵，而且其对角线元素为 $a_2(k),a_3(k),\cdots,a_n(k)\in\{0,1\}$。$a_i(k)=0$ 表示智能体 i 没有从图 $\hat{\mathcal{G}}_o$ 中的父节点得到信息；$a_i(k)=1$ 表示 k 时刻智能体 i 与其父节点有连接。显然，由网络传输特性知道，$\{a_i(k),k\geqslant 0\}$ 服从 Bernoulli 分布，分布概率为 $\Pr(a_i(k)=0)=\alpha_i$，$\alpha_i\in\{r_{ij},j=1,\cdots,n,(j,i)\in\hat{\mathcal{E}}\}$。

由引理 3.8，如果 $\rho(E(F(k)\otimes F(k)))<1$，那么系统达到均方一致。因为

在如式（3.29）中选取的权重下降阶 Laplacian 矩阵 $\tilde{L}(k)$ 是个下三角矩阵，所以矩阵 $F(k)$ 是个下三角块矩阵，形如

$$F(k)=\begin{bmatrix} A-a_2(k)BK & 0 & \cdots & 0 \\ * & A-a_3(k)BK & \cdots & 0 \\ \vdots & * & \ddots & \vdots \\ * & \cdots & * & A-a_n(k)BK \end{bmatrix}.$$

从而根据引理 3.11 知道 $F(k)\otimes F(k)$ 相似于一个下三角块矩阵，其对角线块矩阵为 $(A-a_i(k)BK)\otimes(A-a_j(k)BK)$。对于 $i\neq j$，因为 $\{a_i(k),k\geqslant 0\}$ 和 $\{a_j(k),k\geqslant 0\}$ 是相互独立的两个过程，所以与矩阵 $E(F(k)\otimes F(k))$ 相似的下三角块矩阵的对角线块矩阵为：

$$(A-(1-\alpha_i)BK)\otimes(A-(1-\alpha_j)BK)$$

和

$$E((A-a_i(k)BK)\otimes(A-a_i(k)BK)),$$

从而 $\rho(E(F(k)\otimes F(k)))<1$ 等价于对任意 i 和 $j\neq i$，

$$\rho((A-(1-\alpha_i)BK)\otimes(A-(1-\alpha_j)BK))<1,$$

并且 $\rho(E((A-a_i(k)BK)\otimes(A-a_i(k)BK)))<1$。

对任意两方块矩阵 A 和 B，矩阵 $A\otimes B$ 的特征值由 A 的特征值和 B 的特征值的乘积得到。所以 $\rho((A-(1-\alpha_i)BK)\otimes(A-(1-\alpha_j)BK))<1$ 当且仅当对所有 i，有 $\rho((A-(1-\alpha_i)BK))<1$。再由引理 3.8 和引理 3.9，可以得到

$$\rho(A-(1-\alpha_i)BK)\leqslant\rho(E((A-a_i(k)BK)\otimes(A-a_i(k)BK))),$$

所以矩阵 $E(F(k)\otimes F(k))$ 的谱半径小于 1 就等价于

$$\rho(E((A-a_i(k)BK)\otimes(A-a_i(k)BK)))<1.$$

可以通过讨论系统 $y(k+1)=(A-a_i(k)BK)y(k)$ 的均方可镇定条件来寻找多智能体系统的一个容许连接丢失概率上界。

由引理 3.10，如果线性矩阵不等式（3.25）～式（3.27）是可解的，那么只要 $\alpha_i\leqslant r$，$i=2,\cdots,n$，反馈控制器 $K=YQ_1^{-1}$ 总能同时镇定所有矩阵

$$E((A-a_i(k)BK)\otimes(A-a_i(k)BK)).$$

显然，当 $r=0$ 时，因为（A，B）可镇定，所以线性矩阵不等式（3.25）～式（3.27）总是可解的。随着 r 的增大，线性矩阵不等式（3.25）～式（3.27）的可解性逐渐降低。当 $r=1$ 时，系统（3.24）不可镇定。如式（3.28）定义 r^*，那么只要 $r_{ij} < r^*$，所有矩阵

$$E((A-a_i(k)BK)\otimes(A-a_i(k)BK))$$

都是同时可镇定的。

所以在定理给出的网络条件下，总能找到权重和反馈增益 K 使得多智能体系统均方收敛到一致，定理得证。

定理 3.8 中给出的连接丢失概率上界 r^* 可以通过对分算法，用 Matlab™ 中的 LMI 工具箱依次求解线性矩阵不等式来得到。具体的，令 $k=1$，$\mathrm{U}_1=(0,1)$。将间隔 U_k 进行对分得到间隔 U_{k1}、U_{k2} 以及中值 r_k。对 $r=r_k$ 求解线性矩阵不等式（3.25）～式（3.27）。如果当 $r=r_k$ 时，LMIs 式（3.25）～式（3.27）有解，取 $\mathrm{U}_{k+1}=\mathrm{U}_{k2}$；否则令 $\mathrm{U}_{k+1}=\mathrm{U}_{k1}$。令 $k=k+1$。重复以上过程直至 $|r_k-r_{k+1}|<10^{-3}$，得到 $r^*=r_k$。

返回到例 3.2，利用式（3.28）可计算得到 $r^*=0.25$，与例 3.2 中的理论计算结果一致。

注 3.4. 定理 3.8 适用于分析随机网络的同步问题，其中连接丢失概率上界提供了大规模复杂网络能够达到同步的关于边的存在概率的充分条件，这个概率对分簇结构的网络的同步能力尤为重要。在分簇结构的网络中，网络被划分为簇，每个簇由一个簇头和多个簇成员组成，簇与簇之间通过簇头间的连接进行连结（如图 3-3 所示）。每个簇中簇成员之间连结紧密，但不同簇之间的连结比较稀疏。簇头与簇头之间的连接概率对网络的同步性至关重要，这个概率无法用网络的平均度[170]来刻画。

3. 一类特殊动态系统的允许连接丢失概率

定理 3.8 中的概率上界值依赖于智能体的动态，需要通过算法来求解。下面讨论一类特殊动态的智能体，对该类系统直接给出最大容许连接丢失概

率。在介绍结论之前先看一个例子。

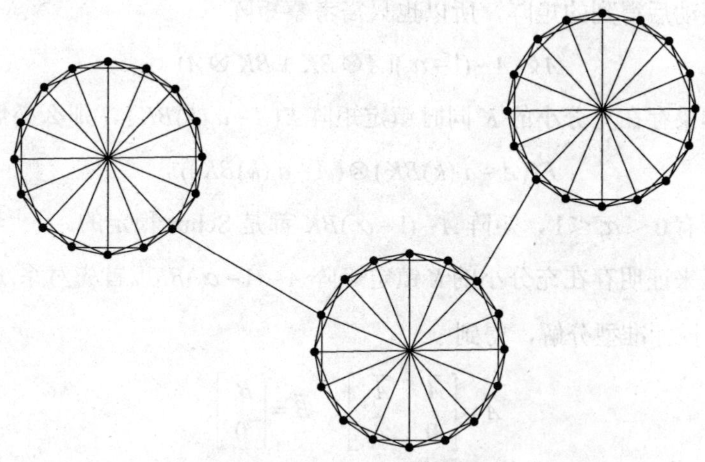

图 3-3　分簇网络结构

例 3.3. 对离散时间二阶积分器动态的智能体，即：

$$A=\begin{bmatrix}1 & 1\\0 & 1\end{bmatrix}, B=\begin{bmatrix}0\\1\end{bmatrix}。$$

利用式（3.28）计算得到概率上界 $r^*=1$。也就是说该多智能体系统的均方可一致性与网络连接丢失概率无关。这个结论与第二章中得到的结论一致。

定理 3.9. 如果智能体动态满足 $\rho(A)=1$，那么最大容许连接丢失概率上界为 $r^*=1$。

证明： 该定理可通过摄动原理和线性系统理论证得。由于

$$\begin{aligned}&E((A-a_i(k)BK)\otimes(A-a_i(k)BK))\\&=A\otimes A-(1-\alpha_i)(A\otimes BK+BK\otimes A)+(1-\alpha_i)BK\otimes BK\end{aligned}$$

如果增益 K 足够小，即 K 中的元素 k_{ij} 的绝对值充分小，那么上面矩阵可以看作矩阵 $A\otimes A$ 受到关于 K 的两部分摄动后得到的形式。显然式中第二部分的摄动相对前一部分来说是关于 K 的高阶无穷小，它对 $A\otimes A$ 的影响可以忽略，所以只需通过考察矩阵 $A\otimes A-(1-\alpha_i)(A\otimes BK+BK\otimes A)$ 的特征值来研究

$$E((A-a_i(k)BK)\otimes(A-a_i(k)BK))$$

的特征值。

同样地，$E(A-a_i(k)BK)\otimes E(A-a_i(k)BK)$ 也是矩阵 $A\otimes A$ 受到关于 K 的两部分摄动后得到的矩阵，所以也只需考察矩阵

$$A\otimes A-(1-\alpha_i)(A\otimes BK+BK\otimes A)\text{。}$$

因此，如果存在充分小的 K 同时镇定矩阵 $E(A-a_i(k)BK)$，那么必然也镇定

$$E((A-a_i(k)BK)\otimes(A-a_i(k)BK))\text{，}$$

而且对所有 $0<\alpha_i<1$，矩阵 $A-(1-\alpha_i)BK$ 都是 Schur 稳定的。

接下来证明存在充分小的 K 镇定矩阵 $A-(1-\alpha_i)BK$。首先对系统矩阵 A，B 进行能控标准型分解，得到

$$\bar{A}=\begin{bmatrix}\bar{A}_c & \bar{A}_{12}\\ 0 & \bar{A}_{\bar{c}}\end{bmatrix},\quad \bar{B}=\begin{bmatrix}\bar{B}_c\\ 0\end{bmatrix},$$

其中 $\bar{A}_c\in\mathbb{R}^{p_c\times p_c}$，$(\bar{A}_c,\bar{B}_c)$ 完全可控。因为 $\rho(A)=1$，并且 (A,B) 完全可镇定，所以有 $\rho(\bar{A}_c)=1$，$\rho(\bar{A}_{\bar{c}})<1$，从而只需证明存在 $\bar{K}_c$ 使得 $\rho(\bar{A}_c-(1-\alpha_i)\bar{B}_c\bar{K}_c)<1$。

由线性系统理论中的相关结论[173]知道，$(\bar{A}_c,\bar{B}_c)$ 完全可控，那么总能找到足够小的矩阵 $\bar{K}_1$ 使得 $\bar{A}_1=\bar{A}_c-(1-\alpha_i)\bar{B}_c\bar{K}_1$ 是循环矩阵。再由循矩阵的特性知道，可以选择列向量 β 使得单输入单输出系统 $(\bar{A}_1,(1-\alpha_i)\bar{B}_c\beta)$ 是完全可控的。再通过极点配置，可以设计充分小的行向量 γ 使得 $\rho(\bar{A}_1-(1-\alpha_i)\bar{B}_c\beta\gamma)<1$。取 $\bar{K}_c=\bar{K}_1+\beta\gamma$，则 $\rho(\bar{A}_c-(1-\alpha_i)\bar{B}_c\bar{K}_c)<1$。再取 $\bar{K}=[\bar{K}_c,0]$，显然 $\bar{K}$ 镇定矩阵 $\bar{A}-(1-\alpha_i)\bar{B}\bar{K}$，从而对所有 $0<\alpha_i<1$，存在 K 同时镇定

$$E((A-a_i(t)BK)\otimes(A-a_i(t)BK))\text{。}$$

与定理 3.8 的构造形证明相似，可以得到 $r^*=1$，定理得证。

注 3.5. 由定理 3.9 可以得到，一阶积分器、二阶积分器系统均方一致性问题是否可解与连接丢失概率无关，这与已有相关文献［122，145-149，160，161］和第二章中的结论一致。此外，定理 3.9 中讨论的动态也包括线性振荡器、高阶积分器动态，以及 *Porfiri* 等[122,167]讨论的拓扑切换速率充分快时对应的离散化系统动态，所以定理 3.9 隐含了文献［122］中的部分结论。

对一阶、二阶积分器智能体来说，网络连接权重可以是任意正数，那么

对于所有满足 $\rho(A)=1$ 的智能体，其拓扑连接权重是否也可以是任意正数呢？

推论 3.2. 如果智能体动态满足 $\rho(A)=1$，那么网络连接权重可以是任意正数，而且在任意正数权重下，Bernoulli 随机网络下的多智能体系统均方可一致，当且仅当平均连接拓扑含有有向生成树。

证明：与定理 3.9 相似，这里采用摄动原理来证明。

首先证明对有限多个复数 $\alpha_i+\mathrm{j}\beta_i$，$\alpha_i>0$，$i=1,\cdots,m$，存在增益 K 同时镇定 $A-(\alpha_i+\mathrm{j}\beta_i)BK$。根据定理 3.9 的证明知道，如果 $\rho(A)=1$，存在充分小的 K 使得所有矩阵 $A-\alpha_i BK$ 都是 Schur 稳定的。取 $\alpha_0=\min_i\{\alpha_i\}$，$\beta_0=\max_i\{\beta_i\}$，从而存在对称正定矩阵 $P>0$ 使得：

$$(A-\alpha_0 BK)^T P(A-\alpha_0 BK)+\beta_0{}^2(BK)^T P(BK)<P \text{。}$$

所以对所有 $\alpha_i+\mathrm{j}\beta_i$ 都有：

$$(A-(\alpha_i+\mathrm{j}\beta_i)BK)^T P(A-(\alpha_i+\mathrm{j}\beta_i)BK)<P \text{，}$$

从而 $A-(\alpha_i+\mathrm{j}\beta_i)BK$ 是 Schur 稳定的。

对于充分小的增益 K，由摄动原理知道，$\rho(E(F(k)\otimes F(k)))<1$ 就等价于 $\rho(E(F(k)))<1$。$E(F(k))=I_{n-1}\otimes A-E(\tilde{L}(k))\otimes BK$，所以由矩阵若当形分解得到，$\rho(E(F(k)))<1$ 当且仅当对所有平均降阶 Laplacian 矩阵的特征值 λ_i $\rho\left(A-\lambda_i BK\right)<1$。如果平均连接拓扑含有有向生成树，则由引理 3.1 知道，对任意正数权重，$\mathrm{Re}(\lambda_i)>0$ 恒成立，从而存在充分小的 K 同时镇定 $A-\lambda_i BK$，进而 $\rho(E(F(k)\otimes F(k)))<1$。再结合定理 3.7，该推论得证。

对于本节考察的多智能体系统来说，在设计协议时要同时考虑权重和反馈增益。如果连接智能体的网络是没有连接丢失的理想网络，那么可以先选择连接权重使得 Laplacian 矩阵的非零特征值相等，然后再设计反馈增益镇定 $A-\lambda_i BK$，其中 λ_i 是 Laplacian 矩阵的非零特征值。相比于理想网络，Bernoulli 随机网络中系统的一致性协议设计要复杂许多。定理 3.8 的证明中给出了一种权重和反馈增益的设计方法。更一般地，在设计随机网络的连接权重时，我们猜想选择权重使得平均 Laplacian 矩阵的非零特征值相等可能是一种可行的方法。这是因为一方面由引理 3.8 知道，系统均方一致的必要

条件是 $\rho(E(F(k)))<1$。如果平均 Laplacian 矩阵的非零特征值不相等，那么由例 3.1 看到，可能找不到反馈增益 K 使得系统(3.17)在一致性协议(3.18)下均方收敛到一致。另一方面，如果选取的权重使得平均 Laplacian 矩阵的非零特征值都相等，则可以找到 K 使得 $\rho(E(F(k)))<1$，从而存在对称正定矩阵 $Q>0$ 使得 $E(F(k))^T QE(F(k))<Q$。因为：

$$\begin{aligned}
&E(F^T(k)QF(k))= \\
&E(F(k))^T QE(F(k))+\sum_{i=1}^{n}\sum_{j\in\mathcal{N}_i}\frac{r_{ij}}{1-r_{ij}}w_{ij}^2(1-r_{ij})^2(\tilde{E}_{ij}\otimes BK)^T Q(\tilde{E}_{ij}\otimes BK) \\
&\leqslant E(F(k))^T QE(F(k))+\frac{r^*}{1-r^*}\sum_{i=1}^{n}\sum_{j\in\mathcal{N}_i}w_{ij}{}^2(1-r_{ij})^2(\tilde{E}_{ij}\otimes BK)^T Q(\tilde{E}_{ij}\otimes BK)
\end{aligned}$$

其中 $\tilde{E}_{ij}$ 是只有一条边 (j,i) 构成的连接图对应的降阶 Laplacian 矩阵，$r^*\geqslant r_{ij}$，$\forall i,j$。所以当网络连接丢失概率适当小的时候，在选取的权重和增益 K 下

$$E(F^T(k)QF(k))<Q$$

成立，从而多智能体系统能均方收敛到一致。以上权重设计方法将通过数值仿真简单验证其可行性。

上述讨论都集中于一个给定的随机网络，讨论当通信拓扑和连接丢失概率满足何条件时存在一致性协议使得系统均方达到一致。如果给定一个一致性协议，那么在什么网络条件下该协议能够解系统的均方一致问题呢？利用文献［174］中的结论，可以得到如下推论。

推论 3.3. 假设给定的通信拓扑 $\mathcal{G}$ 含有有向生成树。给定一个线性协议，其中连接权重如式（3.29）中所示，K 镇定矩阵 $A-BK$。那么只要网络连接丢失概率满足 $r_{ij}<\alpha$，则在给定的协议下多智能体系统（3.17）能均方收敛到一致。其中，

$\alpha=\dfrac{1}{\lambda_{\max}(V)}$，$\lambda_{\max}(\cdot)$ 表示矩阵的最大特征值，

$$V=\begin{bmatrix}(H_1\otimes H_2+H_2\otimes H_1-(I_{p^4}-H_1\otimes H_1)^{-1} & H_2\otimes H_2 \\ (I_{p^4}-H_1\otimes H_1)^{-1} & 0\end{bmatrix},$$

$H_1=(A-BK)\otimes(A-BK)$，$H_2=A\otimes A-(A-BK)\otimes(A-BK)$。

四、数值仿真

这一小节中通过一个仿真算例来说明网络连接丢失概率对系统可一致性的影响，同时验证上一节中提出的连接权重设计方法的可行性。

例 3.4. 考虑随机网络中的 3 个智能体，其动态为：

$$x_i(k+1)=\begin{bmatrix}1 & 1\\ 0 & 1.5\end{bmatrix}x_i(k)+\begin{bmatrix}0\\ 1\end{bmatrix}u_i(k)\text{。}$$

给定通信拓扑，其边集合 $\mathcal{E}$ 为 $\{(2,1),(3,2),(1,3)\}$。

假设网络中所有连接的丢失概率相等。由定理 3.8，可以得到一个连接丢失概率上界 $r^*=0.45$。

定义反馈增益 $K=[k_1,k_2]$，按式（3.29）选择连接权重。图 3-4 给出了当网络连接丢失概率分别为 0.1，0.25 和 0.4 时能使得系统均方一致的反馈增益 K 的取值范围。显然，随着连接丢失概率的增加，反馈增益的可行区域也随之减小。当连接丢失概率大于某个值时，均方一致性问题将不可解。

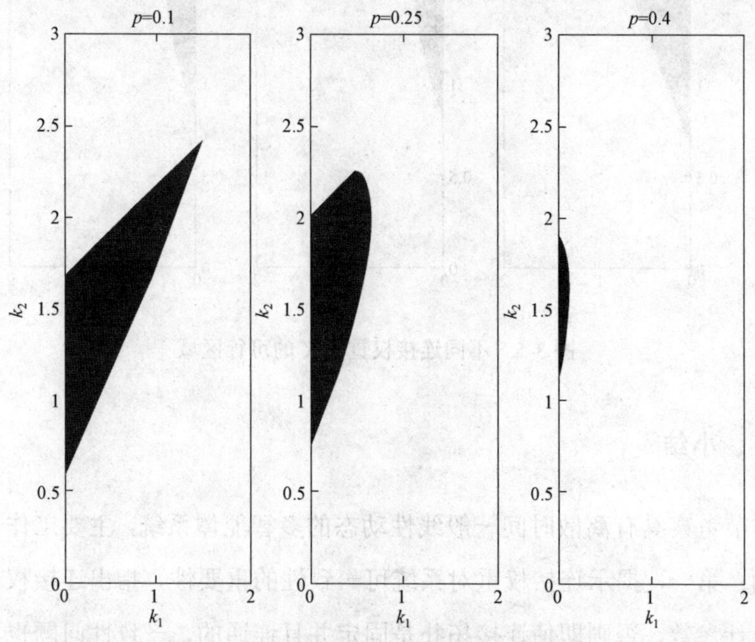

图 3-4 不同连接丢失概率下 K 的可行区域

考虑连接丢失概率为 0.2 的随机网络。由上一节中关于连接权重设计的猜想，选择三组连接权重参数：(a) $w_{12}=1$，$w_{23}=1$，$w_{31}=0$；(b) $w_{12}=1/3$，$w_{23}=1/3$，$w_{31}=4/3$；(c) $w_{12}=0.226\,5$，$w_{23}=0.453\,1$，$w_{31}=1.320\,4$，使得平均 Laplacian 矩阵的非零特征值均为 1。在这三组连接权重下反馈增益 K 的可行范围如图 3-5 所示。由图可见，在设计连接权重时，使得平均 Laplacian 矩阵的非零特征值都相等可能是一个可行的方法。在图 3-5 中，在权重(a)下的可行增益区域显然比另外两组的大，所以定理 3.8 中给出的连接丢失概率上界不是很保守。

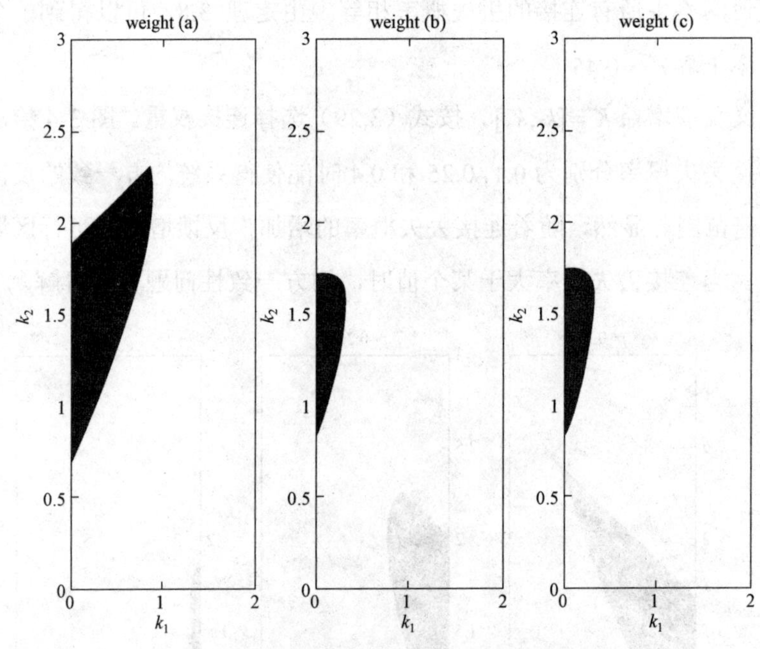

图 3-5　不同连接权重下 K 的可行区域

五、小结

本节考察具有离散时间一般线性动态的多智能体系统，主要工作包括两个方面：第一，揭示连接权重对系统可一致性的重要性，指出连接权重需要作为设计参数，否则即使连接拓扑是固定并且连通的，一致性问题也可能无解；第二，揭示网络连接丢失概率对系统可一致性的重要性，给出系统均方一致性问题可解的一个容许连接丢失概率上界，这个连接丢失概率对网络设计具有重要指导意义。

本节与第一节都是讨论离散时间多智能体系统。尽管基于采样数据的系统可以转化为离散时间系统来考察，但这样很难明确刻画采样周期对系统的影响，揭示采样系统的一些特性。所以将在接下来的章节中讨论基于采样数据的多智能体系统，研究如何选取采样周期。

第四章 基于采样数据的多智能体系统一致性

本章主要讨论了在一定拓扑条件下具有二阶积分器动态的多智能体系统基于采样数据的一致性问题。主要内容为：在固定拓扑条件下，讨论了具有二阶积分器动态的多智能体系统基于采样数据的一致性问题[178]；将通信拓扑扩展到一般情形——随机通信拓扑，进一步探讨了具有二阶积分器动态的多智能体系统基于采样数据的一致性问题[236]；最后，通过数值仿真验证了文中的主要结论。

第一节 基于数据采样的二阶积分器多智能体系统一致性

本节主要讨论了在固定拓扑下基于数据采样的二阶领导者-跟随者（Leader-Follower）多智能体系统的一致性问题。设计了一个基于数据采样的分布式线性一致性协议，其中每个跟随者结点只能在采样时刻获得与之相邻结点的位置和速度信息。我们给出了几个系统能达到一致的关于采样周期、控制增益、通信拓扑的充分条件。在无向/有向拓扑条件下，分别定量地给出了一致性误差的上限，且跟踪的误差上限和采样周期成比例。本节的结论通过数值仿真得到了验证。

一、研究背景

通信网络的引入为智能体之间的通信提供了良好的媒介，但是同时也使得系统的分析和设计更加复杂。首先，网络中的传感器是时间驱动的，智能体接收到的用于更新其控制输入的邻居信息都是传感器在采样时刻发出的；其次，网络的通信局限性不可避免，其对系统的影响也不可忽略，尤其是在许多通信协议下各自智能体间的通信时延不同而且是变化的，从而在事件驱动的执行器下多智能体系统具有高度的混杂性和异步性。近年来，已有不少文献研究连接丢失、通信时延、采样周期，还有信道噪声等网络特性对多智能体系统的影响，不过相关工作主要集中于具有一阶积分器动态的多智能体系统。与一阶积分器系统不同的，除了连接拓扑外，二阶积分器智能体的一致性还依赖于协议中的参数，而且其系统动态是发散的。所以对二阶积分器系统的研究会和一阶积分器系统有很大的不同。目前也有一些文献讨论通信受限下二阶积分器系统，例如 Ren 等[150,151]在考察任意切换拓扑下的系统，给出系统一致的拓扑条件，即连接拓扑始终保持或频繁地保持连通。目前，很少有相关文献考察基于数据采样的二阶领导者-跟随者多智能体系统的一致性问题。本节正是讨论了这一问题，并给出了一个一致性协议设计算法。

二、问题描述

考虑具有二阶积分器动态的跟随者结点，其动态描述如下：

$$\begin{cases}\dot{r}_i(t)=v_i(t)\\ \dot{v}_i(t)=u_i(t),i=1,\cdots,n\end{cases}\tag{4.1}$$

其中 $r_i(t)\in\mathbb{R},v_i(t)\in\mathbb{R}$ 或 $u_i(t)\in\mathbb{R}$ 分别表示跟随者结点 i 的位置、速度和加速度。假设存在一个领导结点，下标为 0，给定其动态方程为：

$$\dot{r}_0(t)=v_0(t)$$

其中 $r_0(t)\in\mathbb{R}$,和 $v_0(t)\in\mathbb{R}$ 分别表示领导结点的位置和速度且速度的导数存在。假设 $\dot{v}_0(t)$ 是可测的。有一个二阶连续的一致性协议算法[187]如下：

$$u_i(t)=\dot{v}_0(t)-\alpha[(r_i(t)-r_0(t))+\beta(v_i(t)-v_0(t))] \\ -\sum_{j=1}^{n}a_{ij}[(r_i(t)-r_j(t))+\beta\left(v_i(t)-v_j(t)\right)] \tag{4.2}$$

其中 $a_{ij}, i, j=1, 2, \cdots, n$ 是无向/有向拓扑图 $\mathcal{G}$ 的邻接矩阵 $\mathcal{A}$ 的第(i, j)个元素，α和 β分别是需要设计的正控制增益。注意到控制律（4.2）要求每个跟随者结点能够时刻获得邻接跟随者结点的位置，速度和领导结点位置，速度信息和加速度信息。这样的要求在实际环境中是不现实的，但在理论上有其可行的。

现在，我们考虑数据采样的情形，在这里跟随结点具有连续的动态特性而信号只在离散的采样时刻是可测的且控制输入是零阶保持的，即有

$$u_i(t)=u_i[k], kT\leqslant t<(k+1)T \tag{4.3}$$

其中 k 表示离散时间点，T 表示采样周期，$u_i[k]$是在时间 $t=kT$ 处的控制输入。通过有向离散化[39]，连续系统（4.1）离散化为：

$$\begin{cases} r_i[k+1]=r_i[k]+Tv_i[k]+\dfrac{T^2}{2}u_i[k], \\ v_i[k+1]=v_i[k]+Tu_i[k], i=1,\cdots,n \end{cases} \tag{4.4}$$

其中 $r_i[k]$和 $v_i[k]$分别表示跟随结点 i 在时间 $t=kT$ 处的位置和速度。在 $\dot{v}_0(t)$ 是可测得的设下，我们提出离散的一致性协议算法如下：

$$u_i[k]=\frac{v_0[k]-v_0[k-1]}{T}-\alpha[(r_i[k]-r_0[k])+\beta\left(v_i[k]-v_0[k]\right)] \\ -\sum_{j=1}^{n}a_{ij}[(r_i[k]-r_j[k])+\beta(v_i[k]-v_j[k])] \tag{4.5}$$

其中 $i, j=1, 2, \cdots, n$, $r_0[k]$和 $v_0[k]$分别表示领导结点在时间 $t=kT$ 处的位置和速度，$\dfrac{v_0[k]-v_0[k-1]}{T}$是用来逼近式（4.2）中 $\dot{v}_0(t)$。控制律（4.5）的目标是：当 $t\to\infty$时，有 $v_i[k]\to v_0[k], r_i[k]\to r_0[k]$成立。通过应用代数图论和矩阵论相关知识，我们分别给出领导者-跟随者多智能体系统在有向和无向的固定拓扑下达到一致性的充分条件。

为了分析系统的一致性，我们定义跟随结点 i 的跟踪误差为$\varepsilon_i[k]=r_i[k]-$

$r_0[k]$和$\delta_i[k]=v_i[k]-v_0[k]$。那么闭环系统（4.4），（4.5）可写为：

$$\begin{aligned}\varepsilon_i[k+1]=&\left(1-\frac{1}{2}T^2\alpha\right)\varepsilon_i[k]-\frac{1}{2}T^2\sum_{j=1}^{n}a_{ij}(\varepsilon_i[k]-\varepsilon_j[k])+T\left(1-\frac{1}{2}T\alpha\beta\right)\delta_i[k]\\&-\frac{1}{2}T^2\beta\sum_{j=1}^{n}a_{ij}(\delta_i[k]-\delta_j[k])+\frac{1}{2}T(3v_0[k]-v_0[k-1])\\&-(r_0[k+1]-r_0[k])\end{aligned}\tag{4.6}$$

$$\begin{aligned}\delta_i[k+1]=&-T\alpha\varepsilon_i[k]-T\sum_{j=1}^{n}a_{ij}(\varepsilon_i[k]-\varepsilon_j[k])+(1-T\alpha\beta)\delta_i[k]\\&-T\beta\sum_{j=1}^{n}a_{ij}(\delta_i[k]-\delta_j[k])+(2v_0[k]-v_0[k-1]-v_0[k+1])\end{aligned}\tag{4.7}$$

可以写为矩阵的形式：

$$\begin{aligned}\begin{bmatrix}\varepsilon[k+1]\\\delta[k+1]\end{bmatrix}=&\underbrace{\begin{bmatrix}\left(1-\frac{1}{2}T^2\alpha\right)I_n-\frac{1}{2}T^2L & T\left(1-\frac{1}{2}T\alpha\beta\right)I_n-\frac{1}{2}T^2\beta L\\-T\alpha I_n-TL & (1-T\alpha\beta)I_n-T\beta L\end{bmatrix}}_{\tilde{A}}\begin{bmatrix}\varepsilon[k]\\\delta[k]\end{bmatrix}\\&+\underbrace{I_{2n}}_{\tilde{B}}X^r[k],\end{aligned}\tag{4.8}$$

其中$\varepsilon[k]=[\varepsilon_1[k],\cdots,\varepsilon_n[k]]^{\mathrm{T}}$, $\delta[k]=[\delta_1[k],\cdots,\delta_n[k]]^{\mathrm{T}}$和

$$X^r[k]=\begin{bmatrix}\left[\frac{1}{2}T(v_0[k]-v_0[k-1])-(r_0[k+1]-r_0[k])+Tv_0[k]\right]\mathbf{1}_n\\[(2v_0[k]-v_0[k-1]-v_0[k+1])]\mathbf{1}_n\end{bmatrix}$$

我们定义$Y[k+1]=\begin{bmatrix}\varepsilon[k+1]\\\delta[k+1]\end{bmatrix}$，由式（4.8）可得：

$$Y[k+1]=\tilde{A}Y[k]+\tilde{B}X^r[k]\tag{4.9}$$

它的解很容易给出：

$$Y[k]=\tilde{A}^kY[0]+\sum_{i=1}^{k}\tilde{A}^{k-i}\tilde{B}X^r[i-1]\tag{4.10}$$

可以注意到，当$k\to\infty$时，矩阵$\tilde{A}$的特征值对$Y[k]$的值起决定性的作用。

注 4.1. 在本节中，为了方便分析，不失一般性我们假设智能体状态都属于一维空间。无论怎样，我们可以运用克罗内积 $\otimes$ 把本节结论推广到高维空间上。

三、主要结论

本节主要讨论基于数据采样的一致性协议算法（4.5），分别在无向和有向拓扑下讨论具有二阶积分器动态的领导者-跟随者多智能体系统的一致性，并给出了相应的结论。

为了分析系统（4.9）或（4.10）。首先我们研究矩阵 $\tilde{A}$（见（4.8））的特性。我们可以给出矩阵 $\tilde{A}$ 的特征多项式如下：

$$\begin{aligned}
&\det(zI_{2n}-\tilde{A})\\
&=\det\begin{pmatrix}\left(z-1+\frac{1}{2}T^2\alpha\right)I_n+\frac{1}{2}T^2L & -T\left(1-\frac{1}{2}T\alpha\beta\right)I_n+\frac{1}{2}T^2\beta L\\ T\alpha I_n+TL & (z-1+T\alpha\beta)I_n+T\beta L\end{pmatrix}\\
&=\det\left(\left[\left(z-1+\frac{1}{2}T^2\alpha\right)I_n+\frac{1}{2}T^2L\right][(z-1+T\alpha\beta)I_n+T\beta L]\right.\\
&\left.-\left[\frac{1}{2}T^2\beta L-T\left(1-\frac{1}{2}T\alpha\beta\right)I_n\right][T\alpha I_n+TL]\right)\\
&=\det\left(\left[z^2+\left(\frac{1}{2}T^2\alpha+T\alpha\beta-2\right)z+1-T\alpha\beta+\frac{1}{2}T^2\alpha\right]I_n\right.\\
&\left.+\left[\left(T\beta+\frac{1}{2}T^2\right)z+\left(\frac{1}{2}T-\beta\right)T\right]L\right)
\end{aligned} \tag{4.11}$$

这里，由引理 1.14 我们可得上面第二个等式。特别地，μ_i 是矩阵$-L$ 的第 i 个特征值，我们可得 $\det(zI_n+L)=\Pi_{i=1}^{n}(z-\mu_i)$，进一步有 $\det(zI_{2n}-\tilde{A})=\Pi_{i=1}^{2n}[z^2+\left(\frac{1}{2}T^2\alpha-\frac{1}{2}T^2\mu_i+T\alpha\beta-T\beta\mu_i-2\right)z+1+T\beta\mu_i-T\alpha\beta+\frac{1}{2}T^2\alpha-\frac{1}{2}T^2\mu_i\Big]$。因此，方程 $\det(zI_{2n}-\tilde{A})=0$ 的根满足：

$$
\begin{aligned}
&z^2+\left(\frac{1}{2}T^2\alpha-\frac{1}{2}T^2\mu_i+T\alpha\beta-T\beta\mu_i-2\right)z \\
&+1+T\beta\mu_i-T\alpha\beta+\frac{1}{2}T^2\alpha-\frac{1}{2}T^2\mu_i=0
\end{aligned} \tag{4.12}
$$

我们很容易注意到矩阵$-L$ 的特征值 μ_i 对应着矩阵 $\tilde{A}$ 的两个特征值，分别定义为 $\lambda_{2i\text{-}1}$ 和λ_{2i}。为了避免直接计算方程（4.12）的根，我们运用双线性变换把 $z=\dfrac{s+1}{s-1}$ 代入方程（4.12），可得：

$$
T^2(\alpha-\mu_i)s^2+(2\alpha\beta-2\beta\mu_i+T\mu_i-T\alpha)Ts+4-2T\alpha\beta+2T\beta\mu_i=0 \tag{4.13}
$$

由于双线性变换是从 z 复平面单位圆内的点到 s 复平面左半开平面的一一映射。显然，方程（4.12）的所有根在单位圆内，当且仅当方程（4.13）的根在左半开平面。

首先，我们讨论控制律（4.5）在无向拓扑下的一致性，给出关于参数α，β和 T 的充分条件。注意到，在无向拓扑下矩阵$\mathcal{L}$是实矩阵，因此方程（4.13）的左边是一个实系数多项式。

引理 4.1. 假设在拓扑$\mathcal{G}$下领导结点和所有跟随结点之间有路径。矩阵 $\tilde{A}$ 的特征值位于单位圆内，当且仅当协议参数α，β和T的值满足：

$$
\mathcal{F}(\alpha,\beta,T)=\left\{(\alpha,\beta,T)\middle|\ \alpha>\max_i\{\mu_i\}\text{和}\ 0<T<\min_i\left\{2\beta,\frac{2}{\beta(\alpha-\mu_i)}\right\}\right\} \tag{4.14}
$$

证明：显然存在正数α使得$\alpha>\max\limits_i\{\mu_i\}$成立，这表明$\dfrac{2}{\beta(\alpha-\mu_i)}>0$。因此集合$\mathcal{F}(\alpha,\beta,T)$非空。

根据上面的分析，我们可知方程（4.12）的所有根在单位圆内，当且仅当方程（4.13）的根在左半开平面。显然有$\alpha\neq\mu_i$。我们定义方程（4.13）的根为 s_1 和 s_2，由方程（4.13）可得：

$$
s_1+s_2=\frac{2\alpha\beta-2\beta\mu_i+T\mu_i-T\alpha}{T(\mu_i-\alpha)}=\frac{T-2\beta}{T} \tag{4.15}
$$

$$
s_1s_2=\frac{4-2T\alpha\beta+2T\beta\mu_i}{T^2(\alpha-\mu_i)} \tag{4.16}
$$

根据二次多项式根与系数的关系可知，s_1 和 s_2 具有负实部当且仅当有 $s_1+s_2=\frac{T-2\beta}{T}<0$ 和 $s_1s_2=\frac{4-2T\alpha\beta+2T\beta\mu_i}{T^2(\alpha-\mu_i)}>0$ 成立。因此，我们考虑这两种情况。

当$\alpha>\mu_i$时，可得：

$$\begin{cases}2\alpha\beta-2\beta\mu_i+T\mu_i-T\alpha>0\\4-2T\alpha\beta+2T\beta\mu_i>0\end{cases}\Rightarrow T<\min\left\{2\beta,\frac{2}{\beta(\alpha-\mu_i)}\right\}. \tag{4.17}$$

当$\alpha<\mu_i$时，可得：

$$\begin{cases}2\alpha\beta-2\beta\mu_i+T\mu_i-T\alpha<0\\4-2T\alpha\beta+2T\beta\mu_i<0\end{cases}\Rightarrow\begin{cases}T<2\beta\\T<\dfrac{2}{\beta(\alpha-\mu_i)}<0\end{cases}\Rightarrow T=\varnothing. \tag{4.18}$$

综上所述，方程（4.12）的所有根在单位圆内，当且仅当方协议参数α，β和 T 的值属于集合 $\mathcal{F}(\alpha,\beta,T)$（见（4.14））。证毕。

下面，我们运用引理 4.1，得出在无向拓扑下的主要结论。

定理 4.1. 假设领导节点的控制输入 $v_0[k]$满足$|v_0[k]|\leqslant\bar{r}$，$\frac{|v_0[k]-v_0[k-1]|}{T}\leqslant\bar{s}$（即 $v_0[k]$和 $v_0[k]$的变化率有界）且在拓扑 $\bar{\mathcal{G}}$ 中领导结点和所有跟随结点之间有路径。若参数α，β和 T 满足（4.14），在控制律（4.5）作用下，系统（4.4）的 n 个跟踪结点（跟随节点）的最大跟踪误差是最终一致有界的，且上界为 $Ta\|(I_{2n}-\tilde{A})^{-1}\|_\infty$，其中，

$$a=\max\left\{\frac{1}{2}T\bar{s}+2\bar{r},2\bar{s}\right\}. \tag{4.19}$$

证明：由式（4.10）可得：

$$\begin{aligned}\|Y[k]\|_\infty&\leqslant\left\|\tilde{A}^kY[0]\right\|_\infty+\left\|\sum_{i=1}^{k}\tilde{A}^{k-i}\tilde{B}X^r[i-1]\right\|_\infty\\&\leqslant\left\|\tilde{A}^k\right\|_\infty\|Y[0]\|_\infty+Ta\left\|\sum_{i=0}^{k-1}\tilde{A}^i\right\|_\infty\|\tilde{B}\|_\infty\end{aligned} \tag{4.20}$$

对任意的 i，有$|v_0[k]|\leqslant\bar{r}$，$\frac{|v_0[k]-v_0[k-1]|}{T}\leqslant\bar{s}$ 和$\left|\int_{(i-1)T}^{iT}v_0(t)\mathrm{d}t\right|\leqslant T\bar{r}$ 成立，于

是我们有下面的事实：

$$\begin{aligned}\|X^r[i]\|_\infty &= \left\|\begin{bmatrix}\left[\frac{1}{2}T(v_0[i]-v_0[i-1])-(r_0[i+1]-r_0[i])+Tv_0[i]\right]\mathbf{1}_n\\ [(2v_0[i]-v_0[i-1]-v_0[i+1])]\mathbf{1}_n\end{bmatrix}\right\|_\infty\\ &= \left\|\begin{bmatrix}\left[\frac{1}{2}T\left(v_0[i]-v_0[i-1]\right)-\int_{iT}^{(i+1)T}v_0(t)\mathrm{d}t+Tv_0[i]\right]\mathbf{1}_n\\ [(2v_0[i]-v_0[i-1]-v_0[i+1])]\mathbf{1}_n\end{bmatrix}\right\|_\infty \\ &\leqslant T\max\left\{\frac{1}{2}T\overline{s}+2\overline{r},2\overline{s}\right\}=Ta,\end{aligned} \tag{4.21}$$

根据引理 4.1 可知，矩阵$\tilde{A}$的所有特征值位于单位圆内当且仅当参数α,β和T满足（4.14）。由引理 1.18 可知，存在某一矩阵范数$|||\cdot|||$使得$|||\tilde{A}|||<1$成立。因此，有$\lim_{k\to\infty}\tilde{A}^k=0_{2n\times 2n}$成立。又由引理 1.19 可知，矩阵$(I_{2n}-\tilde{A})^{-1}$是可逆的且有$(I_{2n}-\tilde{A})^{-1}=\sum_{i=0}^{\infty}\tilde{A}^i$，这表明$\lim_{k\to\infty}\|\sum_{i=0}^{k-1}\tilde{A}^i\|_\infty=\|(I_{2n}-\tilde{A})^{-1}\|_\infty$。显然有$\|\tilde{B}\|_\infty=1$。因此，我们可知$\|Y[k]\|_\infty$最终一致有界，且上界为$Ta\|(I_{2n}-\tilde{A})^{-1}\|_\infty$。又$\|Y[k]\|_\infty$是所有跟随结点的最大跟踪误差，随着采样周期趋于无穷小，可知系统最终趋于一致。证毕。

注 4.2.（1）由定理 4.1 可知，在控制律（4.5）作用下的跟踪误差的上界与采样周期成比例的。当领导结点的速度和速度变化率有界且参数满足适当的条件时，随着$T\to\infty$，跟踪误差的上界最终趋于 0。（2）根据文献［177］，假设我选取$v_0[k]=\cos(kT)+kT$（即速度变化率有界），那么，由领导结点的动态可得：

$$|r_0[k]-r_0[k-1]|=\left|\int_{(k-1)T}^{kT}v_0(t)\mathrm{d}t\right|\leqslant\int_{(k-1)T}^{kT}(1+t)\,\mathrm{d}t=\frac{1}{2}T[2+(2k-1)T] \tag{4.22}$$

因此，当$k\to\infty$时，有$|r_0[k]-r_0[k-1]|\to\infty$成立。由式（4.21）可知$\|X^r[i]\|_\infty$无界。故我们必须选取领导结点的速度和速度变化率有界以保证$\|X^r[i]\|_\infty$有界。

下面，我们讨论控制律（4.5）在有向拓扑下的一致性，给出关于参数α，β和T的充分条件。注意到，在有向拓扑下矩阵L可能有复特征值，因此这种情形的一致性分析更具有挑战性。

引理 4.2. 假设在拓扑 $\bar{\mathcal{G}}$ 下领导结点到任何跟随结点之间都有一条有向路径。存在这样的协议参数 α, β 和 T 的值满足如下两个条件：

（1）当 $\mathrm{Im}(\mu_i)=0$ 时，$(\alpha, \beta, T)\in \mathcal{F}$，其中 $\mathcal{F}$ 定义见（4.14）；

（2）当 $\mathrm{Im}(\mu_i)\neq 0$ 时，$(\alpha, \beta, T)\in \mathbf{F}=\{(\alpha, \beta, T)|T<2\beta, B_i<0\}$，其中，

$$B_i=\frac{16\,\mathrm{Im}(\mu_i)^2}{T^4\theta^2}+\frac{2[T\theta\beta-2(\alpha-\mathrm{Re}(\mu_i))](T-2\beta)^2}{T^4\theta} \tag{4.23}$$

$$\theta=[(\alpha-\mathrm{Re}(\mu_i))^2+\mathrm{Im}(\mu_i)^2] \tag{4.24}$$

那么矩阵 $\tilde{A}$ 的特征值位于单位圆内当且仅当参数满足上述两个条件。

证明： 首先，当 $\mathrm{Im}(\mu_i)=0$ 时，即 μ_i 是实数，同样地，由引理 4.1 中的证明方法可知，矩阵 $\tilde{A}$ 的特征值位于单位圆内当且仅当参数满足条件 1。

下面，我们考虑 $\mathrm{Im}(\mu_i)\neq 0$ 的情形。显然存在参数 a，β 和 T 使得 $\mathbf{F}$ 非空。现在，我们令 s_1 和 s_2 为方程（4.13）的两个根，由根与系数的关系可得：

$$s_1+s_2=\frac{T-2\beta}{T}, \tag{4.25}$$

$$s_1s_2=-\frac{2\beta}{T}+\frac{4}{T^2(\alpha-\mu_i)}。 \tag{4.26}$$

注意式（4.25）表示 $\mathrm{Im}(s_1)+\mathrm{Im}(s_2)=0$，我们定义 $s_1=a_1+\imath b$ 和 $s_2=a_2-\imath b$。可知 s_1 和 s_2 有负实部当且仅当有 $a_1+a_2<0$ 和 $a_1a_2>0$ 成立。又 $a_1+a_2<0$ 等价于 $T<2\beta$。

下面我们证明使 $a_1a_2>0$ 成立的关于参数 α, β 和 T 的条件。把 s_1 和 s_2 代入式（4.26）得到 $a_1a_2+b^2+\imath(a_2-a_1)b=-\dfrac{2\beta}{T}+\dfrac{4}{T^2(\alpha-\mu_i)}$，这表明：

$$a_1a_2+b^2=-\frac{2\beta}{T}+\frac{4(\alpha-\mathrm{Re}(\mu_i))}{T^2\theta} \tag{4.27}$$

$$(a_2-a_1)b=\frac{4\,\mathrm{Im}(\mu_i)}{T^2\theta} \tag{4.28}$$

其中 $\theta>0$（定义见（4.24））。由式（4.28）可得 $b=\dfrac{4\,\mathrm{Im}(\mu_i)}{T^2\theta(a_2-a_1)}$。根据恒等式 $(a_2-a_1)^2=(a_2+a_1)^2-4a_1a_2=\dfrac{(T-2\beta)^2}{T^2}-4a_1a_2$。经过一些处理，式(4.27)可

写为：

$$4(a_1a_2)^2+A_ia_1a_2-B_i=0, \tag{4.29}$$

其中 $A_i=\frac{8[T\theta\beta-2(\alpha-\operatorname{Re}(\mu_i))]}{T^2\theta}-\frac{(T-2\beta)^2}{T^2}$，且 B_i 的定义见（4.23）. 又由于

$A_i^2+16B_i=\left[\frac{8[T\theta\beta-2(\alpha-\operatorname{Re}(\mu_i))]}{T^2\theta}+\frac{(T-2\beta)^2}{T^2}\right]^2+\frac{256\operatorname{Im}(\mu_i)^2}{T^4\theta^2}\geqslant 0$，这表明方程（4.29）有两个实根。因此，$a_1a_2>0$ 的充分必要条件是 $A_i<0$ 和 $B_i<0$。

由于 $\frac{16\operatorname{Im}(\mu_i)^2}{T^4\theta^2}>0$，所以，如果 $B_i<0$，那么有$[T\theta\beta-2(\alpha-\operatorname{Re}(\mu_i))]<0$ 成立，这表明 $A_i<0$ 也成立。结合前面的讨论，证明了引理 4.2。证毕。

下面，我们运用引理 4.2，得出在有向拓扑下的主要结论。

定理 4.2. 假设领导节点的控制输入 $v_0[k]$满足$|v_0[k]|\leqslant r$-$\frac{|v_0[k]-v_0[k-1]|}{T}\leqslant\bar{s}$，（即 $v_0[k]\leqslant$和 $v_0[k]$的变化率有界）且在拓扑 $\bar{\mathcal{G}}$ 中领导结点和任何跟随结点之间都有向路径。若参数α，β和 T 满足引理 4.2 中的条件，在控制律（4.5）作用下，系统（4.4）的 n 个跟随结点的最大跟踪误差是最终一致有界的，且上界为 $Ta\|(I_{2n}-\tilde{A})^{-1}\|_\infty$，其中 a 的定义见（4.19）。

证明： 定理 4.2 的证明和定理 4.1 的证明方法类似，故此处证明省略。

四、数值仿真

本节，通过两个实例来验证控制律（4.5）在无向和有向拓扑下使系统（4.4）达到一致性的有效性。

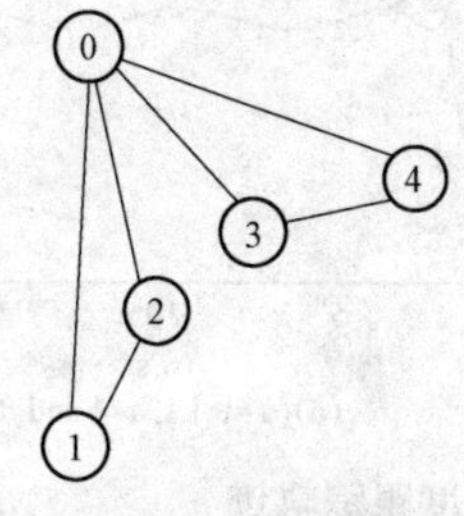

图 4-1　无向拓扑图 $\bar{\mathcal{G}}$

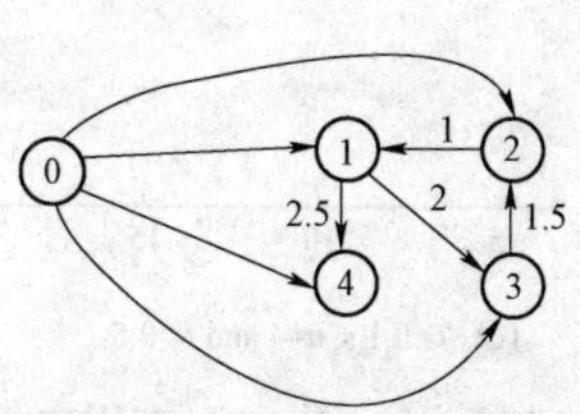

图 4-2　有向拓扑图 $\bar{\mathcal{G}}$

首先，我们考虑这样的领导者-跟随者多智能体系统，其具有 4 个跟随结点和 1 个领导结点，它们的无向拓扑图见图 4-1。由图 4-1 可知，所有跟随结点都能获得领导结点的信息。当跟随结点 j 是结点 i 的邻居结点时，我们定义 $a_{ij}=1(i\neq j)$，否则 $a_{ij}=0$，且 $a_{ii}=0$。对于控制律（4.5），我们取初始值为 $r_1[0]=v_1[0]=4$，$r_2[0]=v_2[0]=2$，$r_3[0]=v_3[0]=-2$ 和 $r_4[0]=v_4[0]=-4$，我们也令 $r_0[0]=0$ 和 $v_0[-1]=0$。选取领导结点的速度动态为 $v_0[k]=\cos(kT)$。

当参数取值 $T=0.1s$，$\beta=0.5$ 和 $\alpha=4$ 时，图 4-3 表示了系统（4.4）在控制律（4.5）下跟随结点的位置 r_i，速度 v_i，位置跟踪误差 r_i-r_0 和速度跟踪误差 v_i-v_0 的轨迹。从图 4-3（b）和图 4-3（d）可以看出系统的跟踪误差比较大。当参数取值 $T=0.05s$，$\beta=0.5$ 和 $\alpha=16$ 时，图 4-4 表示了系统（4.4）在

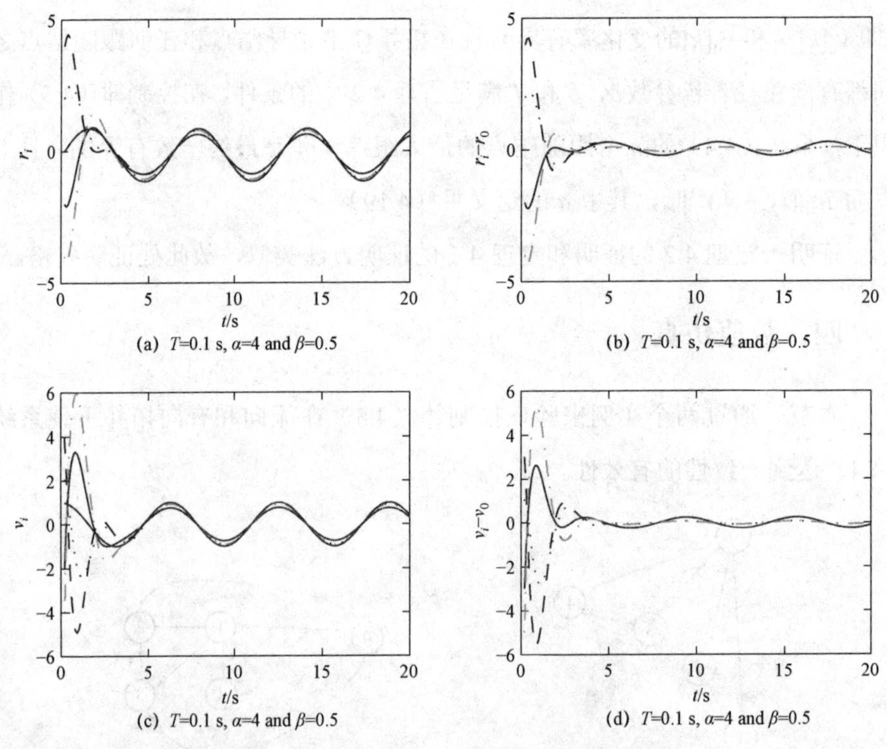

图 4-3　在无向拓扑下位置和速度跟踪轨迹

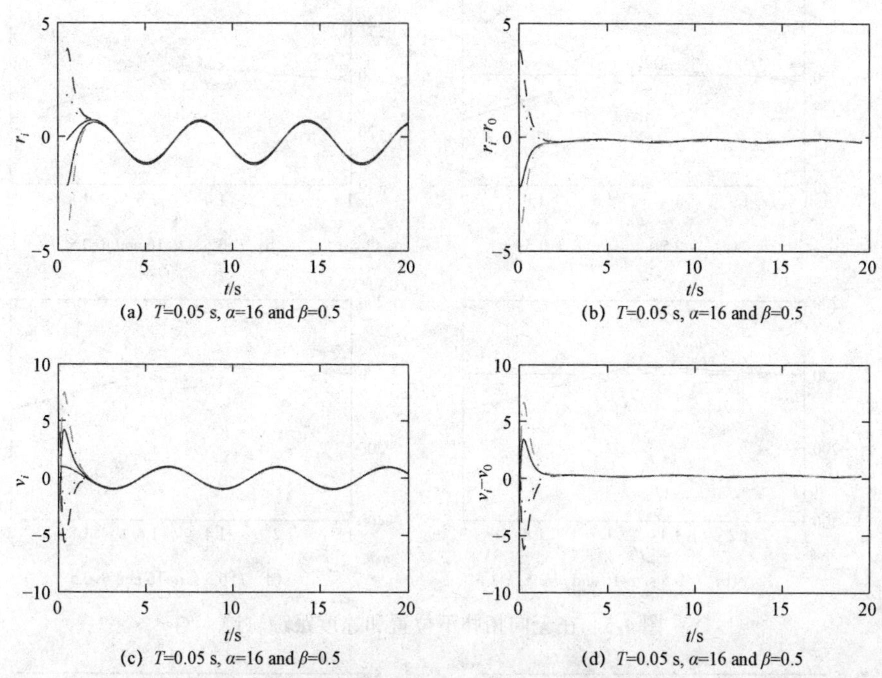

图 4-4 在无向拓扑下位置和速度跟踪轨迹

控制律（4.5）下跟随结点的位置 r_i，速度 v_i，位置跟踪误差 r_i-r_0 和速度跟踪误差 v_i-v_0 的轨迹。从图 4-4（b）和图 4-4（d）可以看出系统的跟踪误差相当小了。我们可以看出，当系统的采样周期趋于无穷小，则系统的跟踪误差趋于无穷小。当参数取值 $T=0.5s$，$\beta=0.5$ 和 $\alpha=16$ 时，图 4-5 表示了系统（4.4）在控制律（4.5）下跟随结点的位置 r_i，速度 v_i，位置跟踪误差 r_i-r_0 和速度跟踪误差 v_i-v_0 的轨迹。由于 $T=0.5s$ 不属于集合 $\mathcal{F}$，从图 4-5 中可以看出系统的跟踪误差趋于无界。轨迹图 4-3～图 4-5 反映的结果与定理 4.1 的结论相一致。

下面，我们考虑控制律（4.5）在有向拓扑下使系统（4.4）达到一致的有效性。有向拓扑见图 4-2 同样地，轨迹图 4-6～图 4-8 反映的结果与定理 4.2 的结论相一致。

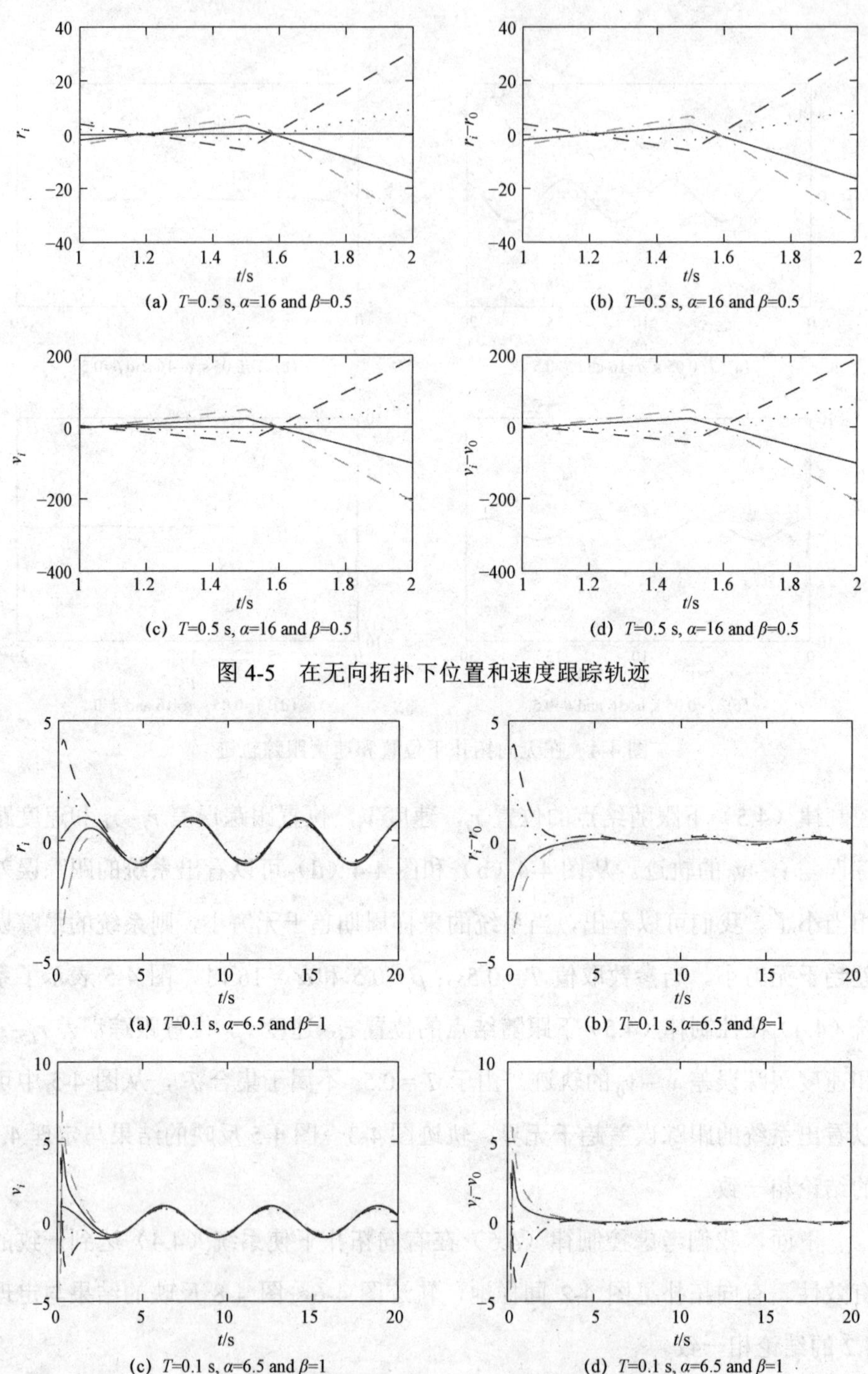

(a) T=0.5 s, α=16 and β=0.5　(b) T=0.5 s, α=16 and β=0.5

(c) T=0.5 s, α=16 and β=0.5　(d) T=0.5 s, α=16 and β=0.5

图 4-5　在无向拓扑下位置和速度跟踪轨迹

(a) T=0.1 s, α=6.5 and β=1　(b) T=0.1 s, α=6.5 and β=1

(c) T=0.1 s, α=6.5 and β=1　(d) T=0.1 s, α=6.5 and β=1

图 4-6　在有向拓扑下位置和速度跟踪轨迹

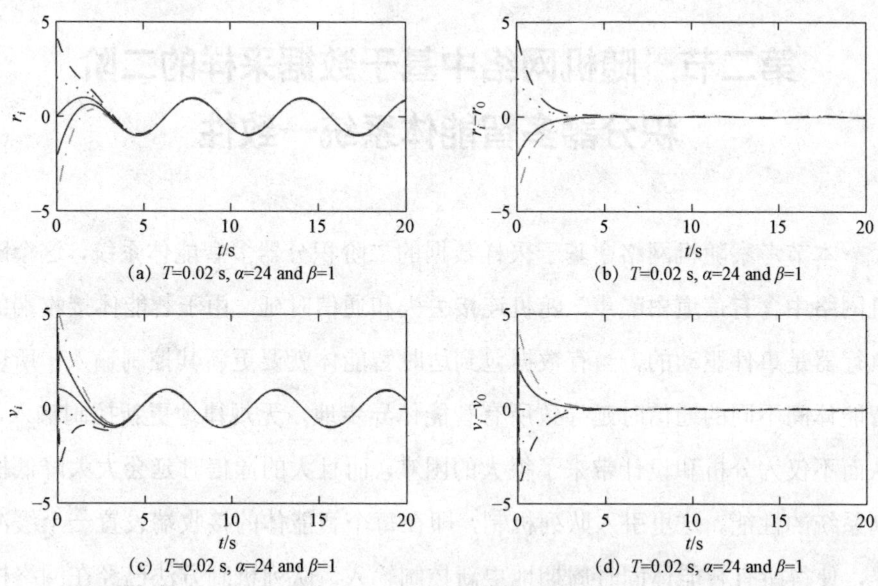

图 4-7 在无向拓扑下位置和速度跟踪轨迹

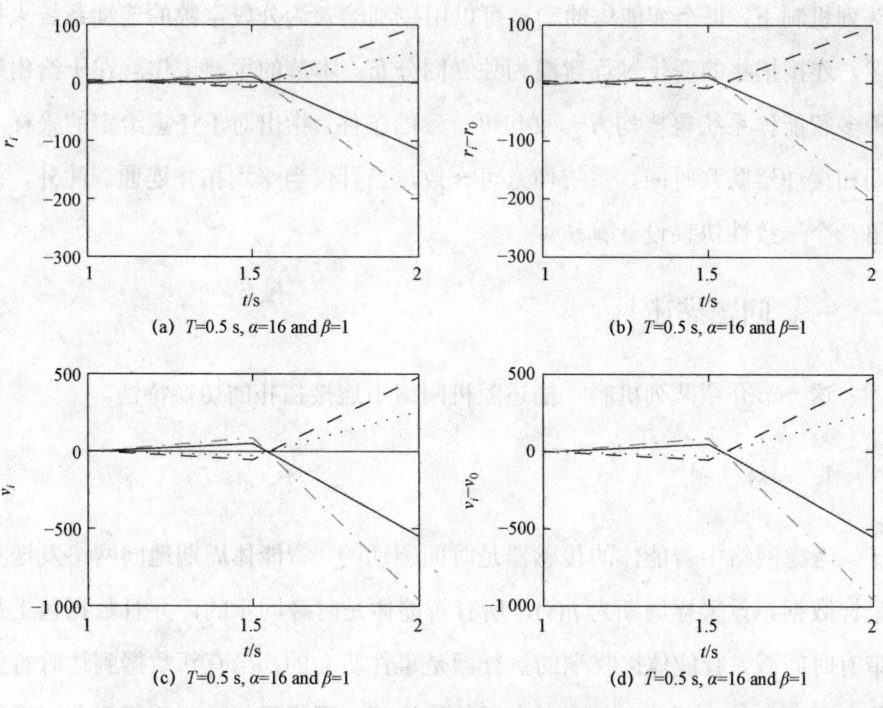

图 4-8 在无向拓扑下位置和速度跟踪轨迹

第二节　随机网络中基于数据采样的二阶积分器多智能体系统一致性

本节考察随机网络中基于采样数据的二阶积分器多智能体系统，这个随机网络中含有信道白噪声、随机连接丢失和通信时延。由于智能体接收端的执行器是事件驱动的，当有数据包到达时智能体就要更新其控制输入，所以智能体间不同的通信时延导致所有智能体异步地，无规律地更新控制输入，从而不仅为分析和设计带来了很大的困难，而且大的通信时延会大大降低控制系统的性能。这里引入队列机制，即在每个智能体的接收端设置一个缓冲器，使得所有智能体同时周期地更新控制输入。队列机制方法已经在网络控制系统中应用得比较多[175,176]，但在多智能体系统的研究中还没有提及。在队列机制下，每个智能体的动态可以用控制输入为分段常数的连续系统来描述，连接拓扑的变化过程建模为独立同分布。本节的主要工作就在于给出这种多智能体系统鲁棒均方一致和可一致的条件，指出对于任意给定的采样周期和缓冲器队列时间，系统均方可一致，当且仅当平均拓扑连通。此外，提出一个一致性协议设计算法。

一、问题描述

这一节介绍队列机制，描述随机网络中连接拓扑的切换特性。

1. 队列机制

考虑网络中智能体的传感器是时间驱动的，智能体周期地向网络发送其采样数据。设采样周期为 $h(s)$，所有智能体是时钟同步的，并且数据包上都带有时间戳。智能体接收端的执行器是事件驱动的，当有新数据到达时智能体立即更新其控制输入。在很多通信协议下，网络通信时延不可避免。智能体间不同的时变的通信时延使得所有智能体异步地、无规律地更新控制输入。为了克服这个问题，引入队列机制。

在每个智能体的接收端设置一个缓冲器，选择一个合适的缓冲器等待时间（或队列等待时间）τ，τ满足 $T_{\min}<\tau<h$，$T_{\min}$ 是最小通信时延（这里假设最小通信时延小于采样周期）。对 $k\geqslant 0$，如果在［$kh, kh+\tau$］内有数据包到达，比较接收到的数据包的时间戳：若到达的数据包是在第 k 个采样时刻发送的，则进入队列；若到达的数据包是过时的，也就是说是前面采样时刻发送的，则做丢弃处理。在 $kh+\tau$时刻，缓冲器释放其中的数据，用于更新智能体的控制输入。对于在$(kh+\tau, (k+1)h)$内到达的数据包就被视为是过时的，做丢弃处理。

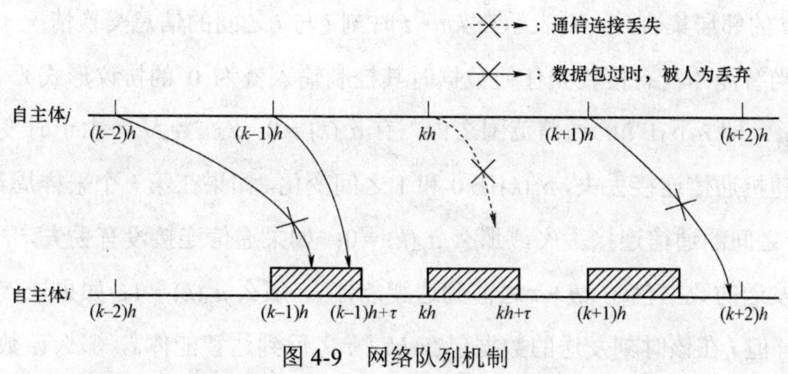

图 4-9 网络队列机制

如图 4-9 所示，智能体 i 在$[(k-1)h,(k-1)h+\tau]$内接收到来自 j 的两个数据包，其中一个是当前采样时刻的数据，放入缓冲器中，而另一个是前一采样时刻的，是过时的数据，所以要丢掉；在第 k 个采样时刻，智能体 j 到 i 的通信连接丢失，从而该时刻 j 的数据无法被 i 所用；智能体 i 在$((k+1)h+\tau, (k+2)h)$内接收到的数据包都视为过时的，做丢弃处理。由于网络传输本身存在连接丢失，而采用队列机制之后又人为地丢了一部分“过时”的数据包，所以智能体间的连接是变化的。

2. 拓扑描述

首先假设通信网络有如下性质。

假设 4.1. 通信网络是双向的。两个智能体之间彼此的通信情况近似对称，而且不同智能体之间的通信是相互独立的（即信道相互独立）。由网络物理层连接丢失、传输错误等引起的通信连接变化过程服从 0～1Bernoulli 分布。如果智能体间的通信连接没有丢失，那么其通信时延的变化是独立同分布的，而且时延的分布与通信连接的变化过程无关。这里最小通信时延为 0。

设给定一个双向的通信拓扑 $\mathcal{G}=(\mathcal{V},\mathcal{E},\mathcal{A})$，以确定智能体之间的通信范围。给定采样周期 h 和缓冲器队列时间 τ，$0<\tau<h$。用 $\mathcal{N}_i$ 表示拓扑 $\mathcal{G}$ 中智能体 i 的邻居集合，$a_{ij}(k)$ 表示在 $kh+\tau$ 时刻 i 与 j 之间的信息交换情况（这里考虑当智能体没有接收到任何数据时其控制输入就为 0 的协议形式）。则对 $j\in\mathcal{N}_i$，即 j 不在 i 的通信范围之内，有 $a_{ij}(k)=0$；对 $j\in\mathcal{N}_i$，由于时变的时延和随机通信连接丢失，$a_{ij}(k)$ 在 0 和 1 之间变化。如果在第 k 个采样周期内，i 与 j 之间的通信连接丢失，那么 $a_{ij}(k)=0$；如果通信连接没有丢失，j 在该时刻发送的数据包在 $kh+\tau$ 之前到达智能体 i，那么 $a_{ij}(k)=1$；如果连接没有丢失，但 j 在该时刻发送的数据包在 $kh+\tau$ 之后到达智能体 i，那么该数据包是过时的信息，从而由队列机制得到 $a_{ij}(k)=0$。

由假设 4.1，对 $j\in\mathcal{N}_i$，$\{a_{ij}(k), k\geqslant 0\}$ 服从 0～1Bernoulli 分布。根据队列机制，$a_{ij}(k)=1$ 的概率应该等于 i 与 j 之间的通信连接存在的概率乘以通信时延小于等于队列时间的概率。用 $d_{ij}(k)$ 表示当 i 与 j 之间的通信连接存在时，j 在第 k 个采样时刻发送的数据包到达 i 时的通信诱导时延，$\beta_{ij}=\Pr(0\leqslant d_{ij}(k)\leqslant\tau)$ 表示该时延小于等于队列时间的概率，α_{ij} 表示 i 与 j 之间通信连接丢失的概率，$p_{ij}=\Pr(a_{ij}(k)=1)$，则有 $p_{ij}=(1-\alpha_{ij})\beta_{ij}$。对 $j\in\mathcal{N}_i$，$p_{ij}=0$。

注 4.3. 在假设 4.1 中，因为假设网络的最小通信时延为 0，所以对任意 $\tau>0$ 都有 $\beta_{ij}>0$。网络中通信时延的变化过程有时候可以建模为均匀分布，有时候也可以建模为正态分布。在这两种分布下，对于任意$\tau>0$都有$\beta_{ij}>0$。

由网络假设 4.1，智能体间交换信息形成的连接拓扑是无向的，而且其变化过程服从独立同分布。用 N 表示所有可能的连接拓扑的总数，则$N=2^{\sum_{i=1}^{n}|\mathcal{N}_i|/2}$，其中$|\mathcal{N}_i|$表示$\mathcal{N}_i$中节点的个数。用$\{\mathcal{G}_1,\cdots,\mathcal{G}_N\}$表示连接拓扑集合，$s:\mathbb{Z}^{\geqslant 0}\to\{1,2,\cdots,N\}$表示连接拓扑的变化过程，$\pi_i$ 表示拓扑$\mathcal{G}_i$的发生概率，则，

$$\pi_i=\prod_{j<l}((1-\delta(a_{jl}^i))p_{ij}+\delta(a_{jl}^i)(1-p_{ij})), \tag{4.30}$$

其中a_{jl}^i表示拓扑$\mathcal{G}_i$的邻接矩阵中对应的元素；函数$\delta(x)$满足：当$x=0$时，$\delta(x)=1$；否则$\delta(x)=0$。

3. 智能体动态描述

考虑具有连续时间二阶积分器动态的智能体

$$\begin{cases}\dot{x}_i=v_i\\ \dot{v}_i=u_i\end{cases} \tag{4.31}$$

为分析方便，这里假设一维空间内的运动，即$x_i\in\mathbb{R},v_i\in\mathbb{R}$分别表示智能体$i$的位置和速度。智能体的位置信息和速度信息打成一个数据包一起传送。

由于通信信道中噪声不可避免，智能体接收到的邻居信息都是含有噪声的。设$\xi_i=[x_i,v_i]^T$，则在t时刻智能体i接收到的j的信息可以表示为：

$$\xi_{ij}(t)=\xi_j(t)+\omega_{ij}(t)$$

其中$\omega_{ij}(t)$为通信白噪声，满足$E(\omega_{ij}(t))=0,E(\omega_{ij}^T(t)\omega_{ij}(t))\leqslant\Delta_{ij}$。

这里采用基于状态反馈的线性一致性协议考虑具有连续时间二阶积分器动态的智能体

$$u_i(t)=\sum_{j\in\mathcal{N}_i(t)}K(\xi_{ij}(t)-\xi_i(t)) \tag{4.32}$$

其中$K=[k_1k_2],k_1>0,k_2>0$是需要设计的协议参数。

在队列机制下，智能体在$kh+\tau$时刻利用自身和接收到的邻居在k时刻

的采样数据更新其控制器输入，所以智能体的动态可以用带有分段常数输入的连续时间系统来刻画：

$$\begin{cases}\dot{\xi}_i(t)=A\xi_i(t)+Bu_i((k-1)h+\tau) & t\in[kh,kh+\tau)\\ \dot{\xi}_i(t)=A\xi_i(t)+Bu_i(kh+\tau) & t\in[kh+\tau,(k+1)h)\end{cases}$$
$$u_i(kh+\tau)=\sum_{j=1}^{n}a_{ij}(k)K(\xi_j(kh)-\xi_i(kh)+\omega_{ij}(kh)) \tag{4.33}$$

其中，

$$A=\begin{bmatrix}0 & 1\\ 0 & 0\end{bmatrix}, B=\begin{bmatrix}0\\ 1\end{bmatrix}.$$

本节的主要工作就是讨论多智能体系统（4.33）中采样周期和队列时间是否可以任意选取，并在给定采样周期和队列时间的前提下研究系统（4.33）的鲁棒一致性条件、可一致条件，以及协议设计。

二、主要结论

由于通信噪声的存在，系统无法均方收敛到一致，这里讨论鲁棒一致性。

定义 4.1. 如果存在满足 $\lim_{\Delta\to 0}c(\Delta)=0$，$\lim_{\Delta\to 0}d(\Delta)=0$ 的单调递增连续函数 $c(\cdot)$，$d(\cdot)$，对 $\forall i\neq j$ 和任意的智能体初始位置和初始速度有

$$\lim_{t\to\infty}E(\|x_i(t)-x_j(t)\|^2)\leqslant c(\Delta),\lim_{t\to\infty}E(\|v_i(t)-v_j(t)\|^2)\leqslant d(\Delta),$$

那么称多智能体系统（4.31）在线性协议（4.32）下对噪声是鲁棒均方一致的，其中

$$\Delta=\max_{i,j}\{\Delta_{ij}\}.$$

当 $\Delta=0$ 时，即对于不含通信噪声的情形，称系统均方达到一致。

1. 鲁棒均方一致条件

如果存在单调递增函数 $c(\cdot)$，$d(\cdot)$使得对 $i=2,\cdots,n$，有：

$$\lim_{t\to\infty}E(\|x_i(t)-x_1(t)\|^2)\leqslant c(\Delta),\lim_{t\to\infty}E(\|v_i(t)-v_1(t)\|^2)\leqslant d(\Delta),$$

那么由定义 4.1 知道，多智能体系统（4.31）～（4.32）是鲁棒均方一致的。为了方便分析，对系统进行降价处理。令 $z_i = \xi_i - \xi_1$，则多智能体系统的一致性问题可以通过讨论关于状态 z_i 的系统的稳定性问题来解决。

在通信网络中，智能体具有混杂动态。为便于分析，对系统（4.4）进行离散化得到：

$$\begin{aligned}\xi_i((k+1)h+\tau) &= \mathrm{e}^{Ah}\xi_i(kh+\tau)\\&\quad+\int_0^h \mathrm{e}^{As}B\mathrm{d}sK\sum_{j=1}^{n}a_{ij}(k)(\xi_j(kh)-\xi_i(kh)+\omega_{ij}(kh))\\\xi_i((k+1)h) &= \mathrm{e}^{A(h-\tau)}\xi_i(kh+\tau)\\&\quad+\int_0^{h-\tau}\mathrm{e}^{As}B\mathrm{d}sK\sum_{j=1}^{n}a_{ij}(k)(\xi_j(kh)-\xi_i(kh)+\omega_{ij}(kh))\end{aligned}$$

令 $\Phi(h)=\mathrm{e}^{Ah},\Gamma(h)=\int_0^h \mathrm{e}^{As}\mathrm{d}s,\omega_i(kh)=\sum_{j=1}^{n}a_{ij}(k)\,\omega_{ij}(kh)$，所以：

$$\begin{aligned}z_i((k+1)h+\tau) &= \Phi(h)z_i(kh+\tau)\\&\quad+\Gamma(h)BK\left(\sum_{j=1}^{n}a_{ij}(k)(z_j(kh)-z_i(kh))-\sum_{j=1}^{n}a_{1j}(k)z_j(kh)\right)\\&\quad+\Gamma(h)BK(\omega_i(kh)-\omega_1(kh)),\\z_i((k+1)h) &= \Phi(h-\tau)z_i(kh+\tau)\\&\quad+\Gamma(h-\tau)BK\left(\sum_{j=1}^{n}a_{ij}(k)(z_j(kh)-z_i(kh))-\sum_{j=1}^{n}a_{1j}(k)z_j(kh)\right)\\&\quad+\Gamma(h-\tau)BK(\omega_i(kh)-\omega_1(kh))\end{aligned}$$

增广状态向量取 $z(t)=[z_2^T(t),\cdots,z_n^T(t)]^T,\bar{z}(k)=(z^T(kh+\tau),z^T(kh))^T$，得到离散时间降价系统：

$$\bar{z}(k+1)=F_{s(k)}\bar{z}(k)+D\tilde{\omega}(k) \tag{4.34}$$

其中，

$$F_{s(k)}=\begin{bmatrix}I_{n-1}\otimes\Phi(h) & -\tilde{L}_{s(k)}\otimes\Gamma(h)BK\\ I_{n-1}\otimes\Phi(h-\tau) & -\tilde{L}_{s(k)}\otimes\Gamma(h-\tau)BK\end{bmatrix},$$

$$D=\begin{bmatrix}I_{n-1}\otimes\Gamma(h)BK\\ I_{n-1}\otimes\Gamma(h-\tau)BK\end{bmatrix},$$

$\tilde{L}_{s(k)}$ 是在$[kh+\tau, (k+1)h+\tau)$内连接拓扑对应的降价 Laplacian 矩阵，连接拓扑 $\mathcal{G}_i$ 对应的降阶 Laplacian 矩阵即为 $\tilde{L}_i$, $\tilde{\omega}(k)$ 定义为：

$$\tilde{\omega}(k)=[\omega_2^T(kh)-\omega_1^T(kh),\cdots,\omega_n^T(kh)-\omega_1^T(kh)]^T。$$

在随机网络下，系统（4.34）是一个 Bernoulli 切换系统。

定理 4.3. 在随机网络中，多智能体系统（4.31）在线性协议（4.32）下鲁棒均方一致（含有通信白噪声的情形）或均方收敛到一致（没有通信噪声的情形），当且仅当矩阵 Ξ 的谱半径小于 1，其中 $\Xi=\sum_{i=1}^{N}\pi_i F_i\otimes F_i$。

证明： 令 $\zeta(k)=E(\bar{z}(k)\otimes\bar{z}(k))$。由于 $E(\|\bar{z}(k)\|^2)\leqslant\|\zeta(k)\|_1\leqslant 4(n-1)E(\|\bar{z}(k)\|^2)$，所以可以通过分析 $\zeta(k)$来讨论系统（4.34）的鲁棒均方稳定条件。由系统（4.34）容易得到：

$$\zeta(k+1)=\left(\sum_{i=1}^{N}\pi_i F_i\otimes F_i\right)\zeta(k)+(D\otimes D)E(\tilde{\omega}(k)\otimes\tilde{\omega}(k)) \tag{4.35}$$

（必要性）如果 Ξ 的谱半径大于等于 1，那么由线性系统理论的相关结论知道，系统（4.35）必然不能渐近稳定（没有噪声的情形）或鲁棒稳定（含有白噪声的情形），从而多智能体系统无法均方收敛到一致。

（充分性）如果$\rho(\Xi)<1$，那么存在矩阵范数$\|\cdot\|_p$ 使得$\|\Xi\|_P=\lambda<1$。所以由相容矩阵范数的性质得到

$$\begin{aligned}\|\zeta(k+1)\|_P&\leqslant\|\Xi\|_P\|\zeta(k)\|_P+\|D\otimes D\|_P\|E(\tilde{\omega}(k)\otimes\tilde{\omega}(k))\|_P\\&\leqslant\lambda^{k+1}\|\zeta(0)\|_P+\sum_{i=1}^{k}\lambda^i\bar{\Delta}\end{aligned}$$

其中$\bar{\Delta}=2(n-1)^2\|D\otimes D\|_P(\rho(P))^{1/2}\Delta$。

由于$\lambda<1$，显然 $\lim\limits_{k\to\infty}\|\zeta(k)\|_P\leqslant\bar{\Delta}/(1-\lambda)$ 成立，从而存在一个正常数 M 使得$\lim\limits_{k\to\infty}E(\|\bar{z}(k)\|^2)\leqslant M\Delta$。所以有

$$\lim_{k\to\infty}E(\|\xi_i(kh+\tau)-\xi_j(kh+\tau)\|^2)\leqslant M\Delta,$$

$$\lim_{k\to\infty}E(\|u_i(kh+\tau)\|^2)\leqslant(n-1)(M+1)\|K\|^2\Delta。$$

又因为由系统（4.4），对任意 $t\in(kh+\tau, (k+1)h+\tau)$有

$$\xi_i(t)=e^{A(t-kh-\tau)}\xi_i(kh+\tau)+\int_0^{t-kh-\tau}e^{As}B\mathrm{d}su_i(kh+\tau),$$

所以对任意 $i\neq j$，存在一个正常数 $\bar{M}$ 使得

$$\begin{aligned}E(\|\xi_i(t)-\xi_j(t)\|^2)&\leqslant 2e^{2\|A\|(t-kh-\tau)}E(\|\xi_i(kh+\tau)-\xi_j(kh+\tau)\|^2)\\&\quad+2\|A\|^{-2}\|B\|^2e^{2\|A\|(t-kh-\tau)}E(\|u_i(kh+\tau)-u_j(kh+\tau)\|^2)\\&\leqslant\bar{M}\Delta。\end{aligned}$$

综上所述，当$\rho(\Xi)<1$ 时，如果$\Delta>0$，那么多智能体系统（4.31）～（4.32）鲁棒均方一致；如果$\Delta=0$，多智能体系统（4.31）～（4.32）均方收敛到一致，定理得证。

定理 4.3 给出了一个系统均方一致的判据。如果多智能体系统鲁棒均方一致，那么它必然以概率为 1 渐近收敛到鲁棒一致。定理 4.3 的谱半径条件不要求存在某个矩阵 F_i，F_i 的谱半径小于 1。由此可以推测，使得系统鲁棒均方一致的连接拓扑和协议参数可能分别具备以下特性：第一，即使拓扑集合中所有连接拓扑都不是连通的，二阶积分器系统仍能鲁棒均方一致；第二，对于给定的一致性协议，即使它无法使得在理想网络传输（即没有通信连接丢失和时延）下的系统渐近收敛到一致，但仍有可能使得随机网络下的系统鲁棒均方一致。对于第一个隐含的性质，将在下一小节验证，对于第二个性质，将通过数值仿真来说明。

2. 鲁棒均方可一致条件

这一小节讨论系统可一致性，一方面考察是否可以任意选取二阶积分器多智能体系统的采样周期；另一方面研究在给定采样周期 h 和队列时间 t 时，在什么条件下存在协议参数 k_1，k_2 使得多智能体系统（4.31）在线性协议（4.32）下鲁棒均方一致。由定理 4.3，这里通过考察矩阵 Ξ 的谱半径来讨论鲁棒均方可一致条件。

首先通过一系列初等行列变换，矩阵 F_i 变换为矩阵 M_i，其中，

$$M_i = G - H_i R,$$

$$G=\begin{bmatrix} I_{n-1} & hI_{n-1} & 0 & 0 \\ 0 & I_{n-1} & 0 & 0 \\ I_{n-1} & (h-\tau)I_{n-1} & 0 & 0 \\ 0 & I_{n-1} & 0 & 0 \end{bmatrix},\quad H_i=\begin{bmatrix} 0 & 0 & \dfrac{h^2}{2}\tilde{L}_i & \dfrac{h^2}{2}\tilde{L}_i \\ 0 & 0 & h\tilde{L}_i & h\tilde{L}_i \\ 0 & 0 & \dfrac{(h-\tau)^2}{2}\tilde{L}_i & \dfrac{(h-\tau)^2}{2}\tilde{L}_i \\ 0 & 0 & (h-\tau)\tilde{L}_i & (h-\tau)\tilde{L}_i \end{bmatrix},$$

$$R = \mathrm{diag}\{0,0,k_1 I_{n-1}, k_2 I_{n-1}\}$$

从而矩阵 Ξ 相似于 $\sum_{i=1}^{N}\pi_i M_i \otimes M_i$ 。

如果存在充分小的参数 $k_1>0$，$k_2>0$ 使得 $\rho\left(\sum_{i=1}^{N}\pi_i M_i \otimes M_i\right)<1$，那么由定理 4.3，该系统的均方一致问题可解。为表述方便，这里用$\varepsilon k_1, \varepsilon k_2$表示协议参数的形式，其中$\varepsilon>0$。如果协议参数充分小，那么对应其中$\varepsilon>0$也充分小。相对应的，矩阵 M_i 可以表示为$M_i = G - \varepsilon H_i R$ 。

定理 4.4. 对任意给定的采样周期 h 和队列时间τ，$0<\tau<h$，存在协议参数 $k_1>0$，$k_2>0$ 使得多智能体系统（4.31）在线性协议（4.32）下鲁棒均方一致，当且仅当平均连接拓扑是连通的。

证明：（必要性）由于 $E(\|\bar{z}(k)\|)\geqslant\|E(\bar{z}(k))\|$，所以系统（4.34）均方稳定的必要条件是 $\lim_{k\to\infty}E(\bar{z}(k))=0$ 。对系统（4.34）的状态取期望值，并利用白噪声的零均值特性得到：

$$E(\bar{z}(k+1))=\left(\sum_{i=1}^{N}\pi_i F_i\right)E(\bar{z}(k))。$$

如果$\sum_{i=1}^{N}\pi_i F_i$的谱半径大于等于 1，那么必然存在初始状态使得 $\lim_{k\to\infty}E(\bar{z}(k))\neq 0$，从而系统（4.34）无法鲁棒均方稳定。

假设平均连接拓扑不连通，那么由引理 3.5 得到，矩阵 $\bar{L}=\sum_{i=1}^{N}\pi_i\tilde{L}_i$ 至少有一个零特征值。因为 $\sum_{i=1}^{N}\pi_i F_i$ 相似于矩阵 $\sum_{i=1}^{N}\pi_i(G-\varepsilon H_i R)$，下面说明矩阵

$\sum_{i=1}^{N}\pi_i(G-\varepsilon H_iR)$存在单位特征值。对矩阵$\sum_{i=1}^{N}\pi_i(G-\varepsilon H_iR)$有：

$$\begin{aligned}&\det\left(sI_{4(n-1)}-\sum_{i=1}^{N}\pi_i\left(G-\varepsilon H_iR\right)\right)\\&=\det\left(s^4I_{n-1}-s^3\left(2I_{n-1}-\varepsilon(h-\tau)k_2\bar{L}-\varepsilon\frac{(h-\tau)^2}{2}k_1\bar{L}\right)\right.\\&+s^2\left(I_{n-1}+\varepsilon(2\tau-h)k_2\bar{L}+\varepsilon\frac{h^2+2h\tau-2\tau^2}{2}k_1\bar{L}\right)\\&\left.-s\left(\varepsilon\tau k_2\bar{L}-\varepsilon\frac{\tau^2}{2}k_1\bar{L}\right)\right)\text{。}\end{aligned}$$

设矩阵$\bar{L}$的若当标准形为矩阵J，其对角线元素为$\lambda_1, \cdots, \lambda_{n-1}$，则：

$$\begin{aligned}&\det\left(sI_{4(n-1)}-\sum_{i=1}^{N}\pi_i(G-\varepsilon H_iR)\right)\\&=\det\left(s^4I_{n-1}-s^3\left(2I_{n-1}-\varepsilon(h-\tau)k_2J-\varepsilon\frac{(h-\tau)^2}{2}k_1J\right)\right.\\&+s^2\left(I_{n-1}+\varepsilon(2\tau-h)k_2J+\varepsilon\frac{h^2+2h\tau-2\tau^2}{2}k_1J\right)\\&\left.-s\left(\varepsilon\tau k_2J-\varepsilon\frac{\tau^2}{2}k_1J\right)\right)\\&=\prod_{i=1}^{n-1}s\phi_i(s)\end{aligned}\tag{4.36}$$

其中，

$$\begin{aligned}&\phi_i(s)=s^3-s^2(2-\lambda_i\varepsilon a_1)+s(1+\lambda_i\varepsilon a_2)-\lambda_i\varepsilon a_3,\\&a_1=(h-\tau)k_2+\frac{(h-\tau)^2}{2}k_1,\\&a_2=(2\tau-h)k_2+\frac{h^2+2h\tau-2\tau^2}{2}k_1,\\&a_3=\tau k_2-\frac{\tau^2}{2}k_1\text{。}\end{aligned}$$

显然，如果存在某个$\lambda_i=0$，那么由式（4.36）得到，对任意参数$\varepsilon>0$，$k_1>0$，$k_2>0$，$\sum_{i=1}^{N}\pi_i(G-\varepsilon H_iR)$必然至少有两个1特征值。从而如果平均连

接拓扑不连通，多智能体系统（4.31）～（4.32）无法鲁棒均方收敛到一致，与定理条件矛盾，必要性得证。

（充分性）用摄动原理来证明。设协议参数充分小，即ε是充分小的正数，则$\sum_{i=1}^{N}\pi_i M_i \otimes M_i$分解为：

$$G\otimes G-\varepsilon\left(\sum_{i=1}^{N}\pi_i G\otimes H_i R+\sum_{i=1}^{N}\pi_i H_i R\otimes G\right)+\varepsilon^2\sum_{i=1}^{N}\pi_i H_i R\otimes H_i R。$$

对于足够小的 ε，上式可看作矩阵$G\otimes G$受到关于ε的两部分摄动，所以：

$$\varepsilon^2\sum_{i=1}^{N}\pi_i H_i R\otimes H_i R$$

对矩阵特征值的影响可以忽略。

同样的，$\left(\sum_{i=1}^{N}\pi_i M_i\right)\otimes\left(\sum_{i=1}^{N}\pi_i M_i\right)$可以分解为：

$$G\otimes G-\varepsilon\left(\sum_{i=1}^{N}\pi_i G\otimes H_i R+\sum_{i=1}^{N}\pi_i H_i R\otimes G\right)+\varepsilon^2\left(\sum_{i=1}^{N}\pi_i H_i R\right)\otimes\left(\sum_{i=1}^{N}\pi_i H_i R\right),$$

所以也只需通过讨论：

$$G\otimes G-\varepsilon\left(\sum_{i=1}^{N}\pi_i G\otimes H_i R+\sum_{i=1}^{N}\pi_i H_i R\otimes G\right)$$

来考察矩阵$\left(\sum_{i=1}^{N}\pi_i M_i\right)\otimes\left(\sum_{i=1}^{N}\pi_i M_i\right)$的特征值。因此对于足够小的$\varepsilon$，如果$\sum_{i=1}^{N}\pi_i M_i$的谱半径小于 1，那么$\rho\left(\sum_{i=1}^{N}\pi_i M_i\otimes M_i\right)<1$成立。下面证明存在$k_1>0$，$k_2>0$使得$\sum_{i=1}^{N}\pi_i M_i$的谱半径小于 1。

如果平均连接拓扑连通，那么由引理 3.5 知道，矩阵$\bar{L}$的特征值$\lambda_1,\cdots,\lambda_{n-1}$都大于零。用$(s+1)/(s-1)$代替式（4.36）中$\phi_i(s)$的 s 得到：

$$\begin{aligned}\varphi_i(s)=&\lambda_i\varepsilon(a_1+a_2-a_3)s^3+\lambda_i\varepsilon(a_1-a_2+3a_3)s^2\\&+(4-\lambda_i\varepsilon(a_1+a_2+3a_3))s+(4+\lambda_i\varepsilon(a_2+a_3-a_1)),\end{aligned}$$

则方程 $\phi_i(s)=0$ 的解都在单位圆内，就等价于方程$\varphi_i(s)=0$ 的解都在左半平面内。

采用劳斯判据，如果 a_1, a_2, a_3 同时满足：

$$a_1+a_2-a_3>0, a_1-a_2+3a_3>0, 2a_3-a_2>0,$$

那么方程$\phi_i(s)=0$ 的解都在单位圆内。a_1, a_2, a_3 的具体形式代入上面的不等式得到关于 k_1, k_2 的不等式：

$$k_1h^2>0, k_2-\tau k_1>0, 2hk_2-(h^2+2h\tau)k_1>0 。$$

所以只要 $k_2>1.5hk_1$，对充分小的 $\varepsilon>0$ 都有 $\rho\left(\sum_{i=1}^{N}\pi_i(G-\varepsilon H_iR)\right)<1$，从而矩阵$\sum_{i=1}^{N}\pi_iF_i\otimes F_i$的谱半径小于 1。由定理 4.3，系统鲁棒均方一致。所以如果平均拓扑连通，多智能体系统的鲁棒均方一致问题必然可解，充分性得证。

根据定理 4.4 的充分性证明，不难得到以下推论：

推论 4.1. 对任意给定的采样周期 h 和队列时间τ，$0<\tau<h$，如果给定的通信拓扑是连通的，并且充分小的参数 k_1, k_2 满足 $k_2>1.5hk_1$，那么多智能体系统（4.31）在线性协议（4.32）下鲁棒均方一致。

根据第四章第二节中的拓扑描述，平均连接拓扑连通就等价于给定的通信拓扑连通。所以定理 4.4 说明了对于任意给定的连通的通信拓扑，二阶积分器多智能体系统的均方一致性是可达的，而且对二阶积分器系统来说，采样周期 h 和缓冲器队列时间 t 可以任意选定。系统的可一致性与连接丢失概率和时延的大小无关，即使在每个时刻连接拓扑都是不连通的，系统仍能以概率为 1 渐近达到一致或鲁棒渐近一致。

注 4.4. 由定理 4.4 知道，对随机网络中混合驱动的二阶积分器多智能体系统来说，采样周期可以任意选取。这里没有给出系统一致的采样周期条件，而是给定采样周期研究如何设计协议使得系统达到一致。这是因为采样周期决定了网络通信时延的大小，而且它们的关系很难用数学表达式进行刻画，所以要通过理论分析精确给出系统一致的采样周期范围几乎不可能。如何选取理想的采样周期参考文献［236］中第六章。

注 4.5. 当网络中节点数量不多，采样周期也不太小的时候，网络负载不高，从而网络通信时延不是很大，所以通常可以选择队列时间小于采样周期。然而，当网络中智能体数量较多并且采样周期比较小的时候，网络负载较大，从而导致通信时延大大增加，而且通常要大于采样周期。在这种情况下，如果设置的队列时间仍然小于采样周期，那么人为丢失的数据包过多从而大大削弱了系统的可一致能力，所以要选择大于采样周期的队列等待时间。与前面小时延系统的分析方法相似，可以证明对大时延通信网络下的多智能体系统来说，其均方可一致性仅与平均拓扑的连通性有关，这里不详细讨论了。

三、协议设计

这一节讨论在给定的采样周期和队列时间下，如何设计协议参数 k_1, k_2 使得多智能体系统鲁棒均方一致。设给定的通信拓扑连通。根据推论 4.1，可以选择充分小的满足 $k_2 > 1.5hk_1$ 的参数。然而在这样的参数下，系统的均方收敛速度很小。由于协议中只需要设计两个参数，所以下面通过搜寻的方法来寻找使得均方收敛速度最大的协议参数。

算法 2　使均方收敛速度最大的协议参数搜寻算法

（1）寻找一个有界闭集 C_0，使得对任何满足 $\rho\left(\sum_{i=1}^{N}\pi_i F_i\right) < 1$ 的(k_1, k_2)都在该集合内。利用劳斯判据，不难选择 $C_0 = \{(k_1, k_2): k_1 \geqslant 0, k_2 \geqslant (0.5h+\tau)k_1, \tau k_2 - 0.5\tau^2 k_1 \leqslant \max_i\{\lambda_i\}\}$，其中$\lambda_i$，$i = 1$，…，$n-1$ 为矩阵 $\bar{L}$ 的特征值。令 $\rho^* = 1, k_1^* = 0, k_1^* = 0$；

（2）对$(k_1, k_2) \in C_0$，计算$\rho(\Xi)$。如果$\rho(\Xi) < \rho^*$，那么令 $\rho^* = \rho(\Xi), k_1 = k_1^*, k_2 = k_2^*$；否则 ρ^*, k_1^*, k_2^* 保持不变。按这种方式在 C_0 中寻找 k_1^*, k_2^* 使得$\rho(\Xi)$最小。

注 4.6. 由于 $\rho\left(\sum_{i=1}^{N}\pi_i F_i\right)<1$ 是系统鲁棒均方一致的必要条件，所以所有能够使得系统均方一致的协议参数都在集合 C_0 内。所以由定理 4.4 知道，采用算法 2 设计的参数必然能使得系统鲁棒均方一致，而且在该组参数下，系统的均方收敛速度最大。要在集合 C_0 内寻找使得 $\rho(\Xi)$ 最小的参数不容易实现，但可以通过把有界闭集集合 C_0 划分成有限多个网格，然后在这些网格点上根据算法 2 寻找最优参数。在划分网格时，其依据是要保证 C_0 内点（0，0）附近的点能使得 $\rho(\Xi)<1$，也就是说按网格搜寻到的参数必然能使系统均方一致。

四、数值仿真

考虑网络中有 4 个智能体。给定通信拓扑，其邻接矩阵为：

$$A=\begin{bmatrix}0&1&0&0\\1&0&1&0\\0&1&0&1\\0&0&1&0\end{bmatrix}.$$

设不同智能体间的通信连接丢失概率和时延分布相同。给定采样周期 $h=1$ 秒，设网络通信连接丢失概率为 0.1，网络通信时延服从均匀分布 $U[0, 0.9]$。选择缓冲器队列时间 $\tau=0.5$ 秒，则拓扑集合中有 8 个连接拓扑，并由式（4.30）知道每个连接拓扑的发生概率均为 0.125。

采用算法 2，得到一组参数 $k_1=0.1$，$k_2=0.6$，则 $\rho(\Xi)=0.946\,1<1$，然而对所有 $i, \rho(F_i)\geqslant 1$。在随机网络传输和理想网络传输（即没有信道噪声、连接丢失、传输时延）下，智能体的状态轨迹分别由图 4-11 和图 4-12 所示。显然，尽管在理想网络下系统没有渐近收敛到一致，但在随机网络下系统仍能均方收敛到一致。这就意味着对二阶积分器多智能体系统来说，智能体间的随机连接丢失不会必然减弱系统的可一致能力。另一方面，比较图 4-10 和图 4-11，显然在参数 $k_1=0.04$，$k_2=0.56$ 下系统的一致收敛速度更快，这也验证了算法 2 的有效性。

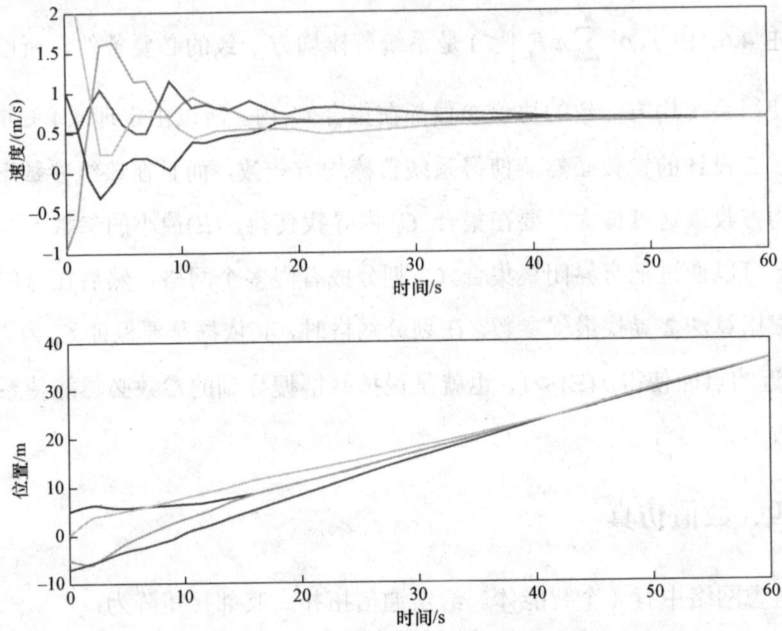

图 4-10　当参数 $k_1 = 0.04$，$k_2 = 0.56$ 时，随机网络中智能体状态轨迹

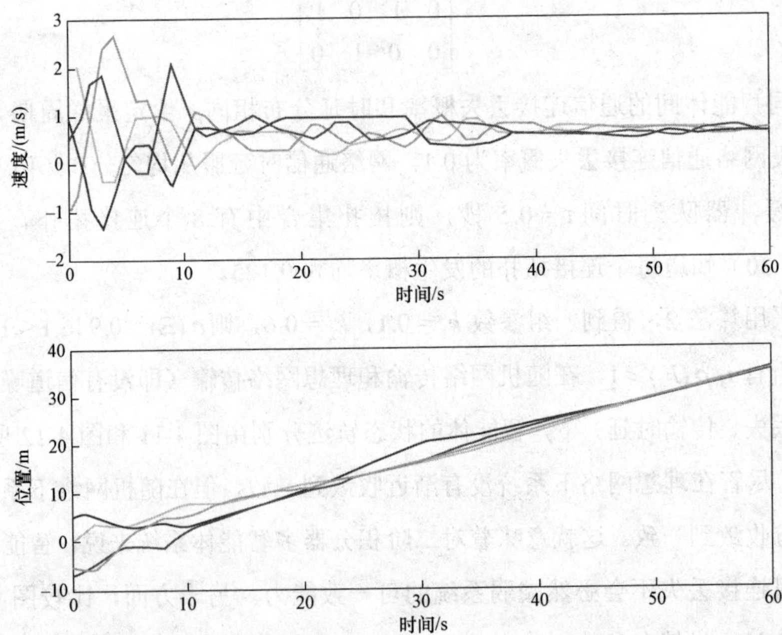

图 4-11　当参数 $k_1 = 0.1, k_2 = 0.6$ 时，随机网络中智能体状态轨迹

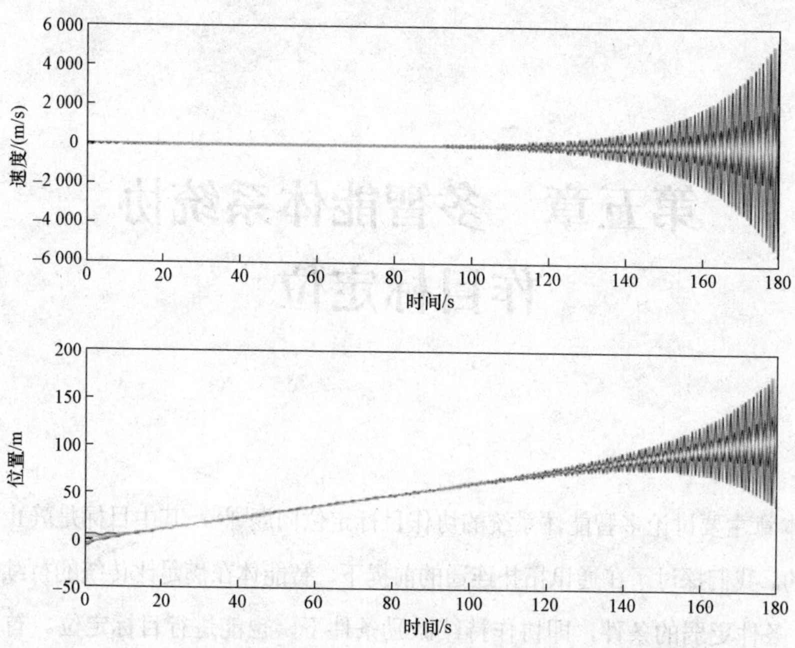

图 4-12　当参数 $k_1 = 0.1, k_2 = 0.6$ 时，理想网络中智能体状态轨迹

第五章　多智能体系统协作目标定位

本章主要讨论多智能体系统的协作目标定位问题[203]，其中目标是静止的或运动的。我们探讨了在通讯拓扑连通的前提下，智能体在满足比传统的持续激励（PE）条件更弱的条件，即协作持续激励条件下，也能进行目标定位。首先，设计估计器估计智能体间的相对位置；其次，基于协作持续激励条件设计局部协作估计器估计目标的相对位置；其次，设计一致性估计融合算法保证估计误差渐近收敛到零。再次，把该协作目标定位方法进一步推广到动态目标情形和带扰动情形。最后，给出几个数值仿真验证结论的正确性和算法的有效性。

第一节　研究背景

近年来，多智能体系统的协作控制吸引了研究者的大量注意，它被众学者从不同的角度广泛研究，如综述性文献［186］，专著[32,187]。然而大量文献关注的都是一致性问题。事实上，协作目标定位是多智能体系统的另外一个基本问题，它具有广泛的应用，如蜂窝网络中的手机定位，传感器网络中的目标跟踪等。为每一个移动智能体配备一个定位装置如 GPS 是很昂贵的，且它在室内环境中使用受到限制[182]。通常智能体不能获得目标节点的位置信息，它只能通过测量信号强度或到达时间来获得目标节点的距离信息。因此，多智能体系统的协作目标定位方法是一个重要的研究课题，它还没有被现存的文献完全解决。

在早期的工作中，三边测量法广泛应用于网络定位[179,180]，即利用一群静态节点协作定位目标的位置。最近，Dandach 和 Shames[181,188]设计一类连续时间估计器保证目标相对位置估计值指数收敛到目标位置的真值；然后，进一步研究了一群移动智能体利用自身运动定位目标。文献［189-191］研究了当群体中只有部分智能体不能直接获得目标观测值时的协作目标定位问题。他们利用地图融合和分布式地图绘制方法求解该问题，但是该协作协议严重依赖于全局参考系。借助相对距离信息，Chai[183,184]给出了一类完全不依赖于全局参考系的分布式估计算法，用以求解协作目标定位问题。但是，该算法要求每个智能体的相对速度满足持续激励条件。

最近，Chen[185]提出了一个新的概念，即协作持续激励条件，用来分布式求解自适应参数辨识问题。该条件比传统意义上的持续激励条件更弱。受这项工作[185]的启发，当群体中只有部分智能体不能直接获得目标的观测值时，我们借助协作持续激励条件求解在没有全局参考下的协作目标定位问题。首先，设计估计器估计智能体在局部坐标系下的相对位置。其次，根据智能体和静态目标间的直接作用关系，设计一个新的估计器估计目标在局部坐标系下的相对位置。最后，基于前面两步，设计基于一致性估计融合算法保证目标相对位置估计误差渐近收敛到零。同时，把该定位方法分别推广到动态目标情形和带扰动情形，获得了相应的结论。总之，本章从如下三个方面求解协作目标定位问题：利用协作持续激励条件，在更弱的条件下求解协作目标定位问题；给出了协作持续激励条件的物理解释；进一步分析该方法在动态目标情形和扰动情形下仍然有效。

第二节　预备知识与问题描述

本节主要介绍相关的定义以及后面将要用到的基本引理，然后给出问题描述。

一、预备知识

下面给出几个相关的定义以及基本引理。

定义 5.1.（输入—状态稳定性[192]） 考虑非线性动态系统

$$\dot{x}=f(t,x,u), \tag{5.1}$$

其中 $x(t)$为系统的状态，$u(t)$为系统的控制输入。如果对于任意初始状态 $x(t_0)$和连续有界的控制输入 $u(t)$，方程（5.1）的解 $x(t)$对于所有的 $t\geqslant t_0$ 都存在，且满足

$$\| x(t)\|\leqslant \beta(\| x(t_0)\|,t-t_0)+\gamma(\sup_{t_0\leqslant\tau\leqslant t}\| u(\tau)\|), \tag{5.2}$$

其中$\beta(s,t)$是$\mathcal{KL}$类函数，$\gamma(s)$是$\mathcal{K}$类函数。则称系统（5.1）是输入—状态稳定的。

定义 5.2.（协作持续激励条件[185]） 给定一组矩阵值函数 $\phi_i:[t_0,+\infty)\to\mathbb{R}^{m\times n},i=1,2,\cdots N$，如果存在三个正常数 T，α_1和α_2使得函数族$\{\phi_i(t)\}$对于所有的 $t\geqslant t_0$ 都满足

$$\alpha_1\boldsymbol{I}\leqslant\int_t^{t+T}\left[\sum_{i=1}^{N}\phi_i(\tau)\phi_i^T(\tau)\right]\mathrm{d}\tau\leqslant\alpha_2\boldsymbol{I}. \tag{5.3}$$

则称函数族$\{\phi_i(t)\}$满足协作持续激励条件。其中 $\boldsymbol{I}$ 是具有合适维数的单位矩阵。

在本章中，每当假设时变信号满足持续激励假设时，常量α_1，α_2和T都不需要具体知道，只需要存在即可。在本章中类似的符号是通用的。显然，当 $N=1$ 时，条件（5.3）变为传统的持续激励条件[184,193]。

引理 5.1[194]**.** 给定矩阵值函数$V(\cdot):\mathbb{R}_{\geqslant 0}\to\mathbb{R}^{n\times r}$，且该函数是可调节的①。则系统

$$\dot{x}=-VV^Tx \tag{5.4}$$

是指数渐近稳定的当且仅当存在三个正常数 T，β_1和β_2使得对所有的$t\in\mathbb{R}_{\geqslant 0}$

① 给定矩阵值函数 $V(\cdot):\mathbb{R}_{\geqslant 0}\to\mathbb{R}^{n\times r}$，如果矩阵函数中每个元素对于所有的 $t\in\mathbb{R}_{\geqslant 0}$ 单边极限都存在，则称函数 $V(t)$ 是可以调节的。

满足

$$\beta_1 \boldsymbol{I} \leqslant \int_t^{t+T} V(\tau)V^T(\tau)\,\mathrm{d}\tau \leqslant \beta_2 \boldsymbol{I}. \tag{5.5}$$

引理 5.2[192]. 假设函数$f(t, x, u)$是连续可微的，且关于(x, u)对 t 是全局一致李普希兹的。如果非受迫系统$f(t, x, 0)$在原点 $x = 0$ 处有一个全局指数渐近稳定平衡点，则系统（5.1）是输入—状态稳定的。

引理 5.3[185]. 给定一组矩阵值函数 $B_i(t):[0,\infty)\to\mathbb{R}^{m\times n}$，$i=1,2,\cdots,N$。$L$ 为图$\mathcal{G}$的拉普拉斯矩阵，γ 为正常数。假设 $B_i(t), 1\leqslant i\leqslant N$ 满足协作持续激励条件，且存在一个正实数 M 使得对任意的 i 都有$\|B_i(t)\|\leqslant M$ 成立。如果无向图$\mathcal{G}$是连通的，则存在三个正常数 $\alpha>0$，$\beta>0$ 和 $T>0$ 使得对所有的 $t\in\mathbb{R}_{\geqslant 0}$，有下面不等式成立，

$$\alpha \boldsymbol{I}_{Nm} \leqslant \int_t^{t+T} [\boldsymbol{B}(\tau)\boldsymbol{B}^T(\tau) + \gamma L \otimes \boldsymbol{I}_m]\,\mathrm{d}\tau \leqslant \beta \boldsymbol{I}_{Nm}, \tag{5.6}$$

其中 $\boldsymbol{B}(t) = \mathrm{diag}\{B_1(t), B_2(t), \cdots, B_N(t)\}$。

证明：可以参考文献［185］中的（20）式获得引理 5.3 的详细证明。

在给出本章主要结论之前，为了便于理解协作持续激励条件的物理意义，我首先回顾线性无关函数的概念以及相关的结论。

定义 5.3.（线性无关函数[195]）给定 n 个函数 $f_1(t), f_2(t),\cdots, f_n(t)$。如果存在不全为 0 的 n 个常数 $c_1, c_2,\cdots,c_n\in\mathbb{R}$ 使得在时间区间 $\mathcal{I}\subset\mathbb{R}_{\geqslant 0}$ 上任意的 t，函数 $\{f_i(t)\}$ 都满足

$$\sum_{i=1}^{n} c_i f_i(t) = 0.$$

则称函数 $\{f_i(t)\}$ 在区间 $\mathcal{I}$ 上是线性无关的。

引理 5.4[196]. 给定 $a_k, b_k \geqslant 0$，$k=1,2,\cdots,n$。则有下列不等式成立，

$$\sum_{k=1}^{n} a_k b_k \leqslant \left(\sum_{k=1}^{n} a_k^2\right)^{\frac{1}{2}} \left(\sum_{k=1}^{n} b_k^2\right)^{\frac{1}{2}}.$$

如果序列 $\{a_k\}$（或者 $\{b_k\}$）每项均为 0，或者存在两个不同时为 0 的非负常数 l_1, l_2 使得 $l_1 a_k = l_2 b_k, k=1,2,\cdots,n$ 成立，则上述不等式等号成立。

二、问题描述

在本小节，我们主要描述在平面上的协作目标定位问题。我们假设每个智能体 i 能够获得在惯性坐标系 $\mathcal{O}^I$ 下自身的速度 v_i。在智能体 i 的车载坐标系 $\mathcal{O}_i^M$ 下，智能体 i 与目标 0 或智能体 j 的相对位置定义为 $q_{ij} \in \mathbb{R}^2, j = 0,1,2,\cdots,N$，如图 5-1 所示。进一步地，通过为每个智能体配置机载传感器，智能体 i 能够获得关于目标 0 或智能体 j（为智能体 i 的邻居时）的距离测量，定义为：

$$d_{ij} = \| q_{ij} \|. \tag{5.7}$$

对于每个智能体 i，为了估计在局部坐标系下与目标 0 间的相对位置 q_{i0}，需要设计基于一致性估计融合算法保证估计误差一致收敛到 0。实际上，有一部分智能体能够直接估计目标 0 的相对位置，其余部分的智能体不能直接获得目标的距离信息。因此，智能体间需要通过相互协作来估计目标的相对位置。

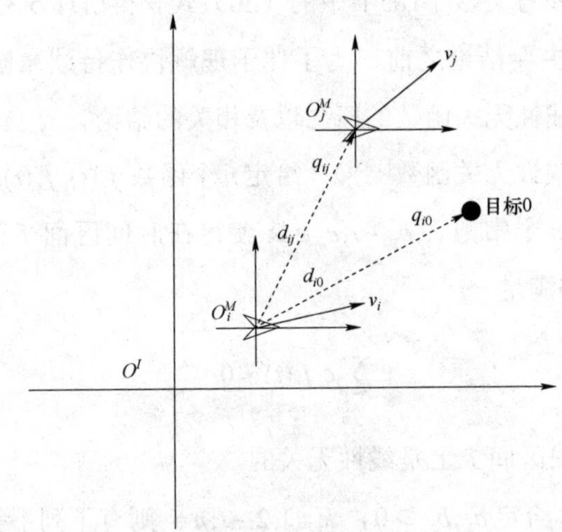

图 5-1　坐标系与相对位置间的关系

在本节，为了便于问题的求解，首先给出如下三个基本假设：

假设 1： 对于任意的 i，智能体 i 的速度 $v_i(t) \in \mathbb{R}^2$ 是连续可微且有界的。

假设 2： 对于任意的 i 和 j，$d_{ij}(t): \mathbb{R}_{\geqslant 0} \to \mathbb{R}$ 是光滑的，且 $d_{ij}(t)$ 的任意 k

（$k=0,1,2,\cdots$）阶导数满足如下条件，

$$\sup_{t\geqslant 0}|\ d_{ij}^{(k)}(t)|\leqslant B_0,$$

其中 B_0 为一个正常数。

假设 3：智能体 i 车载坐标系 $\mathcal{O}_i^M$ 的方向与惯性坐标系 $\mathcal{O}^I$ 的方向一致。

对于物理系统，由于有限的驱动力，所以假设 1 和假设 2 是很容易满足的。假设 3 保证智能体 i 和智能体 j 在坐标系 $\mathcal{O}_i^M$ 下的相对速度等于它们在惯性坐标系 $\mathcal{O}^I$ 下的速度差，即：

$$\dot{q}_{ij}(t)=v_j(t)-v_i(t).\tag{5.8}$$

如果坐标系间的方向不一致，则在使用（5.8）式之前，需要作一个旋转变换使得坐标系间的方向一致。

当目标 0 是静态或者动态时，可得：

$$\dot{q}_{i0}(t)=-v_i(t),\tag{5.9}$$

或者

$$\dot{q}_{i0}(t)=v_0(t)-v_i(t).\tag{5.10}$$

第三节　主要结果

这一小节主要给出协作目标定位算法设计方法。首先考察图的分解，从而明确拓扑中每个智能体所扮演的角色。在此基础上，提出了一种新的协作目标定位算法，该算法只需满足协作持续激励条件即可有效进行目标定位。并就这种协议设计方法系统性地讨论了动态目标情形和扰动情形。

一、图分析

为了在协作目标定位问题[184]中获得更弱的条件，受文献［197］的启发，我将充分和有效地利用智能体和目标间直接相互作用的拓扑信息。目标 0 和 N 个智能体构成的图定义为 $\overline{\mathcal{G}}$。能够和目标 0 直接连通的智能体集合定义为

C_1，其余智能体集合定义为C_2。显然，集合C_2中的每个智能体都不能直接获得目标 0 的距离信息，但是在拓扑$\overline{\mathcal{G}}$连通的情况下可以通过集合C_1的智能体间接获得目标 0 的位置信息。因此，$V=\{C_1,C_2\}$。基于无向图连通分量的概念，在由集合C_1中智能体构成的图中，节点集C_1又分为两类：U_{01}^h定义为由一个智能体节点构成的连通分量；U_{02}^m定义为由两个或两个以上智能体节点构成的连通分量。其中 $h,m\in\mathcal{Z}_+$。集合C_1的分类在局部估计器设计起重要作用。显然，对于给定的正整数 h, m, 则有$|U_{01}^h|=1$和$|U_{02}^m|=n_m\geqslant 2(n_m\in\mathcal{Z}_+)$。我们分别定义$U_{01}$和$U_{02}$为由单个节点构成连通分量的集合和由两个或两个以上节点构成连通分量的集合。

下面，我们给出一个例子来说明上述的分类过程。

例 5.1. 给定$U_{01}=\{U_{01}^1\}$和$U_{02}=\{U_{02}^1,U_{02}^2\}$，$U_{01}^1=\{e_1\}$，$U_{02}^1=\{e_2,e_3,e_4\}$，$U_{02}^2=\{e_5,e_6\}$。显然$h=1$，$m=2$。详细如图 5-2 所示。

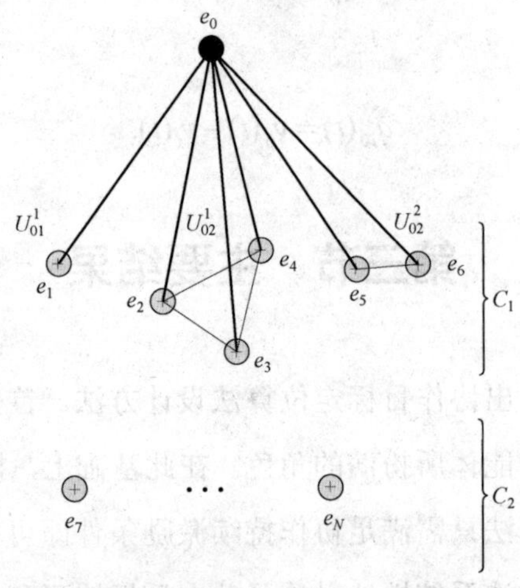

图 5-2　智能体与目标间的直接作用关系

注 5.1. 在本章设计局部估计器的过程中，我们主要考虑集合 C_1 中智能体与目标间的直接作用关系，借用协作持续激励的概念很容易获得局部估计器算法。为了避免相对位置信息造成的信息冗余[198,199]，仍然使用文献［184］中的方法设计智能体间的位置估计器。

二、静态目标的协作定位

在本小节，我们主要研究静态目标的协作定位问题。首先，对于拓扑$\mathcal{G}$中的每个智能体，设计估计器估计智能体与邻居节点在智能体车载坐标系中的相对位置。其次，结合连通分量和协作持续激励条件的概念，为集合 C_1 中的智能体设计一个新的局部协作估计器估计集合 C_1 中的智能体和目标在智能体车载坐标系中的相对位置。最后，在前两步的基础上，为每个智能体设计基于一致性的估计融合算法，保证目标的相对位置估计误差一致收敛到 0。该融合算法具有使估计变量趋于一致和收敛两个基本功能。本节的设计步骤详细如下：

第 1 步：首先，对于拓扑$\mathcal{G}$中的每个智能体 i，设计如下估计器估计智能体 i 与邻居 $j\in\mathcal{N}_i$ 的相对位置，

$$\dot{\hat{q}}_{ij}(t)=-v_{ij}(t)-v_{ij}(t)[d_{ij}(t)\dot{d}_{ij}(t)+v_{ij}^T(v)\hat{q}_{ij}(t)], \tag{5.11}$$

其中 $\hat{q}_{ij}(t)$ 表示智能体 i 和邻居节点 $j\in\mathcal{N}_i$ 间在车载坐标系 $\mathcal{O}_i^M$ 下相对位置 $q_{ij}(t)$ 在 t 时刻的估计值，且 $v_{ij}(t)=v_i(t)-v_j(t)$。

第 2 步：其次，为集合 C_1 中的智能体设计一个新的局部协作估计器估计目标和智能体间的相对位置。基于图分析，对于 C_1 中的每个智能体，它都能直接获得关于目标的测量信息，于是存在连通分量 $U_{01}=\{U_{01}^h\}$ 和 $U_{02}=\{U_{02}^m\}$，其中 $h,m\in\mathcal{Z}_+$，使得 C_1 中的智能体 i 要么属于 U_{01}^h，要么属于 U_{02}^m。因此，对于集合 C_1 中的每个智能体 i，使用距离测量 $d_{i0}(t)$，智能体 i 的速度 $v_i(t)$ 和估计量 $\hat{q}_{i0}(t)$，设计一个新的局部协作估计器估计目标在车载坐标系 $\mathcal{O}_i^M$ 中相对位置 $q_{i0}(t)$，估计器具体形式如下，

$$\dot{\hat{q}}_{i0}(t)=-v_i(t)-v_i(t)[d_{i0}(t)\dot{d}_{i0}(t)+v_i^T(t)\hat{q}_{i0}(t)]+\sum_{j\in N_i}[\hat{q}_{i0}^j(t)-\hat{q}_{i0}(t)], \tag{5.12}$$

其中 $i=1,2,\cdots,l$，$\mathcal{N}_i$ 表示智能体 i 在 C_1 中邻居智能体节点的集合，$\hat{q}_{i0}(t)$ 表示目标在车载坐标系 $\mathcal{O}_i^M$ 下相对位置 $q_{i0}(t)$ 的直接估计值。$\hat{q}_{i0}^j(t)=\hat{q}_{ij}(t)+\hat{q}_{j0}(t)$ 表明，通过智能体 i 在 C_1 中邻居节点 j，智能体 i 能够获得目标相对位置 $q_{i0}(t)$

的间接估计 $\hat{q}_{i0}^j(t)$，详细参考图 5-3 所示，值得注意的是，当智能体 i 能够直接获得关于

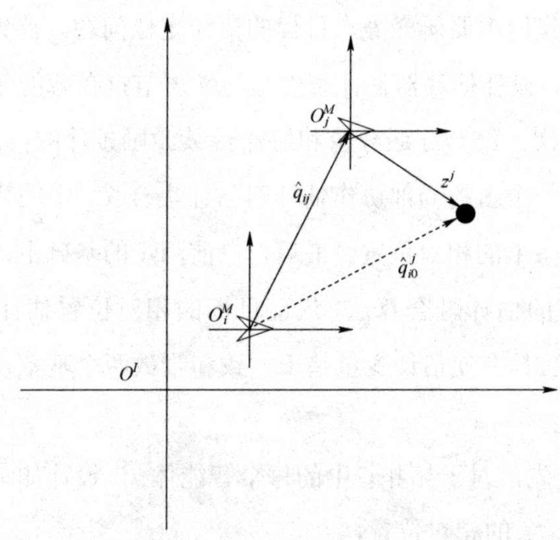

图 5-3　目标相对位置的间接估计

目标的距离测量时，直接位置估计 $\hat{q}_{i0}(t)$ 能够用于局部协作估计器（5.12）的设计。

注 5.2. 当智能体 i 位于集合 U_{02}^m 中时，显然，$|\mathcal{N}_i|\geqslant 1$，此时我们记 $l=n_m$。当智能体 i 位于集合 U_{01}^h 中时，可得 $l=1$，$|\mathcal{N}_i|=0$，此时估计器（5.12）退化为文献［184］中的估计器（6）。这表明集合 C_1 中的智能体 i 只能通过自身直接获得目标的位置估计。和文献［184］中的估计器（6）相比，两个估计器的主要区别是估计器（5.12）中引入协作项 $\sum_{j\in\mathcal{N}_i}[\hat{q}_{i0}^j(t)-\hat{q}_{i0}(t)]$，而估计器（6）[184]中没有。显然，应用到集合 U_{02}^m 中的估计器（5.12）可以看做估计器（6）[184]的推广。对于集合 U_{01}^h 中智能体 i，它的估计器（5.12）退化为估计器（6）[184]。粗略地讲，可以把估计器（6）[184]看作估计器（5.12）的一种特殊情形。

第 3 步：最后，基于前两步，借助基于一致性的估计融合算法求解一簇移动智能体的协作目标定位问题。我们可以证明，即使有部分智能体节点不

能直接获得关于目标的距离测量，通过一致性估计融合算法，每个智能体仍然能够估计静态目标的相对位置。若智能体 i 在 t 时刻能够直接获得关于目标的距离测量，则$\sigma_i(t)=1$，否则$\sigma_i(t)=0$。于是，对于拓扑$\mathcal{G}$中每个智能体 i，基于一致性的估计融合算法设计如下：

$$\dot{z}_i(t)=-v_i(t)+\sigma_i(t)[\hat{q}_{i0}(t)-z_i(t)]+\sum_{j\in\mathcal{N}_i(t)}[\hat{q}_{i0}^j(t)-z_i(t)], \tag{5.13}$$

其中 $z_i(t)$ 表示智能体 i 在车载坐标系 $\mathcal{O}_i^M$ 下对目标相对位置的融合估计。$\hat{q}_{i0}(t)$ 表示智能体 i 在车载坐标系 $\mathcal{O}_i^M$ 下对目标相对位置的直接估计。$\hat{q}_{i0}^j(t)=\hat{q}_{ij}(t)+z_j(t)$ 表示智能体 i 通过邻居 $j\in\mathcal{N}_i$ 获得目标在车载坐标系 $\mathcal{O}_i^M$ 下相对位置的间接估计。这些数学符号之间的几何关系，详细参考图 5-3。

注 5.3. 在假设 2 的条件下，能够借助线性时变微分器技术[200]来避免估计器（5.11）和（5.12）中距离项 $d_{i0}(t)$的微分运算。但是，这不属于本节范围。详细可参考文献［184］。

三、基于协作持续激励条件的收敛性分析

在本小节，我们详细给出收敛性分析。首先，我们考虑系统（5.11）的收敛性。定义估计误差$\tilde{q}_{ij}(t)=\hat{q}_{ij}(t)-q_{ij}(t)$。结合（5.7）和（5.8），系统（5.11）可以写为：

$$\dot{\tilde{q}}_{ij}(t)=-v_{ij}(t)v_{ij}^T(t)\tilde{q}_{ij}(t). \tag{5.14}$$

由引理 5.1，我们可直接获得如下结论：

命题 5.1. 系统（5.11）的解$\hat{q}_{ij}(t)$渐近收敛到$q_{ij}(t)$当且仅当存在三个正常数$\mu_1>0$，$\mu_2>0$和$T>0$，对所有的$t\in\mathbb{R}_{\geqslant 0}$下列条件成立，

$$\mu_1\boldsymbol{I}\leqslant\int_t^{t+T}v_{ij}(\tau)v_{ij}^T(\tau)\,\mathrm{d}\tau\leqslant\mu_2\boldsymbol{I}\text{。} \tag{5.15}$$

为了考察系统（5.12）的收敛性，我们定义估计误差$\tilde{q}_{i0}=\hat{q}_{i0}-q_{i0}$，$\tilde{q}_{ij}=\hat{q}_{ij}-q_{ij}$，定义向量$\tilde{\mathbf{q}}_0=[\tilde{q}_{10},\tilde{q}_{20},\cdots,\tilde{q}_{l0}]^T$。系统（5.12）可以写为：

$$\dot{\tilde{\mathbf{q}}}_0 = -[\mathbf{v}\mathbf{v}^T + L_0^n \otimes \mathbf{I}_2]\tilde{\mathbf{q}}_0 + \boldsymbol{\theta}, \tag{5.16}$$

其中 $\mathbf{v} = \text{diag}\{v_1, v_2, \cdots, v_l\}$，$L_0^m$ 是连通分量 U_{02}^m 中节点构成图的拉普拉斯矩阵。$\boldsymbol{\theta} = [\theta_1, \theta_2, \cdots, \theta_l]^T$，对于每个 $i \in \{1, 2, \cdots, l\}$，$\theta_i = \sum_{j \in N_i} \tilde{q}_{ij}$。下面我们给出主要结论：

定理 5.1. 如果条件（5.15）成立，且 $v_i(t), i = 1, 2, \cdots, l$ 满足协作持续激励条件，即存在三个正常数 $\mu_1 > 0$，$\mu_2 > 0$ 和 $T > 0$ 使得对任意的 $t \in \mathbb{R}_{\geqslant 0}$ 有下面条件成立，

$$\mu_1 \boldsymbol{I} \leqslant \int_t^{t+T} \sum_{i=1}^{l} v_i(\tau) v_i^T(\tau)\, \mathrm{d}\tau \leqslant \mu_2 \boldsymbol{I}. \tag{5.17}$$

则系统（5.12）的解 $\hat{q}_{i0}(t)$ 渐近收敛到 $q_{i0}(t)$。

证明：首先，当智能体 i 位于 U_{01}^h 中时，定理 5.1 退化为定理 1[184]，我们很容易获得上述结论。因此，我们仅给出当智能体 i 位于 U_{02}^m 中情形的证明。对于这种情形，系统（5.12）的稳定性等价于系统（5.16）的稳定性。考虑系统（5.16），把 $\boldsymbol{\theta}$ 看作系统的输入。如果系统（5.16）的非受迫系统：

$$\dot{\tilde{\mathbf{q}}}_0 = -[\mathbf{v}\mathbf{v}^T + L_0^n \otimes \mathbf{I}_2]\tilde{\mathbf{q}}_0 \tag{5.18}$$

是指数稳定的，则由引理 5.2，我们可知系统（5.16）是输入—状态稳定的。而且，根据命题 5.1 我们可知：对于任意 $(i, j) \in \mathcal{E}$，随着 $t \to \infty$，有 $\tilde{q}_{ij}(t) \to 0$ 成立。因此，我们进一步可得：随着 $t \to \infty$，有 $\|\boldsymbol{\theta}(t)\| \to 0$。于是，结合输入—状态稳定性理论，我们可以证明：对于任意的 $i \in C_1$，随着 $t \to 0$，有 $\hat{q}_{i0}(t) \to q_{i0}(t)$ 成立，即随着 $t \to 0$，有 $\tilde{q}_{i0}(t) \to 0$ 成立。

基于上面的分析，我们只需要证明系统（5.16）的稳定性。因为系统（5.16）的稳定性依赖于非受迫系统（5.18）和输入 $\boldsymbol{\theta}(t)$。因此，我们首先证明系统（5.18）是指数稳定的。

根据 U_{02}^m 的定义可知，由 U_{02}^m 中节点构成的图是连通，而且对称矩阵 L_0^m 为相应的拉普拉斯矩阵，是正半定的，即 $L_0^m \geqslant 0$。因此，存在合适的矩阵 $\mathbf{P}$，使得 $L_0^m = \mathbf{P}\mathbf{P}^T$ 成立，由此可得

$$\mathbf{v}\mathbf{v}^T + L_0^n \otimes \mathbf{I}_2 = [\mathbf{v}, \mathbf{P} \otimes \mathbf{I}_2][\mathbf{v}, \mathbf{P} \otimes \mathbf{I}_2]^T := \psi(t)\psi^T(t).$$

于是，系统（5.18）可以写为：

$$\dot{\tilde{\mathbf{q}}}_0 = -\psi(t)\psi^T(t)\tilde{\mathbf{q}}_0. \tag{5.19}$$

结合引理 5.1，我们可得：如果存在三个正常数$\eta_1>0$，$\eta_2>0$ 和$\delta>0$ 使得对任意的 $t\geqslant 0$ 有下式成立，

$$\eta_1\mathbf{I} \leqslant \int_t^{t+\delta} [\mathbf{v}(\tau)\mathbf{v}^T(\tau) + L_0^m \otimes \mathbf{I}_2]\,\mathrm{d}\tau \leqslant \eta_2\mathbf{I}. \tag{5.20}$$

则系统（5.19）是指数稳定的。因为$v_i(t), i=1,\cdots,l$ 满足条件（5.17），和U_{02}^m中节点构成的图是连通的，于是结合引理 5.3 可知：不等式（5.20）是成立的。进一步，由引理 5.1 可得：系统（5.18）或（5.19）是指数稳定的。

因此，下面我们只需证明系统（5.16）是输入-状态稳定的。首先，定义$\mathbf{u}(t)=\boldsymbol{\theta}(t)$。由命题 5.1 可得：随着 $t\to\infty$，有$\|\mathbf{u}(t)\|\to 0$成立。另一方面，基于上面的分析，系统（5.19）是指数稳定的。定义：

$$f(\tilde{\mathbf{q}}_0, \mathbf{u}, t) = -\psi(t)\psi^T(t)\tilde{\mathbf{q}}_0 + \mathbf{u}. \tag{5.21}$$

结合假设 1 可知 $v_i(t)$是有界的，于是很容易验证这样一个事实：存在一个正常数 $K>0$ 使得下面不等式成立

$$\left\| f(\tilde{\mathbf{q}}_0, \mathbf{u}, t) - f\left(\tilde{\mathbf{q}}_0', \mathbf{u}', t\right) \right\| \leqslant K \left\| \begin{matrix} \mathbf{u} - \mathbf{u}' \\ \tilde{\mathbf{q}}_0 - \tilde{\mathbf{q}}_0' \end{matrix} \right\|.$$

因此，$f(\tilde{\mathbf{q}}_0,\mathbf{u},t)$关于$(\tilde{\mathbf{q}}_0,\mathbf{u})$对 t 是一致全局李普希兹的。结合引理 5.2，我们可得：系统（5.16）是输入—状态稳定的，即对于任意的 $t\geqslant t_0$，有：

$$\|\tilde{\mathbf{q}}_0(t)\| \leqslant \beta(\|\tilde{\mathbf{q}}_0(t_0)\|, t-t_0) + \gamma(\sup_{t_0\leqslant\tau\leqslant t}\|\mathbf{u}(\tau)\|).$$

因为$\lim\limits_{t\to\infty}\|\mathbf{u}(t)\|=0$，则存在$t_1>0$使得对于任意$t\geqslant t_1$有$\|\mathbf{u}(t)\|\leqslant\mu$成立，于是对于任意的$\varepsilon>0$，存在$\mu>0$使得对于任意的$t\geqslant t_1$有$\gamma(\mu)\leqslant\dfrac{\varepsilon}{2}$成立。因为$\|\tilde{\mathbf{q}}_0(t)\|$是有界的，定义$\|\tilde{\mathbf{q}}_0(t)\|\leqslant\rho(>0)$．于是，对于任意的$t\geqslant t_1$可得：

$$\|\tilde{\mathbf{q}}_0(t)\| \leqslant \beta(\|\tilde{\mathbf{q}}_0(t_0)\|, t-t_0) + \gamma(\mu) \leqslant \beta(\rho, t-t_0) + \frac{\varepsilon}{2} \tag{5.22}$$

根据β函数的定义，可知存在常数 t_2 使得对任意 $t \geqslant t_2$ 有 $\beta(\rho, t-t_0) \leqslant \dfrac{\varepsilon}{2}$。于是，由（5.22）式可得：对于任意 $t \geqslant T$ 有 $\|\tilde{\mathbf{q}}_0(t)\| \leqslant \varepsilon$ 成立，其中 $T = \max\{t_1, t_2\}$。这表明随着 $t \to \infty$ 有 $\tilde{q}_{i0}(t) \to 0$ 成立。因此定理 5.1 证明完毕。

显然，当 $l=1$ 时，条件（5.17）变为传统的持续激励条件。因此，协作持续激励条件包括传统的持续激励条件。我们进一步揭示协作持续激励条件和持续激励条件间的关系。现在，我们给出平面中关于速度的协作持续激励条件物理解释。定义 $v_i(t) = [v_{i_x}(t) v_{i_y}(t)]^T$。则：

$$v_i(t) v_i^T(t) = \begin{pmatrix} v_{i_x}^2(t) & v_{i_x}(t) v_{i_y}(t) \\ v_{i_x}(t) v_{i_y}(t) & v_{i_y}^2(t) \end{pmatrix}. \tag{5.23}$$

设 $i = 1, 2, \cdots, n$, 我们定义：

$$\mathbf{A}(t) = \int_t^{t+T} \sum_{i=1}^n v_i(\tau) v_i^T(\tau)\, \mathrm{d}\tau = \begin{pmatrix} C & D \\ D & E \end{pmatrix}, \tag{5.24}$$

其中，

$$C = \int_t^{t+T} \sum_{i=1}^n v_{i_x}^2(\tau)\, \mathrm{d}\tau, D = \int_t^{t+T} \sum_{i=1}^n v_{i_x}(\tau) v_{i_y}(\tau)\, \mathrm{d}\tau, E = \int_t^{t+T} \sum_{i=1}^n v_{i_y}^2(\tau)\, \mathrm{d}\tau.$$

结合柯西—布尼亚科夫斯基（Cauchy-Bunyakovsky）不等式[201]和引理 5.4，我们可得如下结论：

命题 5.2. 如果 $\sum_{i=1}^n v_{i_x}(t)$ 和 $\sum_{i=1}^n v_{i_y}(t)$ 是线性无关的，则存在非负常数 T 使得对于任意 $t \in \mathbb{R}_{\geqslant 0}$ 矩阵 $A(t)$ 是正定的。

证明：根据柯西—布尼亚科夫斯基不等式[201]，我们可得：

$$\begin{aligned} CE &= \left(\int_t^{t+T} \sum_{i=1}^n v_{i_x}^2(\tau)\, \mathrm{d}\tau \right) \left(\int_t^{t+T} \sum_{i=1}^n v_{i_y}^2(\tau)\, \mathrm{d}\tau \right) \\ &\geqslant \left(\int_t^{t+T} \left(\sum_{i=1}^n v_{i_x}^2(\tau) \right)^{\frac{1}{2}} \left(\sum_{i=1}^n v_{i_y}^2(\tau) \right)^{\frac{1}{2}} \mathrm{d}\tau \right)^2. \end{aligned} \tag{5.25}$$

结合引理 5.4，我们可得：

$$D^2=\left(\int_t^{t+T}\sum_{i=1}^{n}v_{i_x}(\tau)v_{i_y}(\tau)\,\mathrm{d}\tau\right)^2\leqslant\left(\int_t^{t+T}\left(\sum_{i=1}^{n}v_{i_x}^2(\tau)\right)^{\frac{1}{2}}\left(\sum_{i=1}^{n}v_{i_y}^2(\tau)\right)^{\frac{1}{2}}\mathrm{d}\tau\right)^2. \tag{5.26}$$

因此，由不等式（5.25）和（5.26）我们可得 $CE-D^2\geqslant 0$。结合引理 5.4，我们可知：如果 $\{v_{i_x}(t)\}$（或者 $\{v_{i_y}(t)\}$）为 0，或者存在两个非负常数 c_1, c_2 使得对于 $i=1,2,\cdots,n$ 有 $c_1v_{i_x}(t)=c_2v_{i_y}(t)$ 成立，即 $\sum_{i=1}^{n}v_{i_x}(\tau)$ 和 $\sum_{i=1}^{n}v_{i_y}(\tau)$ 是线性相关的，则不等式（5.25）变为等式。因此，如果 $\sum_{i=1}^{n}v_{i_x}(\tau)$ 和 $\sum_{i=1}^{n}v_{i_y}(\tau)$ 是线性无关的，则对于任意给定的正常数 T，矩阵 $\mathbf{A}(t)$ 是正定的。该命题证明完毕。

根据命题 5.2，我们可知：只要 $\sum_{i=1}^{n}v_{i_x}(\tau)$ 和 $\sum_{i=1}^{n}v_{i_y}(\tau)$ 是线性无关的，则对于任意给定的正常数 T 矩阵 $\mathbf{A}(t)$ 是正定的。例如，当 $i=1,2$，给定 $v_1(t)=[0,v_{1_y}(t)]^T$ 和 $v_2(t)=[v_{2_x}(t),0]^T$。显然，$\int_t^{t+T}v_1(\tau)v_1^T(\tau)\,\mathrm{d}\tau$ 和 $\int_t^{t+T}v_2(\tau)v_2^T(\tau)\mathrm{d}\tau$ 都不满足传统的持续激励条件[184]，但是，在 $v_{1_y}(t)$ 和 $v_{2_x}(t)$ 线性无关的条件下，则存在正常数 $T>0$ 使得 $\int_t^{t+T}[v_1(\tau)v_1^T(\tau)+v_2(\tau)v_2^T(\tau)]\,\mathrm{d}\tau$ 满足持续激励条件。因此，协作持续激励条件在多智能体系统中更实用。

最后，为了给出系统（5.13）的融合估计 z_i（t）的收敛性，我们给出如下结论：

定理 5.2. 倘若条件（5.15）和（5.17）成立。考虑系统（5.13），如果拓扑 $\bar{\mathcal{G}}$ 是连通的，则对于每个智能体 i，静态目标位置的协作估计 $z_i(t)$ 渐近收敛到静态目标的相对位置 $q_{i0}(t)$。

证明： 类似文献［184］中的定理 3 的证明，很容易获得定理 5.2 的证明。

四、动态目标的协作定位

在第五章第三节中，我们证明了在一定条件下，所有智能体能够协作定位静态目标源的位置。在本小节，我们考虑目标是动态的情形。对于这种情况，智能体和目标的相对位置的导数变为（5.10）。本小节稳定性分析方法与前面的分析方法相似，于是，将省略详细的证明过程。

首先，我们考虑智能体如何估计邻居的相对位置。当目标源是动态的，对于拓扑$\mathcal{G}$中的每个智能体，我们可以继续使用估计器（5.11）估计器估计邻居的相对位置。因此，根据前面的稳定性分析可知：只要条件（5.15）成立，智能体i对邻居节点j在车载坐标系$\mathcal{O}_i^M$下相对位置的估计$\hat{q}_{ij}(t)$渐近收敛到真值$q_{ij}(t)$。其次，我们为集合C_1中的每个智能体设计局部协作估计器估计动态目标的相对位置。因为，目标是动态的，则式（5.9）变为式（5.10）。对于动态目标情形，用变量v_{i0}替换估计器（5.12）和（5.13）中的变量v_i，可得如下新的估计器：

$$\dot{\hat{q}}_{i0}(t)=-v_{i0}(t)-v_{i0}(t)\left[d_{i0}(t)\dot{d}_{i0}(t)+v_{i0}^T(t)\hat{q}_{i0}(t)\right]+\sum_{j\in\mathcal{N}_i}\left[\hat{q}_{i0}^j(t)-\hat{q}_{i0}(t)\right],i\in C_1, \tag{5.27}$$

$$\dot{z}_i(t)=-v_{i0}(t)+\sigma_i(t)[\hat{q}_{i0}(t)-z_i(t)]+\sum_{j\in\mathcal{N}_i(t)}[\hat{q}_{i0}^j(t)-z_i(t)]. \tag{5.28}$$

因此，结合条件（5.15）可知：如果$v_{i0}, i=1, 2, \cdots, l$满足协作持续激励条件，即存在三个正常数$\mu_1>0, \mu_2>0$和$T>0$使得对任意的$t\in\mathbb{R}_{\geqslant0}$有下列不等式成立，

$$\mu_1\mathbf{I}\leqslant\int_t^{t+T}\sum_{i=1}^{l}v_{i0}(\tau)v_{i0}^T(\tau)\,\mathrm{d}\tau\leqslant\mu_2\mathbf{I}. \tag{5.29}$$

则$\hat{q}_{ij}(t)$渐近收敛到$q_{ij}(t)$。于是，基于上面的条件，我们立刻可得如下结论：

定理 5.3. 倘若条件（5.15）和（5.29）成立。考虑系统（5.28），如果图$\overline{\mathcal{G}}$是连通的，则对于拓扑$\mathcal{G}$中的每个智能体$i,i=1,2,\cdots,N$，估计器$z_i(t)$渐近收敛到动态目标的相对位置$q_{i0}(t)$。

五、带扰动情形的协作目标定位

在本小节，我们将考虑当目标静态时带扰动的协作目标定位问题。于是，

带扰动的基于一致性估计协作融合算法（5.13）可以重新表示为：

$$\dot{z}_i(t)=-v_i(t)+\sigma_i(t)[\hat{q}_{i0}(t)-z_i(t)]+\sum_{j\in\mathcal{N}_i(t)}[\hat{q}_{i0}^j(t)-z_i(t)]+\delta_i(t),\tag{5.30}$$

其中对于任意的 i, $\delta_i(t)\in\mathbb{R}^2$ 是未知但有界的扰动项，给定的扰动上界为 $\bar{\delta}$，即 $\|\delta_i(t)\|\leqslant\bar{\delta}$。对于 $i,i=1,2,\cdots,N$，我们定义符号 $y_i=z_i-q_{i0}$，$\tilde{q}_{i0}=\hat{q}_{i0}-q_{i0}$ 和 $\tilde{q}_{ij}=\hat{q}_{ij}-q_{ij}$. 则系统（5.30）可以表示为：

$$\dot{y}_i=\sum_{j\in\mathcal{N}_i(t)}[y_j(t)-y_i(t)]+\sigma_i(t)[\tilde{q}_{i0}(t)-y_i(t)]+\sum_{j\in\mathcal{N}_i(t)}\tilde{q}_{ij}(t)+\delta_i(t).\tag{5.31}$$

为了分析收敛性，我们引入中间变量 $x_0(t)\in\mathbb{R}^2$ 且满足 $\lim\limits_{t\to\infty}x_0(t)=0$，$\lim\limits_{t\to\infty}\dot{x}_0(t)=0$。则系统（5.31）可以进一步写为：

$$\begin{aligned}\dot{y}_i(t)=&\sum_{j\in\mathcal{N}_i(t)}[y_j(t)-y_i(t)]+\sigma_i(t)[x_0(t)-y_i(t)]+\sigma_i(t)\tilde{q}_{i0}(t)-\sigma_i(t)x_0(t)\\&+\sum_{j\in\mathcal{N}_i(t)}\tilde{q}_{ij}(t)+\delta_i(t).\end{aligned}\tag{5.32}$$

定义：

$$\mathbf{y}=\begin{pmatrix}y_1\\\vdots\\y_N\end{pmatrix},\tilde{\mathbf{q}}_0=\begin{pmatrix}\tilde{q}_{10}\\\vdots\\\tilde{q}_{N0}\end{pmatrix},\mathbf{\Gamma}=\begin{pmatrix}\sum\limits_{j\in\mathcal{N}_1(t)}\tilde{q}_{1j}(t)\\\vdots\\\sum\limits_{j\in\mathcal{N}_N(t)}\tilde{q}_{Nj}(t)\end{pmatrix},\boldsymbol{\delta}=\begin{pmatrix}\delta_1\\\vdots\\\delta_N\end{pmatrix},$$

则系统（5.32）可以表示为：

$$\dot{\mathbf{y}}=-[(\mathcal{L}+\mathbf{B})\otimes\mathbf{I}_2]\mathbf{y}+(\mathbf{B}\otimes\mathbf{I}_2)(\mathbf{I}_N\otimes x_0)+(\mathbf{B}\otimes\mathbf{I}_2)\tilde{\mathbf{q}}_0-(\mathbf{B}\otimes\mathbf{I}_2)(\mathbf{I}_N\otimes x_0)+\mathbf{\Gamma}+\boldsymbol{\delta}\tag{5.33}$$

其中 $\mathbf{B}=\operatorname{diag}\{\sigma_1(t),\cdots,\sigma_N(t)\}$。定义 $\bar{\mathbf{y}}=\mathbf{y}-\mathbf{I}_N\otimes x_0$。因为，

$$-[(\mathcal{L}+\mathbf{B})\otimes\mathbf{I}_2]\mathbf{y}+(\mathbf{B}\otimes\mathbf{I}_2)(\mathbf{I}_N\otimes x_0)=-[(\mathcal{L}+\mathbf{B})\otimes\mathbf{I}_2]\bar{\mathbf{y}}$$

于是，我们可得系统（5.33）的误差系统如下：

$$\dot{\bar{\mathbf{y}}}=-\mathbf{M}\bar{\mathbf{y}}+\mathbf{\Psi}\tag{5.34}$$

其中 $\mathbf{\Psi}=\mathbf{\Gamma}+\boldsymbol{\delta}+|(\mathbf{B}\otimes\mathbf{I}_2)\tilde{\mathbf{q}}_0-\mathbf{I}_N\otimes\dot{x}_0-\mathbf{B}\otimes x_0,\mathbf{M}=[(\mathcal{L}+\mathbf{B})\otimes\mathbf{I}_2]$.

结合命题 5.1，定理 5.1 和 $x_0(t)$的性质，我们可得：对于任意的$\varepsilon>0$，存在一个正常数 $T_0>0$ 使得对任意的 $t\geqslant T_0$，有下列不等式成立，

$$\|\boldsymbol{\Psi}(t)\| \leqslant \bar{\delta} + \varepsilon. \tag{5.35}$$

根据文献［202］中的引理 2，我们很容易获得结论：如果图$\bar{\mathcal{G}}$是连通的，则矩阵 $\mathbf{M}$ 是正定的。于是，矩阵 $\mathbf{M}$ 的最大特征和最小特征值均是正的，即 $\underline{\lambda}(\mathbf{M}) > 0$，$\bar{\lambda}(\mathbf{M}) > 0$。显然，特征值 $\underline{\lambda}(\mathbf{M})$ 和 $\bar{\lambda}(\mathbf{M})$ 依赖于$\bar{\mathcal{G}}$的拓扑。

定理 5.4. 倘若条件（5.15）和（5.17）成立。给定正定矩阵 $\mathbf{P}_1$ 且 $\underline{\lambda}(\mathbf{P}_1) < \bar{\lambda}(\mathbf{P}_1)$。考虑系统（5.34），如果图$\bar{\mathcal{G}}$是连通的，则估计误差 $\boldsymbol{y}$ 是有界的，即$\| z_i(t) - q_{i0}(t)\|$是有界的。

证明：针对正定矩阵 $\mathbf{P}_1$，我们取李雅普若夫函数$V(\bar{\boldsymbol{y}}) = \bar{\boldsymbol{y}}^T \mathbf{P}_1 \bar{\boldsymbol{y}}$。对于矩阵特征值$\underline{\lambda}(\mathbf{P}_1)$, $\bar{\lambda}(\mathbf{P}_1)$且有下面的条件成立，

$$0 < \underline{\lambda}(\mathbf{P}_1) \leqslant \lambda(\mathbf{P}_1) \leqslant \bar{\lambda}(\mathbf{P}_1). \tag{5.36}$$

沿着系统式（5.34）的解，求$V(\bar{\mathbf{y}})$的导数，可得：

$$\dot{V}(\bar{\mathbf{y}})|_{(5.34)} = -\bar{\mathbf{y}}^T(\mathbf{MP}_1 + \mathbf{P}_1\mathbf{M})\bar{\mathbf{y}} + 2\Psi^T\mathbf{P}_1\bar{\mathbf{y}} \leqslant -\bar{\mathbf{y}}^T\mathbf{Q}\bar{\mathbf{y}} + 2\|\boldsymbol{\Psi}\|\,\bar{\lambda}(\mathbf{P}_1)\|\,\bar{\mathbf{y}}\| \tag{5.37}$$

其中 $\mathbf{Q} = \mathbf{MP}_1 + \mathbf{P}_1\mathbf{M}$，因此 $\mathbf{M}$ 特征值$\lambda(\mathbf{M})$可以表示为

$$\underline{\lambda}(\mathbf{M})\underline{\lambda}(\mathbf{P}_1) \leqslant \lambda(\mathbf{Q}) \leqslant \bar{\lambda}(\mathbf{M})\bar{\lambda}(\mathbf{P}_1). \tag{5.38}$$

由（5.35）和（5.37），我们可得：对于任意的$\varepsilon_0 > 0$，存在一个正常数使得对任意的 $t > T_0$ 使得下式成立，

$$\dot{V}(\bar{\mathbf{y}})\Big|_{(5.34)} \leqslant -\bar{\mathbf{y}}^T\mathbf{Q}\bar{\mathbf{y}} + 2(\bar{\delta} + \varepsilon)\bar{\lambda}(\mathbf{P}_1)\|\,\bar{\mathbf{y}}\|. \tag{5.39}$$

结合（5.36）式，我们可得：

$$\underline{\lambda}(\mathbf{P}_1)\|\,\bar{\mathbf{y}}\|^2 \leqslant V(\bar{\mathbf{y}}) \leqslant \bar{\lambda}(\mathbf{P}_1)\|\,\bar{\mathbf{y}}\|^2. \tag{5.40}$$

于是，

$$\min \frac{\bar{\mathbf{y}}^T\mathbf{Q}\bar{\mathbf{y}}}{\bar{\mathbf{y}}^T\mathbf{P}_1\bar{\mathbf{y}}} \geqslant \frac{\underline{\lambda}(\mathbf{M})\underline{\lambda}(\mathbf{P}_1)}{\bar{\lambda}(\mathbf{P}_1)} \triangleq 2\kappa_1 > 0. \tag{5.41}$$

结合（5.40）式，可得：

$$\|\,\bar{\mathbf{y}}\| \leqslant \frac{1}{\sqrt{\underline{\lambda}(\mathbf{P}_1)}}\sqrt{V(\bar{\mathbf{y}})}. \tag{5.42}$$

因此，结合（5.41）和式（5.42），由式（5.39）我们可得：对于任意的 $t \geqslant T_0$ 有下式成立，

$$\dot{V}(\bar{\mathbf{y}})|_{(5.34)} \leqslant -2\kappa_1 V(\bar{\mathbf{y}}) + 2\frac{(\bar{\delta}+\varepsilon)\bar{\lambda}(\mathbf{P}_1)}{\sqrt{\underline{\lambda}(\mathbf{P}_1)}}\sqrt{V(\bar{\mathbf{y}})} = -2\kappa_1 V(\bar{\mathbf{y}}) + 2\kappa_2\sqrt{V(\bar{\mathbf{y}})}, \tag{5.43}$$

其中 $\kappa_2 \triangleq \frac{(\bar{\delta}+\varepsilon)\bar{\lambda}(\mathbf{P}_1)}{\sqrt{\underline{\lambda}(\mathbf{P}_1)}}$。当 $0 \leqslant \|\bar{\mathbf{y}}(t)\| \leqslant \frac{\kappa_2}{\underline{\lambda}(\mathbf{P}_1)\kappa_1}$ 时，则 $\dot{V}(\bar{\mathbf{y}}) \geqslant 0$，于是 $V(\bar{\mathbf{y}})$ 是递增的，但是随着 $\|\bar{\mathbf{y}}(t)\|$ 增大，当越过 $\left\{y: 0 \leqslant \|\bar{\mathbf{y}}(t)\| \leqslant \frac{\kappa_2}{\underline{\lambda}(\mathbf{P}_1)\kappa_1}\right\}$ 区域的边界时，即 $\|\bar{\mathbf{y}}(t)\| > \frac{\kappa_2}{\underline{\lambda}(\mathbf{P}_1)\kappa_1}$，则 $\dot{V}(\bar{\mathbf{y}}) < 0$，即 $V(\bar{\mathbf{y}})$ 在区域 $\left\{y: 0 \leqslant \|\bar{\mathbf{y}}(t)\| \leqslant \frac{\kappa_2}{\underline{\lambda}(\mathbf{P}_1)\kappa_1}\right\}$ 外是衰减的。所以 $V(\bar{\mathbf{y}})$ 在点 $\|\bar{\mathbf{y}}(t)\| = \frac{\kappa_2}{\underline{\lambda}(\mathbf{P}_1)\kappa_1}$ 处取得极大值，即对于任意的 $t > T_0$ 有：

$$V(\bar{\mathbf{y}}(t)) \leqslant \frac{\bar{\lambda}^2(\mathbf{P}_1)\kappa_2^2}{\underline{\lambda}^2(\mathbf{P}_1)\kappa_1^2}. \tag{5.44}$$

所以，对于任意的 $t > T_0$ 有：

$$\|\bar{\mathbf{y}}(t)\| \leqslant \frac{\bar{\lambda}(\mathbf{P}_1)\kappa_2}{\underline{\lambda}^{3/2}(\mathbf{P}_1)\kappa_1}. \tag{5.45}$$

因此，随着 $t \to \infty$，$\bar{\mathbf{y}}(t)$ 是有界的。根据 $\bar{\mathbf{y}}(t)$ 的定义和变量 x_0 的性质，可知：$t \to \infty$，$\mathbf{y}$ 也是有界的。于是，定理证明完毕。

类似地，上述分析方法可以推广到动态目标情形。

第四节　数值仿真

在本节，我们给出数值仿真来验证文中的算法。考虑由 5 个智能体和一个目标构成的系统。系统的通信拓扑如图 5-4 所示，其中 $e_i, i=1,2,3,4,5$ 表示智能体节点，e_0 表示目标节点。为了验证文中算法的有效性，我们设智能体 1, 3, 4 和 5 绕着原点沿逆时针方向分别作匀速圆周运动，它们作匀速圆周运动的半径分别为 2, 3, 4 和 5 m，它们的速度分别为 2, 3, 4 和 5 m/s。设智

能体 2 从始点（$-10, 0$）沿着 X 轴以速度 0.25 m/s 作直线运动。显然，智能体 2 的速度 $v_2(t)$不满足持续激励条件。虽然智能体 2 不满足持续激励条件，根据图 5-4 可知，智能体 2 和智能体 3 能够协作估计目标的位置。

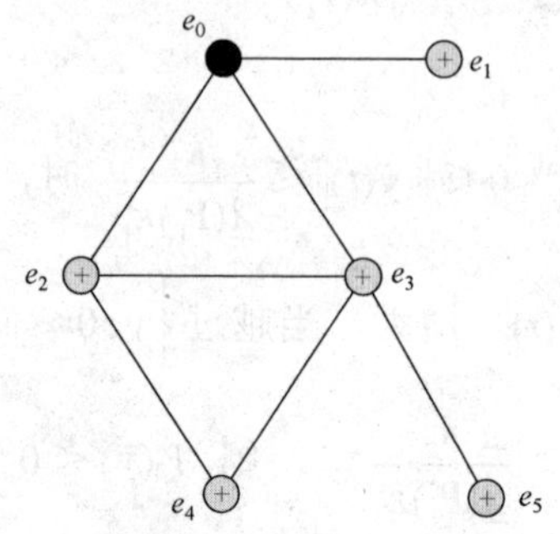

图 5-4　通信拓扑

情形 1：我们设目标 e_0 位于原点，且目标是静止的。由图 5-4 可知，拓扑 $\bar{\mathcal{G}}$ 是连通的。而且，我们很容易验证条件（5.15）和（5.17）是成立的。利用算法（5.11），（5.12）和（5.13）。

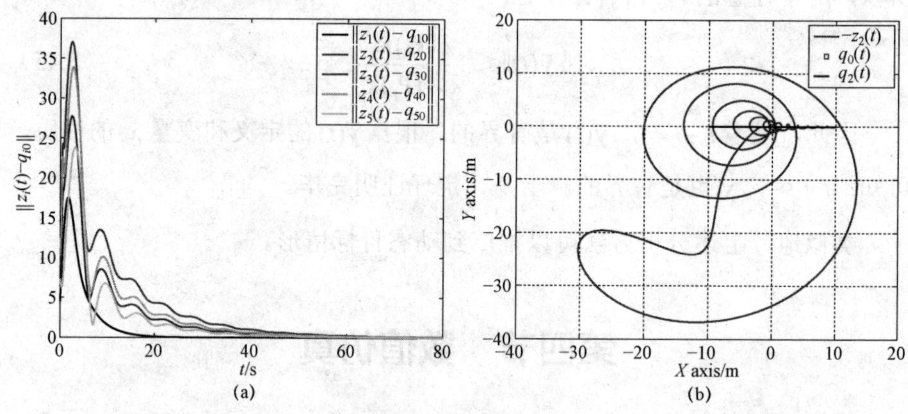

图 5-5　静态目标情形的协作定位

如图 5-5（a）所示，目标的相对位置估计误差$\| z_i(t)-q_{i0}(t)\|, i=1,\cdots,5$ 一致收敛到 0。显然，我们的算法是有效的。为了方面观察估计的轨迹，我们只给出智能体 2 的估计轨迹$-z_2(t)$，如图 5-5（b）所示。和文献［184］中的估计器相比较，本文中的估计器设计方法更实用，因为本文中的估计器在

部分节点即使不满足持续激励条件，只要节点满足协作持续激励条件，则仍然有效。如图 5-6 所示，利用文献［184］的估计器，在上述条件下，目标的相对位置估计误差不能一致收敛到 0。

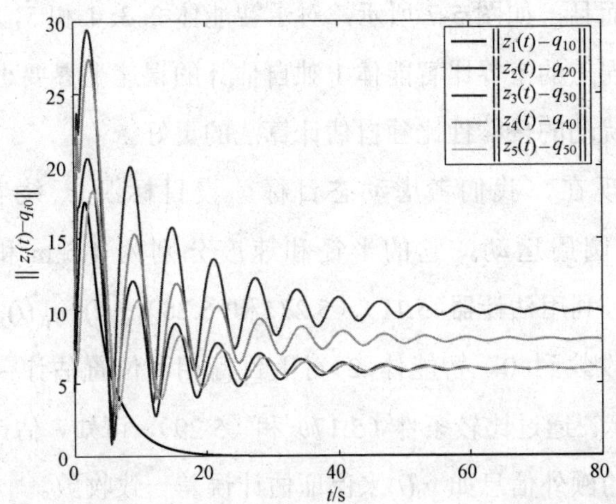

图 5-6　在文献［184］的估计器下，$\|z_i(t)-q_{i0}(t)\|$ 的轨迹

如图 5-5（a）所示，智能体 1 的目标相对位置估计误差收敛得更快。这是因为智能体 1 能够直接获得目标的距离测量信息而不受其他节点的影响，这点可以从通信拓扑图 5-4 中看出来。因此智能体 2 在持续激励条件下独自估计目标的相对位置。

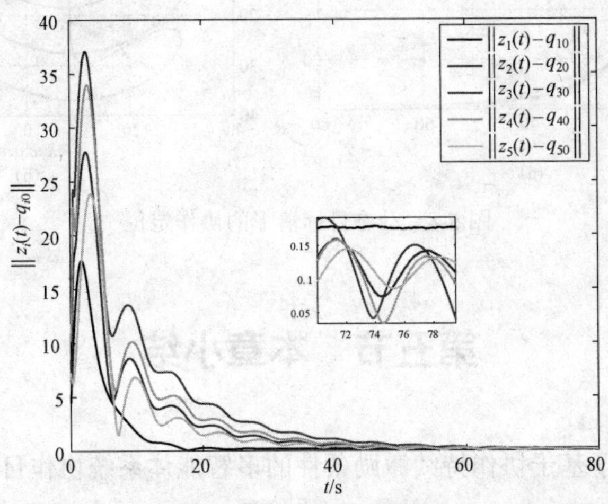

图 5-7　当目标是静态的，带扰动的 $\|z_i(t)-q_{i0}(t)\|$ 轨迹

为了验证我们的算法在更一般情形下的性能，我们考虑带白噪声的情形。把均值为 0 方差为 0.25 的白噪声信号分别加到估计器 $z_1(t)$和 $z_3(t)$的输入上。由图 5-7 可知，目标相对位置的估计误差是有界的，这与定理 5.4 的结论是一致的。而且，如图 5-7 所示，对于智能体 2, 3, 4 和 5，它们关于目标相对位置估计误差的上界比智能体 1 独自估计的误差上界要小。这是因为协作估计算法对扰动的鲁棒性比独自估计算法的更好。

情形 2：现在，我们考虑动态目标。设目标源 e_0 绕着原点沿逆时针方向作匀速圆周运动，它的半径和速度分别为 4.5 m 和 4.5 m/s。如图 5-8(a)所示，利用估计器(5.11)，(5.27)和(5.28)，$z_i(t)-q_{i0}(t)$, $i=1, 2, 3, 4, 5$ 仍然能够一致收敛到 0。智能体 2 对于目标相对位置估计 $-z_2(t)$的估计如图 5-8（b）所示。通过比较条件（5.17）和（5.29），可知，估计器（5.28）利用了关于目标的额外信息如 $v_0(t)$来保证估计误差一致收敛。

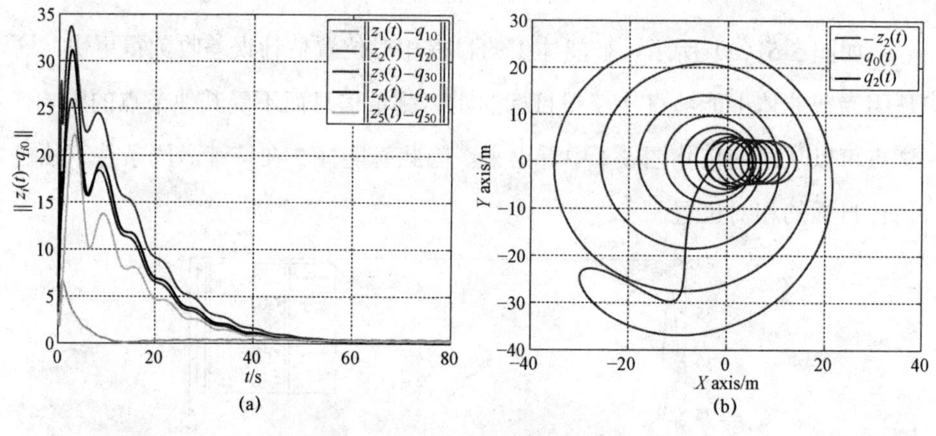

图 5-8　动态目标情形的协作定位

第五节　本章小结

本章研究了基于协作持续激励条件的多智能体系统协作目标定位问题，分别考察了静态和动态目标情形。首先，为每个智能体设计估计器估计邻居节点的相对位置。其次，根据智能体和目标节点间的直接相互作用，为部分智能体，设计一个新的局部协作估计器估计目标的相对位置。充分利用智能体和目标节点间的直接相互作用，我们获得一个更弱的条件，即协作持续激励条件。最后，为每个智能体设计基于一致性估计融合算法估计目标的相对位置。我们证明在一定条件下目标相对位置估计误差一致收敛到 0。最后，分析了文中算法对扰动具有一定的鲁棒性。

第六章　多智能体系统的多目标定位与巡航控制

本章主要讨论了多智能体系统的多目标定位与巡航控制器设计问题[203]。首先，在目标位置已知的前提下，考察了多智能体系统一致巡航控制单个移动目标的问题，提出了新的一致巡航控制器设计方法。基于方位角测量技术，进一步考察了目标位置未知情形的多智能体系统的多目标一致巡航控制问题。文中给出了算法的收敛性分析。最后，通过数值仿真验证了文中算法的正确性和有效性。

第一节　研究背景

所谓目标定位和巡航控制问题，主要是讨论如何用有限的测量信息如距离或方位角估计目标的位置，然后利用一个或多个智能体巡航目标。由于目标定位和巡航控制问题在如安全监控[181]，卫星编队飞行[204]等领域具有极广泛的应用，所以吸引了越来越多科研工作者的注意。对于不同的应用，通常有不同的控制指标，但是它们都有一个基本的要求，就是绕着一个参考点如目标或多目标中心在规定的轨道上作巡航运动。

对于目标巡航问题，许多现存的文献都假设目标的位置是已知的，然后为单个或多个智能体设计一个控制算法保证所有的智能体执行巡航任务[205-207,213-215]。然而，对于智能体来说，通常目标的位置是未知的，因此需要为智能体设计估计器估计目标的位置和基于目标位置估计设计巡航控制器保证智能体执行巡航任务。为了求解这类问题，Shames[181]和 Degat[209]等提出了一种定位—控制策略。该策略的主要思想是基于数据测量估计目标位置，然后利用目标位置的估计设计巡航控制器保证智能体执行巡航任务。估计器设计和控制器设计都需要额外的测量数据如距离或方位角测量。当目标位置信息未知时，Deghat[208]和 Shames[181]分别研究了基于方位角测量和基于距离测量的单个智能体巡航定位单个目标的问题。Deghat[210]和 Matveev[211]分别研究了基于方位角测量和基于距离测量的单个智能体巡航多个目标的问题。最近，Zheng 等[212]研究了基于方位角测量的多个智能体巡航单个目标的问题。然后，据我所知，多个智能体巡航多个目标的问题还没有被彻底解决，尤其是每个智能体只能获得部分目标的测量数据且智能体间的通信拓扑并不是全连通的情形。对于这种情形，除了需要进行目标位置估计器设计和巡航控制器设计，还需要为每个智能体设计一个协作估计器确定多目标几何中心。

为了协作确定多目标几何中心，平均一致性方法可作为一种很好的选择。多智能体系统的平均一致性意味着所有智能体的状态一致收敛到初始状态的加权平均。在早期，大部分文献［19，26，216-218］考查了静态平均一致性问题，其中初始条件的加权平均值是一个常值。然而，分布式控制的本质要求智能体之间在一个动态的环境里进行相互协作。例如，当多个目标是运动的，则它们的几何中心是一个时变的参考信号，因此需要借助动态平均一致性算法跟踪这类参考信号。Spanos 等[219]提出一类动态平均一致性算法保证所有的智能体状态一致渐近收敛到一簇时变参考信号的平均值，并用频域方法证明了算法的收敛性。Freeman 等[220]给出了两个动态平均一致性算法，分别称为比例（P）算法和比例积分（PI）算法，该算法只能以一定范围内的稳态误差达到动态平均一致。Bai 等[221]进一步推广了比例积分（PI）算法，使得新的算法对已知阶数的多项式输入，已知频率的正弦输入等时变信号以零稳态误差达到动态平均一致。最近，针对一组导数有界[222]和二阶导数有界[223]的时变参考信号，Chen 提出了一类不连续的分布式动态平均一致性算法保证多智能体系统达到动态平均一致。

在本章，我们研究多智能体系统的多目标定位与巡航控制问题，其中目标的位置是未知的但是每个目标的方位角测量至少被一个智能体获得，且多智能体系统的通信拓扑不是全连通的。为了使每个智能体执行巡航任务，首先，设计估计器估计目标的位置。其次，受动态平均一致性方法的启发，为每个智能体设计一个分布式估计算法协作估计多目标中心。最后，为每个智能体设计一个巡航控制器来保证智能体执行巡航任务。我们将证明本文中的估计算法和巡航控制算法对静态目标和移动缓慢的目标都是有效的。

第二节　预备知识和问题描述

在本小节，我们将给出一些后面将要用的关键引理，以及问题描述。

一、预备知识

第 5 章中的条件（5.5）称为持续激励条件。如果信号 $V(\cdot):\mathbb{R}_{\geqslant 0}\to\mathbb{R}^m$ 满足条件（5.5），则我们简称 $V(\cdot)$ 是满足持续激励条件的。条件（5.5）的标量形式[224]可以进一步表示为：

$$\sigma_1\leqslant\int_{t_0}^{t_0+T}(U^TV(t))^2\mathrm{d}t\leqslant\sigma_2,\tag{6.1}$$

其中，$U\in\mathbb{R}^m$ 为任意的单位常向量。

引理 6.1[222]. 倘若图 $\mathcal{G}$ 是无向连通的。考虑系统（6.9），如果对于任意的 i，信号 $\hat{\xi}_i(t)$ 的一阶导数有界，即存在一个正常数 η 使得

$$\sup_{t\in[0,\infty)}\|\dot{\hat{\xi}}_i(t)\|\leqslant\eta,\tag{6.2}$$

且参数 α（见（6.9））满足：

$$\alpha>\eta,\tag{6.3}$$

则对于任意的 $i, \| r_i(t)-(1/n)\sum_{j=1}^{n}\hat{\xi}_j(t)\|$ 有限时间收敛到 0，即存在正常数 $T>0$ 使得：

$$\lim_{t\to T}\| r_i(t)-(1/n)\sum_{j=1}^{n}\hat{\xi}_j(t)\|=0.$$

而且，有限收敛时间常数的上界为 $(1/(2\alpha-2\eta))\sum_{i=1}^{n}\sum_{j\in\mathcal{N}_i}\| r_i(0)-r_j(0)\|$。

二、问题描述

假设在 t 时刻，平面上有 n 个位置未知的目标 $\xi_i(t)\in\mathbb{R}^2$，同时存在 n 个位置已知的智能体 $x_i(t)\in\mathbb{R}^2$。我们假设每个智能体 i 的动态满足一阶积分器模型

$$\dot{x}_i=u_i, i=1,2,\cdots,n, \tag{6.4}$$

其中 $u_i(t)$ 表示智能体 i 的速度控制输入。假设每个智能体 i 在 t 时刻只能获得关于相对目标 i 的方位角测量，记为 $\theta_i(t)$。则通过：

$$\varphi_i(t)=\begin{bmatrix}\cos\theta_i(t)\\ \sin\theta_i(t)\end{bmatrix}, \tag{6.5}$$

我们可以立刻获得单位方向向量 $\varphi_i(t)$，方向由 $x_i(t)$ 指向 $\xi_i(t)$。如图 6-1 所示。根据智能体和目标间的几何关系，方向向量 $\varphi_i(t)$ 也可以表示为：

$$\varphi_i(t)=\frac{\xi_i(t)-x_i(t)}{\|\xi_i(t)-x_i(t)\|}:=\frac{\xi_i(t)-x_i(t)}{\rho_i(t)}. \tag{6.6}$$

我们对 $\varphi_i(t)$ 顺时针旋转π/2 获得垂直于 $\varphi_i(t)$ 的单位向量，定义为 $\bar{\varphi}_i(t)$。

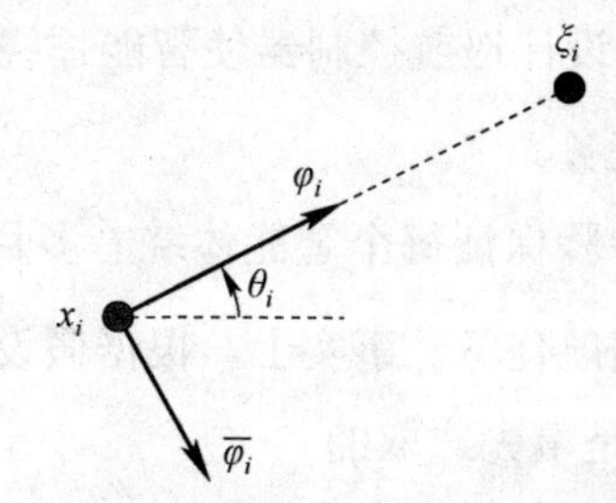

图 6-1　$x_i,\xi_i,\theta_i,\varphi_i$ 和 $\bar{\varphi}_i$ 之间的关系

注 6.1. 在这里，我们对 $\varphi_i(t)$ 的定义作详细说明，我们从以下两个方面做出说明：

（1）一方面，由于本文运用方位角测量技术，当智能体 i 在 t 时刻能够获得关于目标 i 的方位角测量 $\theta_i(t)$，则 $\varphi_i(t)$ 总是有定义的，因为 $\varphi_i(t)=[\cos\theta_i(t), \sin\theta_i(t)]^T$。值得注意的是，文献［209，210］虽然没有对 $\varphi_i(t)$ 是否有定义做出讨论，但是文献中隐含了这个事实；

（2）另一方面，当智能体 i 足够接近目标 i 以致智能体 i 在 t_0 时刻不能获得方位角测量，我们能够简单地让算法（6.8）不更新 φ_i 的值。在下一时刻 $t_1>t_0$，智能体 i 离开目标 i（由于智能体的快速运动），于是算法（6.8）将可以继续工作。由（6.12）式，我们可知，当每个智能体绕着目标中心以期望半径巡航所有的目标时，系统达到稳态。

多目标几何中心定义为：

$$\xi^*(t)=\frac{1}{n}\sum_j \xi_j(t). \tag{6.7}$$

我们的目标是利用方位角测量技术设计估计器估计多目标的几何中心 $\xi^*(t)$，然后设计巡航控制器使得每个智能体向以多目标几何中心为圆心以 ρ_{d_i} 为半径的圆周上运动，且每个目标都在圆周内部。这类问题也称为多智能体系统的多目标定位与巡航控制问题。

因为目标的位置是未知的，我们把这类问题分解为如下三个子问题：

第一，利用方位角测量设计估计器估计目标的位置；

第二，为每个智能体设计分布式估计算法协作估计多目标几何中心；

第三，为每个智能体设计巡航控制器使智能体绕着多目标几何中心以期望的巡航半径执行巡航任务。

同时执行上述三个步骤保证每个智能体绕着多目标几何中心 $\xi^*(t)$ 以 ρ_{d_i} 为期望的巡航半径执行巡航任务。事实上，根据假设 2 中的已知常数 D，本文中期望的巡航半径 ρ_{d_i} 是事先选取的。

为了分布式求解多目标几何中心和使问题的解有意义，我们给出如下假设：

假设 1：由多智能体构成的图$\mathcal{G}$是无向的，连通的。

假设 2：假设存在一个已知常数 $D>0$ 使得对任意的 $t>0$，$\max_i\|\xi_i(t)-\xi^*(t)\|\leqslant D$成立。

假设 3：每个目标的方位角至少被一个智能体获得。

假设 1 为多智能体系统的一个标准假设。假设 2 保证目标间的距离是有界的，它是多目标巡航的一个前提条件。而且，在现实中，已知界 D 能够通过物理手段获得，如测量传感器。为了使智能体能够协作估计多目标几何中心，假设 3 是一个简单而且重要的必要条件。

第三节　简单情形的算法设计

本文主要研究在非完全信息下多智能体系统的多目标定位与巡航控制问题。为了聚焦这种新的情形，在本节，我们首先考虑智能体的数目和目标数目相同这种简单的情形。然而，在后面的章节中，把这种简单的情形进一步推广到一般情形—智能体的数目和目标的数目不一定相同的情形。

因为这类问题属于典型的估计和控制问题，我们在估计目标位置$\xi_i(t)$和多目标几何中心$\xi^*(t)$的同时，设计巡航控制器使得所有的智能体绕着多目标几何中心在期望的环形轨道上作巡航运动。在本节，我们首先考虑静态目标情形的目标定位与巡航控制算法的设计问题，并给出算法的稳定性分析。然后，我们进一步分析该算法，并得出该算法对缓慢移动目标情形也是适用的。

一、静态目标情形

1. 估计器和巡航控制器设计

我们假设平面上有 n 个静态的目标，即 $\xi_i(t)=0,i=1,2,\cdots,n$。显然假设 2 是满足的。假设每个智能体 i 只能获得关于与之对应的目标 i 的方位角测量 $\theta_i(t)$。首先，利用方位角测量和智能体的位置 $x_i(t)$，设计估计器估计目标的位置，估计器形式如下：

$$\dot{\hat{\xi}}_i(t)=k_i(I-\varphi_i(t)\varphi_i^T(t))(x_i(t)-\hat{\xi}_i(t)),i=1,2,\cdots,n \tag{6.8}$$

其中 $\hat{\xi}_i(t)$ 为智能体 i 对目标位置 $\xi_i(t)$ 的估计，k_i 为正的增益。

其次，对于多目标巡航控制问题，需要确定多目标几何中心。因为每个智能体 i 只能获得与之对应的目标 i 的方位角测量，且多目标几何中心是不可测的。因此，所有的智能体在假设 1 的前提下协作估计多目标几何中心。于是，利用目标位置估计 $\xi_i(t)$ 和智能体的邻居信息，为每个智能体设计一个分布式目标中心估计算法，算法具体形式如下：

$$\begin{aligned}&\dot{w}_i(t)=\alpha\sum_{j\in\mathcal{N}_i}\mathrm{sgn}[r_j(t)-r_i(t)],\\&r_i(t)=w_i(t)+\hat{\xi}_i(t),i=1,2,\cdots,n,\end{aligned} \tag{6.9}$$

其中 $w_i(t)$ 为智能体 i 的内部状态，$r_i(t)$ 表示智能体 i 对多目标几何中心 $\xi^*(t)$ 的估计，α 为常数增益，$\mathrm{sgn}(\cdot)$ 为符号函数，所有智能体的内部状态初始化为：

$$\sum_{i=1}^{n}w_i(0)=0. \tag{6.10}$$

在引理 6.1 的条件下，由式（6.9），我们可得：存在常数 $T>0$ 使得 $\lim\limits_{t\to T}\|r_i(t)-(1/n)\sum_{j=1}^{n}\hat{\xi}_j(t)\|=0$ 成立，这意味着所有的 $r_i(t)$ 一致收敛到动态平均一致值 $(1/n)\sum_{j=1}^{n}\hat{\xi}_j(t)$。基于（6.8），可知，当 $\hat{\xi}_i(t)$ 渐近收敛到真值 $\xi_i(t)$，则所有的 $r_i(t)$ 一致收敛到多目标的几何中心 $\xi^*(t)$。算法（6.9）也称多目标几何中心估计器。多目标中心的估计误差定义为

$$\tilde{r}_i(t)=r_i(t)-\xi^*(t). \tag{6.11}$$

最后，为了使每个智能体执行巡航任务，利用多目标几何中心的估计 $r_i(t)$，我们为每个智能体设计巡航控制器，具体形式如下：

$$u_i=(\varrho_i(t)-\rho_{d_i})\phi_i(t)+\alpha_i\bar{\phi}_i(t),i=1,2,\cdots,n \tag{6.12}$$

其中 $\varrho_i(t)$ 表示智能体 i 和 $r_i(t)$ 间的距离，定义为：

$$\varrho_i(t)=\|x_i(t)-r_i(t)\|. \tag{6.13}$$

$\phi_i(t)$ 表示方向由 $x_i(t)$ 指向 $r_i(t)$ 的单位方向向量，定义为：

$$\phi_i(t)=\frac{r_i(t)-x_i(t)}{\|r_i(t)-x_i(t)\|}=\frac{r_i(t)-x_i(t)}{\varrho_i(t)}. \tag{6.14}$$

由引理 6.2 可知，通过合适选取初值 $x_i(0)$ 和 $r_i(0)$，$\phi_i(t)$ 总是有定义的。把 $\phi_i(t)$ 顺时针旋转π/2 可得单位向量，记为 $\bar{\phi}_i(t)$。α_i 为常数增益，ρ_{d_i} 为智能体 i 的期望巡航半径。

2. 收敛性分析

下面，我们将证明，对于静态目标情形，估计误差渐近收敛到 0，巡航半径

$$d_i(t)=x_i(t)-\xi^* \tag{6.15}$$

也渐近收敛到期望巡航半径 ρ_{d_i}。

定义 $\tilde{\xi}_i(t)=\hat{\xi}_i(t)-\xi_i$ 为目标位置估计误差。结合式（6.6）和式（6.8），我们可得，

$$\begin{aligned}\dot{\tilde{\xi}}_i(t)&=k_i(I-\varphi_i(t)\varphi_i^T(t))(x_i(t)-\hat{\xi}_i(t))\\&\overset{(6.6)}{=}k_i(I-\varphi_i(t)\varphi_i^T(t))(-\varphi_i(t)\rho_i(t)-\tilde{\xi}_i(t))\\&\overset{\varphi_i^T\varphi_i=1}{=}-k_i(I-\varphi_i(t)\varphi_i^T(t))\tilde{\xi}_i(t)\\&=-k_i\bar{\varphi}_i(t)\bar{\varphi}_i^T(t)\tilde{\xi}_i(t).\end{aligned} \tag{6.16}$$

为了证明估计误差渐近收敛到 0，我们首先给出如下结论：

命题 6.1. 考虑估计器（6.8）～（6.9）和控制器（6.12）。如果假设 1～3 是满足的，则存在一个正常数 α（见式（6.9））使得对任意的 i，$\rho_i(t)$ 是有界的。

证明：为了证明 $\rho_i(t)$ 是有界的，我们首先证明 $\varrho_i(t)$ 是有界的。考虑系统（6.16），我们选取李雅普若夫函数为 $V_i=\frac{1}{2}\tilde{\xi}_i^T\tilde{\xi}_i$。我们可得：

$$\dot{V}_i=-k_i\tilde{\xi}_i^T\bar{\varphi}_i\bar{\varphi}_i^T\tilde{\xi}_i=-k_i\|\bar{\varphi}_i^T\tilde{\xi}_i\|^2 \tag{6.17}$$

是负半定的。因此系统（6.16）是一致稳定的。于是，$\tilde{\xi}_i(t)$ 是有界的。因为 $\bar{\varphi}_i(t)$

是单位向量，由（6.16）式可知，$\dot{\hat{\xi}}_i(t)$ 也是有界的。根据 $\tilde{\xi}_i(t)$ 的定义：

$$\hat{\xi}_i(t)=\tilde{\xi}_i(t)+\xi_i, \tag{6.18}$$

可得，$\hat{\xi}_i(t)$ 和 $\dot{\hat{\xi}}_i(t)$ 是有界的。于是存在一个正常数 η 使得（6.2）式成立。因此我们可选取参数 α 使得（6.3）式成立。结合假设 1 和引理 6.1，我们可得：

$$\lim_{t\to\infty}\left(r_i(t)-\frac{1}{n}\sum_{j}^{n}\hat{\xi}_j(t)\right)=0. \tag{6.19}$$

因此 $r_i(t)$ 是有界的。由（6.9）可知，$\dot{w}_i(t)$ 是有界的，故 $\dot{r}_i(t)$ 也是有界的。对于任意的 i，不是一般性，我们假设存在正常数 $b>0$ 使得下式成立，

$$\|\dot{r}_i(t)\|\leqslant b,\forall i. \tag{6.20}$$

下面我们证明 $\varrho_i(t)$ 是有界的。定义 $\Delta_i(t)$ 为：

$$\Delta_i(t)=\varrho_i(t)-\rho_{d_i}. \tag{6.21}$$

考虑（6.12），（6.13）和（6.14），$\Delta_i(t)$ 的导数可表示为：

$$\begin{aligned}\dot{\Delta}_i(t)&=\dot{\varrho}_i(t)\\&=\frac{(\dot{x}_i(t)-\dot{r}_i(t))^T(x_i(t)-r_i(t))}{\varrho_i(t)}\\&=-(\Delta_i(t)\phi_i^T(t)+\alpha_i\bar{\phi}_i^T(t)-\dot{r}_i^T(t))\phi_i(t)\\&=-\Delta_i(t)+\dot{r}_i^T(t)\phi_i(t).\end{aligned} \tag{6.22}$$

于是，方程（6.22）的解为：

$$\Delta_i(t)=\mathrm{e}^{-t}\Delta_i(0)+\int_0^t\mathrm{e}^{-(t-\tau)}\phi_i^T(\tau)\dot{r}_i(\tau)\mathrm{d}\tau. \tag{6.23}$$

因为 $\dot{r}_i(t)$ 是有界的，由（6.20）式和（6.23）式，我们进一步可得：

$$\begin{aligned}|\Delta_i(t)|&\overset{(6.20)}{\leqslant}\mathrm{e}^{-t}|\Delta_i(0)|+b\int_0^t\mathrm{e}^{-(t-\tau)}\mathrm{d}\tau\\&=\mathrm{e}^{-t}|\Delta_i(0)|+b(1-\mathrm{e}^{-t}).\end{aligned} \tag{6.24}$$

因此，对于任意的 i，$\Delta_i(t)$ 是有界的，即 $\varrho_i(t)$ 也是有界的。

下面，我们证明 $\rho_i(t)$ 是有界的。如图 6-2 所示，l_{i1},l_{i2},l_{i3} 分别定义如下，

$$l_{i1}(t)=\|r_i(t)-\xi^*\|,\ l_{i2}(t)=\|x_i(t)-\xi^*\|,\ l_{i3}(t)=\|\xi_i(t)-\xi^*\|.$$

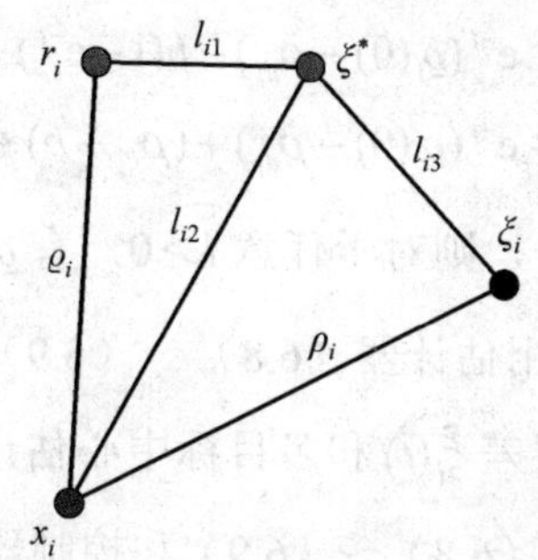

图 6-2　$\varrho_i,\rho_i,l_{i1},l_{i2}$ 和 l_{i3} 之间的关系

根据上面的证明，我们可知，$r_i(t)$ 是有界的。因为目标是静止的，于是 $l_{i1}(t)$ 和 $l_{i3}(t)$ 是有界的。由下面的三角不等式：

$$l_{i2}(t) \leqslant \varrho_i(t) + l_{i1}(t), \tag{6.25}$$

我们可得，$l_{i2}(t)$ 是有界的。进一步利用下面的三角不等式，

$$\rho_i(t) \leqslant l_{i2}(t) + l_{i3}(t), \tag{6.26}$$

我们可得，$\rho_i(t)$ 是有界的。因此存在正常数 D_i 使得对任意的 i，$\rho_i(t) \leqslant D_i$ 成立。证明完毕。

结合命题 6.1，我们有如下引理：

引理 6.2. 给定假设 1～3。考虑估计器（6.8）～（6.9）和控制器（6.12），如果 $b < \rho_{d_i} < \varrho_i(0)$，则对任意的 i 和 $t>0$，有 $\varrho_i(t) > 0$ 成立。

证明：由命题 6.1 的证明，我们可得：

$$-b \leqslant \phi_i^T(\tau)\dot{r}_i(\tau) \leqslant b \tag{6.27}$$

和

$$\Delta_i(t) = \mathrm{e}^{-t}\Delta_i(0) + \int_0^t \mathrm{e}^{-(t-\tau)}\phi_i^T(\tau)\dot{r}_i(\tau)\mathrm{d}\tau. \tag{6.28}$$

结合（6.27）式和（6.28）式，我们可得：

$$\begin{aligned}\Delta_i(t) &\geqslant \mathrm{e}^{-t}\Delta_i(0) - b\int_0^t \mathrm{e}^{-(t-\tau)}\mathrm{d}\tau \\ &= \mathrm{e}^{-t}\Delta_i(0) - b(1-\mathrm{e}^{-t})\end{aligned} \tag{6.29}$$

由 $\Delta_i(t)$ 的定义（见（6.21）式），我们进一步可得：

$$\begin{aligned}\varrho_i(t) &\geqslant \mathrm{e}^{-t}(\varrho_i(0)-\rho_{d_i})-b(1-\mathrm{e}^{-t})+\rho_{d_i} \\ &\geqslant \mathrm{e}^{-t}(\varrho_i(0)-\rho_{d_i})+(\rho_{d_i}-b)+\mathrm{e}^{-t}b\end{aligned} \tag{6.30}$$

因此，如果 $b<\rho_{d_i}<\varrho_i(0)$，则对于任意 $t>0$，有 $\varrho_i(t)>0$ 成立。

下面的结论表明，利用估计器（6.8）～（6.9）和控制器（6.12），对于任意的 i，目标位置估计误差 $\tilde{\xi}_i(t)$ 和多目标中心估计误差 $\tilde{r}_i(t)$ 渐近收敛到 0。

命题 6.2. 考虑估计器（6.8）～（6.9）和控制器（6.12）。如果假设 1～3 是满足的，则存在一个正常数 α（见（6.9）式）使得对任意的 i，目标位置估计误差 $\tilde{\xi}_i(t)$ 指数收敛到 0，信号 $\overline{\varphi}_i(t)$ 满足持续激励条件。而且，多目标中心估计误差 $\tilde{r}_i(t)$ 也是指数收敛到 0 的。

证明：我们首先证明 $\tilde{\xi}_i(t)$ 是指数收敛到 0 的。结合系统（6.16）和引理 5.1，我们可知，对于任意的 i，目标位置估计误差 $\tilde{\xi}_i(t)$ 指数收敛到 0 当且仅当信号 $\overline{\varphi}_i(t)$ 满足持续激励条件，即存在三个正常数 σ_1，σ_2 和 T 使得对任意的 $t_0\in\mathbb{R}\geqslant 0$ 有下式成立，

$$\sigma_1\leqslant\int_{t_0}^{t_0+T}(U^T\overline{\varphi}_i(t))^2\mathrm{d}t\leqslant\sigma_2, \tag{6.31}$$

其中 U 为常单位向量。我们定义 $\gamma_i(t)$ 为单位向量 U 和 $\overline{\varphi}_i(t)$ 间的夹角，如图 6-3 所示。类似地，角 $\theta_i(t)$ 和 $\beta_i(t)$ 定义参考图 6-3。我们不妨假设，如果角 $\overline{\varphi}_i(t)$，$\theta_i(t)$ 和 $\beta_i(t)$ 的方向是沿着逆时针方向，则它们是正的，否则它们是负的。由（6.31）式，我们进一步可得：

$$\sigma_1\leqslant\int_{t_0}^{t_0+T}\cos^2\gamma_i(t)\mathrm{d}t\leqslant\sigma_2. \tag{6.32}$$

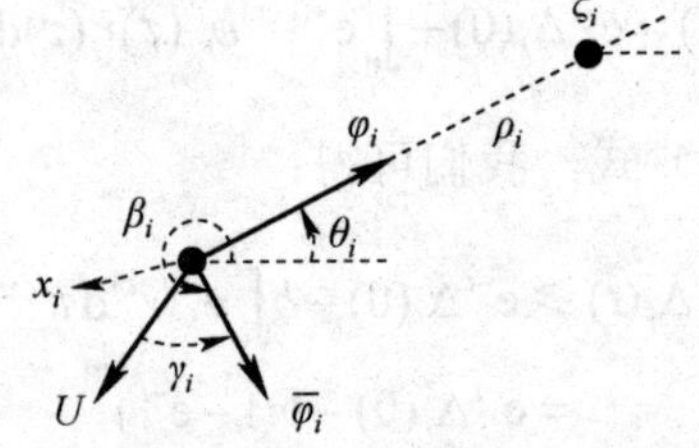

图 6-3　U,γ_i,β_i 和 φ_i 之间的关系

由于$\cos(\bullet)\leqslant 1$，（6.32）式总是有上界的。下面，我们只需要证明（6.32）式对于任意$t_0\in\mathbb{R}\geqslant 0$总是有下界的。因为$U$是单位常向量，则角$\beta_i(t)-\gamma_i(t)$是常数。由图6-3，我们可得：

$$\frac{\mathrm{d}\gamma_i(t)}{\mathrm{d}t}=\frac{\mathrm{d}\beta_i(t)}{\mathrm{d}t}. \tag{6.33}$$

因为$\overline{\phi}_i(t)$是通过对$\phi_i(t)$顺时针旋转π/2获得的，则$\beta_i(t)-\theta_i(t)=3\pi/2$。于是，我们可得：

$$\frac{\mathrm{d}\beta_i(t)}{\mathrm{d}t}=\frac{\mathrm{d}\theta_i(t)}{\mathrm{d}t}. \tag{6.34}$$

因为智能体i沿着$\overline{\phi}_i(t)$的速度为α_i（见（6.12）式），$x_i(t)$和$\xi_i(t)$之间的距离为$\rho_i(t)$，我们可得：

$$\frac{\mathrm{d}\theta_i(t)}{\mathrm{d}t}=\frac{\alpha_i}{\rho_i(t)}. \tag{6.35}$$

由（6.33）式和（6.34）式，我们可得：

$$\frac{\mathrm{d}\gamma_i(t)}{\mathrm{d}t}=\frac{\alpha_i}{\rho_i(t)}. \tag{6.36}$$

根据命题6.1，我们可知，存在一个正常数$D_i>0$使得$\rho_i(t)\leqslant D_i$成立。由（6.36）式，我们进一步可得：

$$\frac{\mathrm{d}\gamma_i(t)}{\mathrm{d}t}\geqslant\frac{\alpha_i}{D_i},$$

即，

$$\gamma_i(t)\geqslant\gamma_i(0)+\frac{\alpha_i t}{D_i},\forall t\geqslant 0. \tag{6.37}$$

因此，随着时间的增加，上述连续函数不会收敛到常数。因此我们总是能找到σ_1和T使不等式（6.32）的左边成立。

最后，我们证明多目标几何中心估计误差$\tilde{r}_i(t)$指数收敛到0。考虑估计器（6.8）～（6.9）和控制器（6.12），由命题6.1，我们可知$\hat{\xi}_i(t)$是有界的。结合引理6.1，可知，存在一个有限的时间常数$T>0$使得：

$$\lim_{t\to T}\| r_i(t)-(1/n)\sum_{j=1}^{n}\hat{\xi}_j(t)\|=0, \tag{6.38}$$

这表明，当 $t\geqslant T$ 时，$r_i(t)=(1/n)\sum_{j=1}^{n}\hat{\xi}_j(t)$ 。由 $\tilde{\xi}_i(t)=\hat{\xi}_i(t)-\xi_i$ ，我们可得：

$$\frac{1}{n}\sum_{i=1}^{n}\tilde{\xi}_i(t)=\frac{1}{n}\sum_{i=1}^{n}\hat{\xi}_i(t)-\frac{1}{n}\sum_{i=1}^{n}\xi_i=\frac{1}{n}\sum_{i=1}^{n}\hat{\xi}_i(t)-\xi^*. \tag{6.39}$$

当 $t\geqslant T$ 时，结合（6.39）式，我们可得：

$$\frac{1}{n}\sum_{i=1}^{n}\tilde{\xi}_i(t)=r_i(t)-\xi^*(t)=\tilde{r}_i(t),\forall i. \tag{6.40}$$

综合上述，我们可得，目标位置估计误差 $\tilde{\xi}_i(t)$ 指数收敛到 0，因此多目标中心估计误差 $\tilde{r}_i(t)$ 也是指数收敛到 0 的。证明完毕。

由上面的结论可知，巡航控制器（6.12）为智能体提供了必要的持续激励特性，于是估计误差在整个过程中渐近收敛到 0。下面的定理表明，利用估计器（6.8）～（6.9）和控制器（6.12），每个智能体能够绕着目标中心 $\xi^*(t)$ 以 ρ_{d_i} 为期望半径执行巡航任务。

定理 6.1. 考虑估计器（6.8）～（6.9）和控制器（6.12）。如果假设 1～3 是满足的，则存在一个正常数 α（见（6.9）式）使得对任意的 i，使得实际巡航半径 $d_i(t)$ 渐近收敛到期望巡航半径 ρ_{d_i} 。

证明：结合命题 6.2，可得 $\tilde{r}_i(t)$ 渐近收敛到 0，即 $r_i(t)$ 渐近收敛到 ξ^* 。因为所有的目标是静止的，因此 $\dot{r}_i(t)$ 渐近收敛到 0。对于线性系统 $\dot{x}=Ax+Bu$ ，其中 A 是赫尔维茨的，如果系统的解 $x(t)$ 在区间$[0, \infty)$上对应的控制输入随着 $t\to\infty$满足 $u(t)\to 0$，则随着 $t\to\infty$方程的解满足 $x(t)\to 0$[225]。因此，结合（6.23)，我们可得，随着 $t\to\infty$，$\varrho_i(t)$ 渐近收敛到 ρ_{d_i} 。由于

$$\begin{aligned} d_i(t)-\rho_{d_i} &= \| x_i(t)-\xi^*\|-\rho_{d_i} \\ &\leqslant \| x_i(t)-r_i(t)\|+\| r_i(t)-\xi^*\|-\rho_{d_i} \\ &= (\varrho_i(t)-\rho_{d_i})+\| \tilde{r}_i(t)\|. \end{aligned} \tag{6.41}$$

结合（6.41）式，可知，随着 $t\to\infty$，$d_i(t)-\rho_{d_i}\to 0$。于是，$d_i(t)$ 渐近收敛期

望巡航半径 ρ_{d_i}。证明完毕。

注 6.2. 上述证明受文献［209，210］的启发。主要区别是本文考察了多智能体和多目标情形的定位—巡航控制问题，于是现存文献中的证明不完全适用这种情形。为了使章节体系独立，在本文中我们给出新的详细证明过程。

二、动态目标情形

在本小节，我们将验证上述算法对缓慢移动目标情形仍然有效。对于动态目标情形，假设 2 保证目标间的距离是有界的，它是多目标巡航的一个前提条件。

当目标缓慢移动时，目标位置估计误差动态方程（6.16）变为：

$$\dot{\tilde{\xi}}_i(t) = -k_i\overline{\varphi}_i(t)\overline{\varphi}_i^T(t)\tilde{\xi}_i(t) - \dot{\xi}_i(t). \tag{6.42}$$

为了方面阐述，我们把系统（6.42）的齐次部分表示为：

$$\dot{\tilde{\xi}}_i(t) = -k_i\overline{\varphi}_i(t)\overline{\varphi}_i^T(t)\tilde{\xi}_i(t). \tag{6.43}$$

因为函数 $\overline{\varphi}_i$ 依赖于状态 $\tilde{\xi}_i(t)$（参考（6.6）和 $\tilde{\xi}_i(t) = \hat{\xi}_i(t) - \xi_i(t)$，于是引理 5.1 不能直接用于证明系统（6.43）的稳定性。因此，我们需要用无穷小分析技术证明，当目标满足假设 2 且目标的速度足够小时，估计误差和巡航误差渐近收敛到 0 的领域内。

定理 6.2. 考虑估计器（6.8）～（6.9）和控制器（6.12）。如果假设 1～3 是满足的，且每个目标运动得足够慢，即存在充分小的ε＞0 使得下式成立，

$$\| \dot{\xi}_i(t) \| < \varepsilon, \forall i. \tag{6.44}$$

则存在一个正常数 α（见（6.9）式）使得对任意的 i，估计误差 $\tilde{\xi}_i(t)$，$\tilde{r}_i(t)$ 和巡航误差 $d_i(t) - \rho_{d_i}$ 渐近收敛到 0 的领域内。

证明：首先，我们证明 $\tilde{\xi}_i(t)$ 收敛到 0 的领域内。为了这个目的，我们把系统（6.43）的稳定性和目标的速度联系起来。若我们定义 ε_i 为目标 i 的速度，定义 $\tilde{\xi}_i(t, \varepsilon_i)$ 为系统（6.43）的解，则可以把系统的解表示为如下泰勒级数的展开形式（参考文献［226］，p384），

$$\tilde{\xi}_i(t,\varepsilon_i)=\tilde{\xi}_i(t,0)+\varepsilon_i R_{\tilde{\xi}}(t,\varepsilon_i), \tag{6.45}$$

其中 $R_{\tilde{\xi}}$ 为泰勒级数的余项。根据前面关于静态目标情形的论述，我们可知，$\tilde{\xi}_i(t,0)$ 在估计器（6.8）～（6.9）和控制器（6.12）的作用下是指数稳定的。于是，由文献［226］中引理 9.1 可知，存在充分小的 ε_i 使得 $\tilde{\xi}_i(t,\varepsilon_i)$ 也是指数稳定的。因此，结合（6.42）式和文献［226］中引理 9.2 可知，对于任意的 i，$\tilde{\xi}_i(t)$ 渐近收敛到 0 的领域内，且领域的大小与目标速度的界成正比例。

根据上面的论述，可知，$\tilde{\xi}_i(t)$ 是有界的。因为 $\overline{\varphi}_i(t)$ 是单位向量，结合（6.42）式和（6.44）式可知，$\dot{\tilde{\xi}}_i(t)$ 是有界的。考虑目标位置估计误差 $\tilde{\xi}_i(t)=\hat{\xi}_i(t)-\xi_i(t)$ 和（6.44）式，我们可知，$\dot{\hat{\xi}}_i(t)$ 也是有界的。因此，存在一个正常数 α（见（6.9）式）使得条件（6.3）成立。结合假设 1 和引理 6.1，我们可得，$\| r_i(t)-(1/n)\sum_{j=1}^{n}\hat{\xi}_j(t)\|$ 是有界的。又由于：

$$\begin{aligned}\| r_i-\xi^*\| &= \Big\| r_i-(1/n)\sum_{j=1}^{n}\xi_j\Big\| \\ &\leqslant \Big\| r_i-(1/n)\sum_{j=1}^{n}\hat{\xi}_j\Big\|+(1/n)\Big\|\sum_{j=1}^{n}\tilde{\xi}_j\Big\|,\end{aligned} \tag{6.46}$$

这表明，$\tilde{r}_i(t)$ 渐近收敛到 0 的领域内。

最后，我们证明巡航误差渐近收敛到 0 的领域内。对于动态目标的情形，方程（6.23）仍然有效。于是，由（6.24）式可得，随着 $t\to\infty$，有

$$|\Delta_i(t)|\leqslant \mathrm{e}^{-t}|\Delta_i(0)|+b(1-\mathrm{e}^{-t})\to b. \tag{6.47}$$

由于，

$$|d_i(t)-\rho_{d_i}|\leqslant|\Delta_i(t)|+\|\tilde{r}_i(t)\|. \tag{6.48}$$

根据上面的论述，我们可得，对于任意的 i，巡航误差 $d_i(t)-\rho_{d_i}$ 渐近收敛到 0 的领域内。证明完毕。

根据定理 6.2 可知，当目标的速度足够小于智能体的速度时，系统（6.43）是指数稳定的。下面的引理给出给这种约束的定量关系。

引理 6.3. 考虑估计器（6.8）～（6.9）和控制器（6.12）。在假设 1～3

的条件下，如果每个目标的速度足够小，使得控制（6.12）中参数 α_i 和目标速度的上界 ε 满足如下条件

$$\alpha_i - \varepsilon > \omega, \tag{6.49}$$

其中 ω 为一个正常数。则系统（6.43）的解是指数稳定的。

证明：根据文献[227]中的引理 5 可知，如果信号 $\overline{\varphi}_i(t)$ 满足条件（6.31），则系统（6.43）是指数稳定的。下面我们将证明，在引理 6.3 的条件下，信号 $\overline{\varphi}_i(t)$ 满足条件（6.31）。

证明过程类似命题 6.2。对于动态目标情形方程（6.33）和（6.34）仍然有效。但是（6.35）式不再有效。结合条件（6.49），方程（6.35）由下列方程替代，

$$\frac{\mathrm{d}\theta_i(t)}{\mathrm{d}t} \geqslant \frac{\alpha_i - \varepsilon}{\rho_i(t)} \geqslant \frac{\omega}{\rho_i(t)}. \tag{6.50}$$

如果我们假设存在一个正常数 $D_i > 0$ 使得 $\rho_i(t) \leqslant D_i$ 成立（下面将证明这个事实）。则我们进一步可得

$$\frac{\mathrm{d}\gamma_i(t)}{\mathrm{d}t} \geqslant \frac{\omega}{D_i},$$

因此，对于任意的 i，$\overline{\varphi}_i(t)$ 满足条件（6.31）。

现在我们证明 $\rho_i(t)$ 是有界的。考虑系统（6.43），选取李雅普若夫函数 $V_i = 1/2\tilde{\xi}_i^T \tilde{\xi}_i$，我们能够验证 $\tilde{\xi}_i(t)$ 是有界的。由（6.43）式，进一步可得，$\dot{\tilde{\xi}}_i(t)$ 也是有界的。因此，在假设 1～3 满足的前提下，类似命题 6.1 的证明，我们可得 $\rho_i(t)$ 也是有界的。定理证明完毕。

第四节　推广到一般情形

在本小节，我们把上述定位—巡航算法推广到一般的情形，即智能体的数目和目标的数目不同。假设平面上有 n 个智能体，m 个目标。不是一般性，智能体节点的集合定义为 $\mathcal{V} = \{1, \cdots, n\}$，目标节点的集合定义为 $\mathcal{O} = \{1, \cdots, m\}$。

因此，通过适当修改上述算法我们可获得一般情形的定位—巡航控制算法。首先，对于任意的目标 $k\in\mathcal{O}$，若智能体节点 i 能够获得关于目标 k 的方位角测量信息，则我们设计目标位置估计器估计目标的位置 $\xi_k(t)$，目标位置估计器具体形式如下，

$$\dot{\hat{\xi}}_k^i(t)=\kappa_i(I-\varphi_i^k(t)\varphi_i^k(t)^T)(x_i(t)-\hat{\xi}_k^i(t)),i\in\mathcal{V},k\in\mathcal{O},\tag{6.51}$$

$$\varphi_i^k(t)=\frac{\xi_k(t)-x_i(t)}{\|\xi_k(t)-x_i(t)\|},\tag{6.52}$$

其中 $\hat{\xi}_k^i(t)$ 表示由智能体 i 对目标位置 $\xi_k(t)$ 在 t 时刻的估计值，κ_i 为正的常数增益。如图 6-4 所示，$\varphi_i^k(t)$ 表示由 $x_i(t)$ 指向 $\xi_k(t)$ 的单位方向向量。θ_i^k 为智能体 i 获得的关于目标 k 的方位角。基于方位角测量技术，在 t 时刻，若智能体 i 获得方位角 $\theta_i^k(t)$，则单位方向向量 $\varphi_i^k(t)$ 可以直接由下式获得，

$$\varphi_i^k(t)=\begin{bmatrix}\cos\theta_i^k(t)\\ \sin\theta_i^k(t)\end{bmatrix}.\tag{6.53}$$

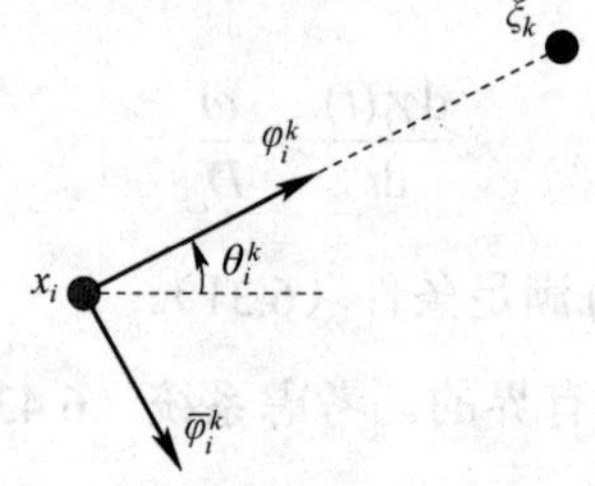

图 6-4 $x_i,\xi_k,\theta_i^k,\varphi_i^k$ 和 $\bar{\varphi}_i^k$ 之间的关系

对于每个智能体 i，为了获得多目标几何中心，新的分布式多目标中心估计器设计如下，

$$\begin{aligned}\dot{w}_i(t)&=\alpha\sum_{j\in\mathcal{N}_i}\mathrm{sgn}[r_j(t)-r_i(t)],\\ r_i(t)&=w_i(t)+\frac{n}{m}\sum_{k\in\mathcal{N}_i^{\mathcal{O}}}\frac{1}{|\mathcal{N}_k^{\mathcal{V}}|}\hat{\xi}_k^i(t),i\in\mathcal{V},k\in\mathcal{O},\end{aligned}\tag{6.54}$$

其中内部状态 $w_i(t)$ 的初值满足条件（6.10）。

注 6.3. 值得注意的是，对于 $i\in\mathcal{V},k\in\mathcal{O}$，当目标位置估计 $\hat{\xi}_k^i(t)$ 收敛到真

值$\xi_k(t)$，则（6.54）式中的目标中心估计$r_i(t)$一致收敛到多目标几何中心

$$\xi^*(t)=\frac{1}{m}\sum_{k=1}^{m}\xi_k(t).$$

因为，对于$i\in\mathcal{V},k\in\mathcal{O}$，当$\hat{\xi}_k^i(t)\to\xi_k(t)$时，结合动态平均一致理论，我们可得

$$\frac{1}{n}\sum_{i=1}^{n}\frac{n}{m}\sum_{k\in\mathcal{N}_i^{\mathcal{O}}}\frac{1}{|\mathcal{N}_k^{\mathcal{V}}|}\hat{\xi}_k^i(t)\to\frac{1}{m}\sum_{k=1}^{m}\xi_k(t).\tag{6.55}$$

因此，对于一般情形，多目标几何中心的估计可由算法（6.54）获得。

最后，为了使智能体执行巡航任务，基于算法（6.51）和（6.54），对于智能体 i，巡航控制器（6.12）依然有效，控制如下：

$$u_i=(\varrho_i(t)-\rho_{d_i})\phi_i(t)+\alpha_i\bar{\phi}_i(t),i\in\mathcal{V}.\tag{6.56}$$

因此，基于上面的算法，对于一般情况，我们给出如下两个结论。因为类似定理 6.1 和定理 6.2 的证明，我们很容易获得相应定理的证明，于是我们将省略详细的证明过程。当目标是静态的，我们可得如下结论：

定理 6.3. 考虑估计器（6.51）～（6.54）和控制器（6.56）。如果假设 1～3 是满足的，则存在一个正常数α（见（6.54）式）使得，对$i\in\mathcal{V},k\in\mathcal{O}$，目标位置估计误差$\tilde{\xi}_k^i(t)$，多目标中心估计误差$r_i(t)-\hat{\xi}(t)$和巡航误差$d_i(t)-\rho_{d_i}$渐近收敛到 0，其中$\tilde{\xi}_k^i(t)$和$\hat{\xi}(t)$定义如下，

$$\tilde{\xi}_k^i(t)\triangleq\hat{\xi}_k^i(t)-\xi_k(t),\tag{6.57}$$

$$\hat{\xi}(t)\triangleq\frac{1}{n}\sum_{i=1}^{n}\frac{n}{m}\sum_{k\in\mathcal{N}_i^{\mathcal{O}}}\frac{1}{|\mathcal{N}_k^{\mathcal{V}}|}\hat{\xi}_k^i(t).\tag{6.58}$$

当目标是缓慢运动的且满足条件（6.59）时，我们可得如下结论：

定理 6.4. 考虑估计器（6.51）～（6.54）和控制器（6.56）。如果假设 1～3 是满足的，而且每个目标 k 运动得足够缓慢，即存在一个充分小的$\varepsilon>0$使得下式成立，

$$\|\dot{\xi}_i(t)\|<\varepsilon.\tag{6.59}$$

则存在一个正常数 α（见（6.54）式）使得，对 $i\in\mathcal{V},k\in\mathcal{O}$，目标位置估计误差 $\tilde{\xi}_k^i(t)$，多目标中心估计误差 $r_i(t)-\hat{\xi}(t)$ 和巡航误差 $d_i(t)-\rho_{d_i}$ 渐近收敛到 0 的领域内，其中 $\tilde{\xi}_k^i(t)$ 和 $\hat{\xi}(t)$ 的定义见（6.57）式和（6.58）式。

第五节　数值仿真

在本小节，我们将给出两个数值仿真例子来验证文中结论的正确性和算法的有效性。

例 6.1. 设平面上有 3 个智能体和 3 个目标，它们的拓扑描述如下：

$$\mathcal{A}=\begin{bmatrix}0&1&0\\1&0&1\\0&1&0\end{bmatrix},B=\begin{bmatrix}1&0&0\\0&1&0\\0&0&1\end{bmatrix}.$$

由上述矩阵可知，由 3 个智能体构成的图 $\mathcal{G}$ 是连通的，而且每个智能体只能获得相应目标的方位角测量。设初始值为 $\hat{\xi}_1(0)=[-4,3]^T$，$\hat{\xi}_2(0)=[7,8]^T$，$\hat{\xi}_3(0)=[5,-3]^T$，$x_1(0)=[-20,-15]^T$，$x_2(0)=[10,-15]^T$，$x_3(0)=[20,10]^T$，$w_1(0)=[3,3]^T$，$w_2(0)=[2,0]^T$，$w_3(0)=[-5,-3]^T$。显然，$w_i(0),i=1,2,3$ 满足条件（6.10）。设增益为 $k_1=k_2=k_3=\alpha=3$，$\alpha_1=4$，$\alpha_2=6$，$\alpha_3=8$，$\rho_{d_1}=4$，$\rho_{d_2}=6$，$\rho_{d_3}=8$。

情形 1：给定静态目标的位置为 $\xi_1=[1,-2]^T$，$\xi_2=[-2,1]^T$ 和 $\xi_3=[1,1]^T$。利用估计器（6.8）～（6.9）和控制器（6.12），则静态目标情形的估计误差轨迹及智能体的运动轨迹如图 6-5 所示。显然，每个智能体能够巡航所有的目标，这与命题 6.2 和定理 6.1 的结论是一致的。

我们进一步考虑，方位角测量受正态分布随机噪声的干扰。我们考虑两个情形的白噪声，假设噪声的均值均为 0，方差分别为 0.5 和 2。如图 6-6 所示，目标位置估计误差渐近收敛到 0 的领域内，且领域的大小与白噪声的方差成比例。这是因为指数稳定（见命题 6.2）对扰动具有一定的鲁棒性。

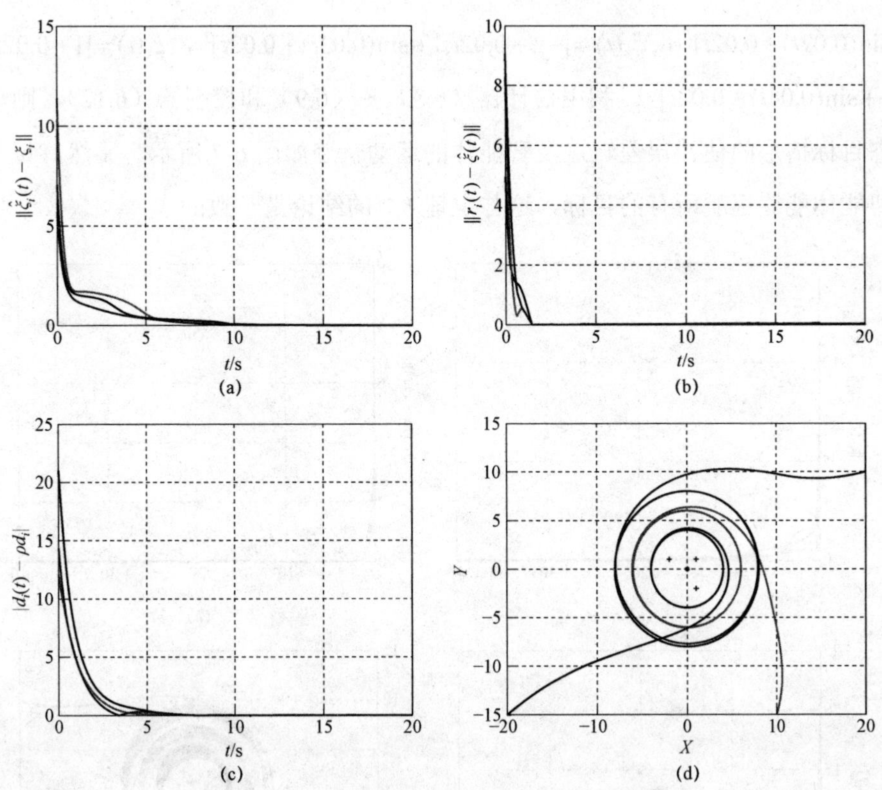

图 6-5　静态目标情形的估计误差轨迹及智能体的运动轨迹

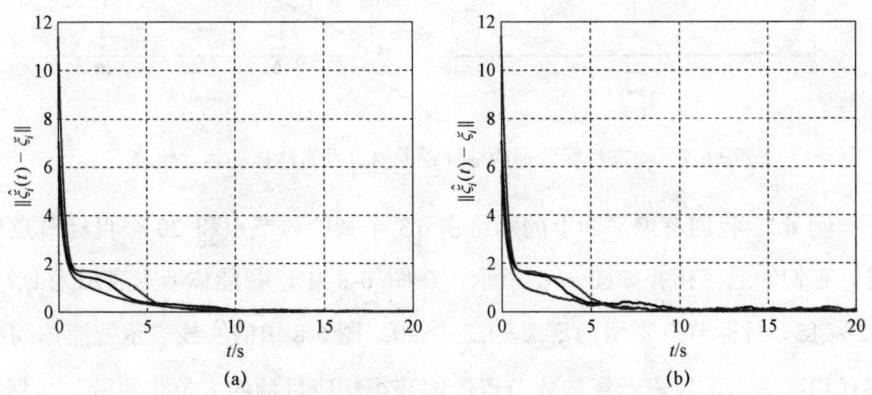

图 6-6　方位角测量受扰动情形下的目标位置估计误差轨迹

（a）表示白噪声的方差为 0.5 时的目标位置估计误差轨迹；

（b）表示白噪声的方差为 2 时的目标位置估计误差轨迹

情形 2：假设目标缓慢移动，设目标的动态为 $\xi_1(t)=[1+0.02t,-2+$

$\sin(0.02t)+0.02t]^T$，$\xi_2(t)=[-2+0.02t, 1+\sin(0.03t)+0.02t]^T$，$\xi_3(t)=[1+0.02t, 1+\sin(0.04t)+0.02t]^T$。利用估计器（6.8）～（6.9）和控制器（6.12），则动态目标情形的估计误差轨迹及智能体的运动轨迹如图 6-7 所示。显然，每个智能体能够巡航所有的目标，这与定理 6.2 的结论是一致的。

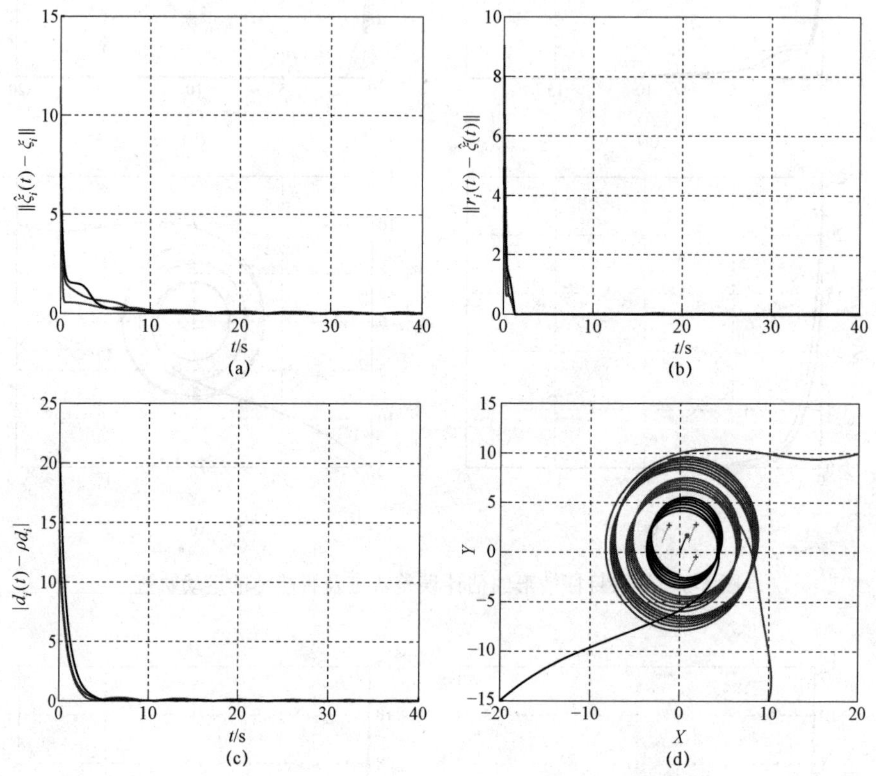

图 6-7　动态目标情形的估计误差轨迹及智能体的运动轨迹

例 6.2. 我们考虑平面上的网络由 15 个智能体节点和 20 个目标节点构成。它们的通信拓扑如图 6-8 所示。在图 6-8 中，智能体节点表示为 $x_i, i=1,2\cdots,15$，目标节点表示为 $\xi_k, k=1,2,\cdots,20$。图 6-8 中的实线表示智能体间能够互相通信，虚线表示智能体节点能够获得相应目标的方位角测量。显然，由 15 个智能体节点构成的图 $\mathcal{G}$ 是连通的，而且假设 3 也是成立的。给定算法（6.51），（6.54）和（6.56）中的参数分别为 $\kappa_i=3$，$\alpha_i=40+5(i-1)$，$\rho_{d_i}=4+0.5(i-1)$，$i=1,2,\cdots,15, \alpha=6$。

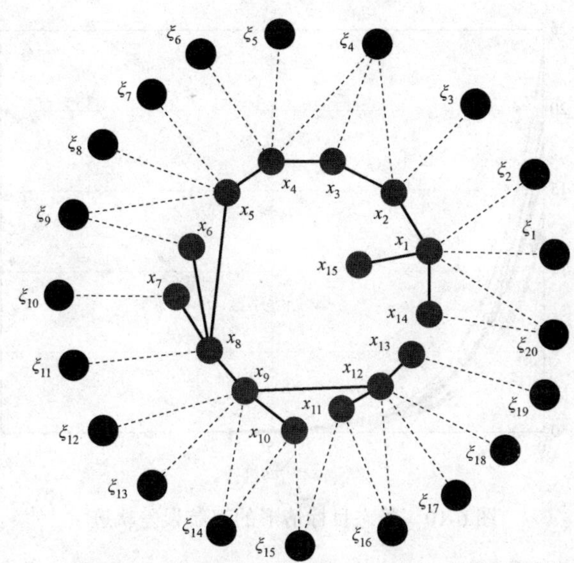

图 6-8　由 15 个智能体节点和 20 个目标节点构成的通信拓扑

情形 1：对于静态目标，给定目标的位置为 $\xi_1=[1,-2]^T$，$\xi_2=[-2,-1]^T$，$\xi_3=[0.5,1]^T$，$\xi_4=[-1.5,2]^T$，$\xi_5=[1,-2.5]^T$，$\xi_6=[1.5,1]^T$，$\xi_7=[0.5,1]^T$，$\xi_8=[0.5,2]^T$，$\xi_9=[-0.5,-1]^T$，$\xi_{10}=[-2.5,-2]^T$，$\xi_{11}=[2.5,-1]^T$，$\xi_{12}=[-3,1]^T$，$\xi_{13}=[1,2.1]^T$，$\xi_{14}=[-1,-2.1]^T$，$\xi_{15}=[2,1.5]^T$，$\xi_{16}=[2.8,2.8]^T$，$\xi_{17}=[1.3,1.3]^T$，$\xi_{18}=[-1.2,-1.2]^T$，$\xi_{19}=[-0.2,-0.2]^T$，$\xi_{20}=[-2.7,-2.7]^T$。利用算法（6.51），（6.54）和（6.56），如图 6-9（a），图 6-9（b）和图 6-10 所示，目标位置估

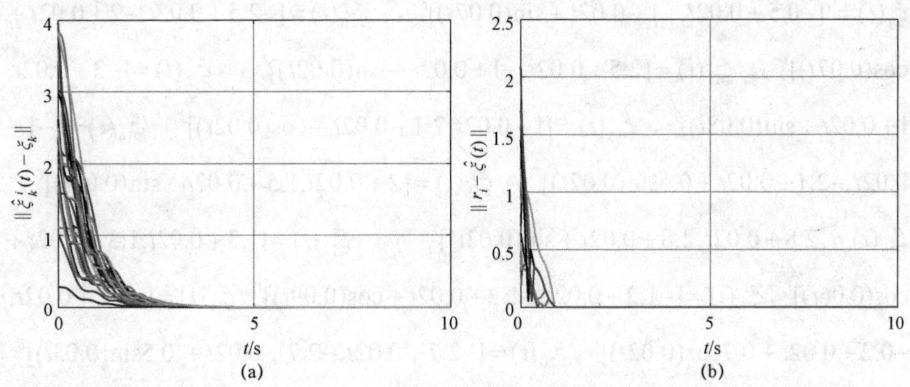

图 6-9　静态目标情形的估计误差轨迹

（a）表示目标位置估计误差轨迹；（b）表示多目标几何中心估计误差轨迹

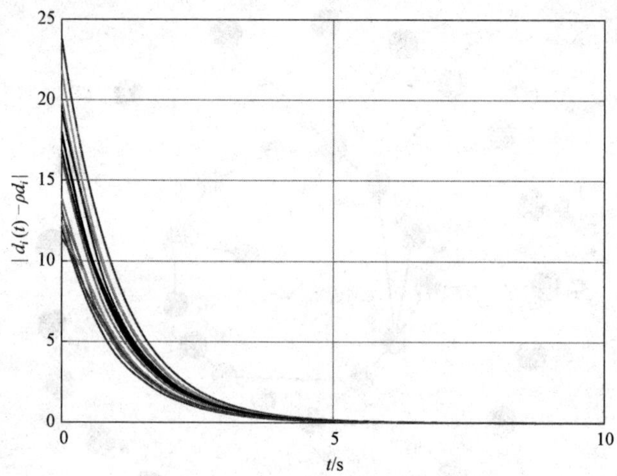

图 6-10 静态目标情形的巡航误差轨迹

计误差 $\tilde{\xi}_k^i(t)$，多目标中心估计误差 $r_i(t)-\hat{\xi}(t)$ 和巡航误差 $d_i(t)-\rho_{d_i}$ 都渐近收敛到 0。因此，每个智能体都能绕着目标中心巡航所有的目标。

情形 2：对于动态目标，给定目标的动态为 $\xi_1(t)=[1+0.02t,-2+0.02t+\sin(0.02t)]^T$，$\xi_2(t)=[-2+0.02t,-1+0.02t+\sin(0.03t)]^T$，$\xi_3(t)=[0.5+0.02t,1+0.02t+\cos(0.2t)]^T$，$\xi_4(t)=[-1.5+0.02t,2+0.02t+\sin(0.01t)]^T$，$\xi_5(t)=[1+0.02t,-2.5+0.02t+0.2\sin(0.02t)]^T$，$\xi_6(t)=[1.5+0.02t,1+0.02t+\sin(0.04t)]^T$，$\xi_7(t)=[0.5+0.02t,1+0.02t+\cos(0.02t)]^T$，$\xi_8(t)=[0.5+0.02t,2+0.02t+\sin(0.05t)]^T$，$\xi_9(t)=[-0.5+0.02t,-1+0.02t+\sin(0.07t)]^T$，$\xi_{10}(t)=[-2.5+0.02t,-2+0.02t+\cos(0.07t)]^T$，$\xi_{11}(t)=[2.5+0.02t,-1+0.02t+\sin(0.02t)]^T$，$\xi_{12}(t)=[-3+0.02t,1+0.02t+\sin(0.08t)]^T$，$\xi_{13}(t)=[1+0.02t,2.1+0.02t+\cos(0.02t)]^T$，$\xi_{14}(t)=[-1+0.02t,-2.1+0.02t+0.5\sin(0.02t)]^T$，$\xi_{15}(t)=[2+0.02t,1.5+0.02t+\sin(0.02t)]^T$，$\xi_{16}(t)=[2.8+0.02t,2.8+0.02t+\sin(0.02t)]^T$，$\xi_{17}(t)=[1.3+0.02t,1.3+0.02t+\cos(0.06t)]^T$，$\xi_{18}(t)=[-1.2+0.02t,-1.2+0.02t+\cos(0.09t)]^T$，$\xi_{19}(t)=[-0.2+0.02t,-0.2+0.02t+0.7\cos(0.02t)]^T$，$\xi_{20}(t)=[-2.7+0.02t,-2.7+0.02t+0.5\sin(0.03t)]^T$。利用算法（6.51），（6.54）和（6.56），如图 6-11（a），图 6-11（b）和图 6-12 所示，目标位置估计误差 $\tilde{\xi}_k^i(t)$，多目标中心估计误差 $r_i(t)-\hat{\xi}(t)$ 和巡航误差

$d_i(t)-\rho_{d_i}$ 都渐近收敛到 0 的领域内。因此，每个智能体都能绕着目标中心巡航所有的目标。

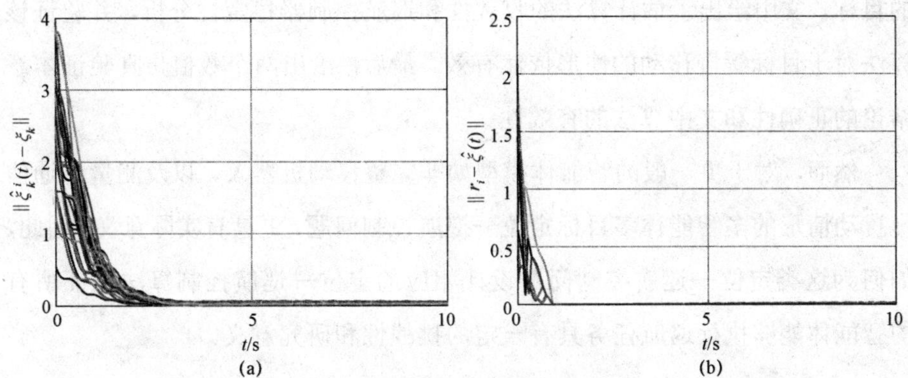

图 6-11　动态目标情形的估计误差轨迹

（a）表示目标位置估计误差轨迹；（b）表示多目标几何中心估计误差轨迹

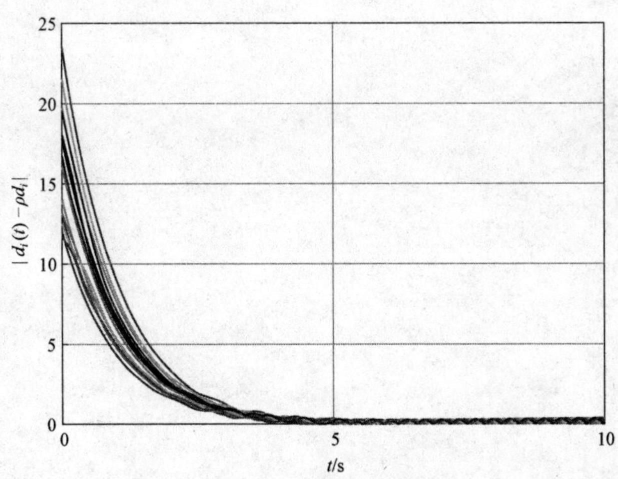

图 6-12　动态目标情形的巡航误差轨迹

第六节　本章小结

本章主要研究了基于方位角测量的多智能体系统多目标定位与巡航控制问题。因为目标的位置是未知的，多目标几何中心是不可测的，于是设计一个估计器估计目标的位置。设计一个分布式估计器协作估计多目标中心。最后，设计一个巡航控制器保证智能体绕着目标中心以期望的半径巡航所有的目标。文中给出了估计算法的收敛性和巡航控制器稳定性分析，并验证该算法对于目标缓慢移动的情形依然有效。最后，给出两个数值仿真验证本章结论的正确性和文中算法的有效性。

然而，对于更一般的智能体模型如非完整移动机器人，以及测量和通信带扰动情形的多智能体多目标定位—巡航控制问题，更具有实际意义。因此，如何为这类定位—巡航控制问题设计相应的定位—巡航控制算法保证所有的智能体能够执行巡航任务具有一定的挑战性和研究意义。

第七章　多智能体系统的一致巡航控制器设计

本章主要讨论了多智能体系统的一致巡航控制器设计问题[203]。首先，在目标位置已知的前提下，我们考察了多智能体系统一致巡航控制单个移动目标的问题，提出了新的一致巡航控制器设计方法。基于方位角测量技术，进一步考察了目标位置未知情形的多智能体系统的多目标一致巡航控制问题。文中给出了算法的收敛性分析。最后，通过数值仿真验证了文中算法的正确性和有效性。

第一节　研究背景

近年来，多智能体系统的巡航控制问题吸引了人们越来越多的注意，因为它在军事和民用领域具有广泛的应用，例如安全监督[181,229]，卫星编队飞行[204]，轨道保持[207]等. 巡航控制问题可以看作一种控制策略，该控制策略保证所有的移动智能体以规定的半径巡航一个或多个目标。

针对目标巡航控制问题，最简单的情形是，在目标位置已知的前提下，单个移动智能体巡航单个静态目标。对于这种情形，只需要设计巡航控制器保证智能体向目标移动且最终绕着目标以规定的半径作圆周运动。最近，基于一致性理论，有一些文献讨论了多个智能体的巡航控制问题。例如，基于循环围捕策略，文献［206］提出了一个多智能体系统协同控制方法保证所有的智能体执行目标围捕任务。为了保证多个移动智能体环绕多个目标，文献［205］提出了两类分布式巡航控制算法。文献［215］研究了多智能体系统的目标勘测问题，该问题包含两个子任务：智能体间的避碰和智能体抵达规定目标区域然后以正多边形队形环绕目标。进一步地，文献［213，214］考察了具有二阶积分器动态的多智能体系统包围多个目标的问题。前面提到的这些文献具有一个共同点，就是算法中直接用到目标的位置信息，目标的位置信息通常可由 GPS 直接获得。

无论如何，在现实环境中如室内、水下环境等，由于 GPS 的使用受到限制，智能体并不能获得目标的准确位置信息。针对目标位置未知的情形，为了使智能体执行巡航任务，通常需要估计器估计目标的位置，然后基于目标位置估计值设计巡航控制器保证智能体执行巡航任务。如今，有大量文献研究具有不完全目标信息的巡航控制问题，由于目标的位置未知，文献中通常要求智能体能够获得与目标间的距离或方位角测量信息。例如，基于方位角测量技术，文献［208，209］提出了一个定位—控制框架用于求解单个智能体定位与巡航控制单个目标的问题。文献［210］进一步考察了单个智能体的多目标定位与巡航控制问题。基于方位角测量，Zheng[212]进一步研究了一簇具有非完整约束移动机器人包围控制单个目标的问题。同时，也有大量文献研究基于距离测量的目标巡航控制问题，首先利用距离测量信息定位目标，然后设计基于距离测量的巡航控制器保证所有的智能体执行目标巡航任务。我们回顾最近的一些相关工作。例如，文献［181］考虑了基于距离测量的一个移动节点巡航一个目标的问题，由于目标的位置未知，文中提出了一类自适应巡航控制器。为了求解目标追捕问题，文献［233］提出了一个基于参数辨识的自适应巡航控制律。文献［234］研究了驱动一个移动感知智能体逼近单个目标的问题，其中目标的位置由目标与若干个基站的距离来刻画。基于距离和距离的变化率，文献［235］研究了无人驾驶飞行器系统的目标巡航控制问题，其中目标的位置是未知的。基于方位角测量，文献［228］研究了同样的问题。最近，文献［230］研究了多智能体系统的多目标一致巡航控制问题，同前面的文献相比，虽然文献中目标的位置是已知的，但是对于每个智能体来说，目标的中心是未知的，为了求解多目标一致巡航控制问题，文献中首先提出了分布式目标中心估计算法，然后设计了一类不连续一致巡航控制器保证所有的智能体执行一致巡航任务。另外，文献[230]不同于大部分文献，文中要求每个智能体最终执行一致巡航任务，即要求每个智能体最终均匀的分布在同一个圆周上以相同的角速度执行巡航任务。这类巡航控制器我们统一称为一致巡航控制器。因此，如何设计连续的一致巡航控制算法仍然是一个值得研究的话题。

在本章中，受文献［118］的启发，我们提出了新的一致巡航控制算法用于求解多目标一致巡航控制问题。为了诱导一致巡航控制器设计，我们首先考虑了目标位置已知的多智能体系统的单个目标一致巡航控制问题。针对这种简单情形，我们提出了一类新的一致巡航控制算法。文中的一致巡航控制算法不同于文献［230］，我们的一致巡航控制器是连续的，而且控制算法的收敛性分析更简单。在每个目标至少被一个智能体检测的前提下，我们进一步考察了目标位置未知的多智能体系统的多目标一致巡航控制问题。为了使每个智能体执行一致巡航任务，借助文献［231，232］的思路，首先，设计目标位置估计器估计目标的位置，然后利用文献［231，232］中的分布式目标中心估计算法估计目标中心，最后，利用本章设计的连续一致巡航控制算法保证每个智能体执行一致巡航任务。结合估计算法和一致巡航控制算法，文中证明了在目标位置未知的情况下，所有智能体最终都能执行一致巡航任务。

第二节　预备知识和问题描述

一、基本引理

图$\mathcal{G}$的降阶拉普拉斯矩阵$\bar{L}$[236]定义如式（7.1）。

关于降阶拉普拉斯矩阵有如下基本结论：

引理 7.1[118]**.** 矩阵 $\bar{L}$ 的特征值均为正的当且仅当无向图 $\mathcal{G}$ 是连通的。

证明：根据文献［118］中引理 1 的证明，很容易获得引理 7.1 的证明。

$$\bar{L}=\begin{bmatrix} l_{22}-l_{12} & \cdots & l_{2n}-l_{1n} \\ \vdots & \ddots & \vdots \\ l_{n2}-l_{12} & \cdots & l_{nn}-l_{1n} \end{bmatrix}\in\mathbb{R}^{(n-1)\times(n-1)}. \tag{7.1}$$

二、问题描述

为了诱导一致巡航控制器的设计，我们首先考虑简单情形：目标位置已知的多智能体系统一致巡航控制单个目标的问题。假设 n 个智能体在平面上运动，每个智能体满足如下一阶积分器动态，

$$\dot{\boldsymbol{x}}_i=\boldsymbol{u}_i, i=1,2,\cdots,n. \tag{7.2}$$

其中 $\boldsymbol{x}_i,\boldsymbol{u}_i\in\mathbb{R}^2$ 分别为智能体 i 的状态和控制输入。假设在平面上存在一个移动的目标 $\boldsymbol{r}_0(t)\in\mathbb{R}^2$。由智能体构成的集合定义为 $V=\{\boldsymbol{x}_i\mid i\in\mathcal{V}\}$，其中 $\mathcal{V}=\{1,2,\cdots,n\}$。为了保证智能体系统能够执行一致巡航任务，每个智能体配置一个机载传感器使得智能体能够和邻居通信。

现在，我们把多智能体系统的一致巡航控制目标描述如下：

（i）$\lim\limits_{t\to+\infty}\|\boldsymbol{x}_i(t)-\boldsymbol{r}_0(t)\|=d, i=1,2,\cdots,n$，其中 d 表示期望的巡航半径。

（ii）$\lim\limits_{t\to+\infty}(\dot{\theta}_i(t)-\dot{\theta}_j(t))=0, i,j=1,2,\cdots,n$。

（iii）$\lim\limits_{t\to+\infty}\psi_i(t)=\dfrac{2\pi}{n}$，其中，$\psi_i(t)=\theta_{i+1}(t)-\theta_i(t), i=1,2,\cdots,n-1$，

$\psi_n(t)=2\pi-\theta_n(t)+\theta_1(t)$。

其中，$\theta_i(t), i\in\mathcal{V}$ 为智能体 i 在极坐标系下的极角，如图 7-1 所示。

综上所述，我们把多智能体系统的目标一致巡航控制问题描述如下：

问题 1：考虑多智能体系统（7.2）和目标 $\boldsymbol{r}_0$，推导一致巡航控制器使得智能体满足目标（i）～（iii）。

在给出主要结论之前，我们给出下面的假设：

假设 7.1. 图 $\mathcal{G}$ 是无向连通的，且每个智能体都能获得目标的位置。

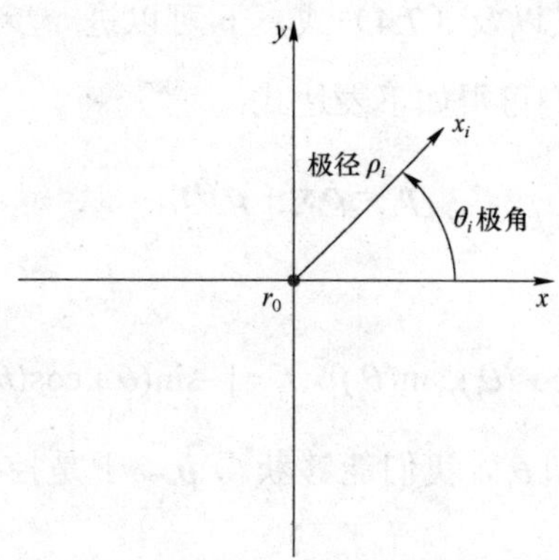

图 7-1　智能体 x_i 的极坐标表示

第三节　一致巡航控制器设计

在本小节，我们将设计一致巡航控制器使得每个智能体节点执行一致巡航任务，即，我们将寻找合适的一致巡航控制算法使得目标（i）～（iii）成立。

对于每个智能体 i，根据目标的位置 $\boldsymbol{r}_0(t)$，我们定义智能体 i 关于目标的相对位置为：

$$\boldsymbol{p}_i = \boldsymbol{x}_i - \boldsymbol{r}_0. \tag{7.3}$$

则关于目标 $\boldsymbol{r}_0(t)$，智能体 i 可以表示为极坐标的形式，它的极径 ρ_i 和极角 θ_i 分别如图 7-1 所示。智能体 i 的极径可以进一步表示为：

$$\rho_i = \|\boldsymbol{p}_i\|, \tag{7.4}$$

定义 $\boldsymbol{p}_i = [p_i^x, p_i^y]^T \in \mathbb{R}^2$，则智能体 i 在初始位置的极角可由下式获得：

$$\theta_i(0) = \operatorname{atan2}(p_i^y(0), p_i^x(0)), \tag{7.5}$$

其中 $\operatorname{atan2}(\cdot,\cdot)$ 表示二元反正切函数，返回向量 $\boldsymbol{p}_i(0)$ 对应的角度 $\theta_i(0)$，其中 $\theta_i(0)$ 的取值范围为 $[-\pi, \pi)$。

结合（7.2）和（7.3），可得：

$$\boldsymbol{u}_i = \dot{\boldsymbol{r}}_0 + \dot{\boldsymbol{p}}_i. \tag{7.6}$$

结合极径和极角的定义以及（7.4）式，$\boldsymbol{p}_i$ 可以进一步表示为 $\boldsymbol{p}_i = [\rho_i\cos(\theta_i), \rho_i\sin(\theta_i)]^T$。因此，我们可得如下表达式：

$$\dot{\boldsymbol{p}}_i = \dot{\rho}_i \boldsymbol{s}_i + \rho_i \dot{\theta}_i \boldsymbol{t}_i, \tag{7.7}$$

其中，

$$\boldsymbol{s}_i = [\cos(\theta_i), \sin(\theta_i)]^T, \boldsymbol{t}_i = [-\sin(\theta_i), \cos(\theta_i)]^T. \tag{7.8}$$

因此，一旦设计好 $\dot{\rho}_i$ 和 $\dot{\theta}_i$，我们能够获得 $\dot{\boldsymbol{p}}_i$。于是控制输入 $\boldsymbol{u}_i$ 进一步表示如下：

$$\boldsymbol{u}_i = \dot{\boldsymbol{r}}_0 + \dot{\rho}_i \boldsymbol{s}_i + \rho_i \dot{\theta}_i \boldsymbol{t}_i. \tag{7.9}$$

因此，设计一致巡航控制器 $\boldsymbol{u}_i$ 的任务转化为设计 $\dot{\rho}_i$ 和 $\dot{\theta}_i$ 使得智能体满足目标（i）～（iii）。我们设计 $\dot{\rho}_i$ 和 $\dot{\theta}_i$ 的形式如下：

$$\dot{\rho}_i = -\rho_i(\rho_i - d), \rho_i(0) > 0, \tag{7.10}$$

$$\dot{\theta}_i = \sum_{j=1}^{n} a_{ij}\left[(\theta_j - \theta_i) - (j-i)\frac{2\pi}{n}\right] + \omega^*. \tag{7.11}$$

其中 $\omega^* > 0$ 为待给定的多智能体系统一致巡航角速度。

下面的定理表明每个智能体能够绕着目标 r_0 以距离 d 作一致巡航运动，即智能体能够满足目标（i）～（iii）。

定理 7.1. 给定一致巡航控制算法（7.9）～（7.11），如果假设 7.1 成立，则每个智能体能够以 $\boldsymbol{r}_0$ 为圆心以规定的 d 为半径执行一致巡航任务，即每个智能体能够满足目标（i）～（iii）。

证明：现在我们验证每个智能体执行的任务能够满足三个目标（i）～（iii）。

首先，我们证明智能体执行的任务能够满足目标（i）。对于 i，我们取 Lyapunov 函数为 $V_i(t) = \frac{1}{2}(\rho_i(t) - d)^2$，沿着（7.10）对 $V_i(t)$ 求导，可得：

$$\dot{V}_i(t) = -\rho_i(t)(\rho_i(t) - d)^2. \tag{7.12}$$

因此，对于任意的$\rho_i(0)>0$，当$t\to\infty$时，则$\lim_{t\to\infty}\rho_i(t)=d$。结合（7.3）和（7.4），我们可得：

$$\lim_{t\to\infty}\rho_i(t)=\lim_{t\to\infty}\|\boldsymbol{x}_i(t)-\boldsymbol{r}_0(t)\|=d. \tag{7.13}$$

因此，智能体最终能够抵达距离目标为d的期望位置，即智能体的运动满足目标（i）。

现在，我们证明智能体执行的任务能够满足目标（ii）。由式（7.11），我们可得

$$\ddot{\theta}_i(t)=\sum_{j=1}^{n}a_{ij}(\dot{\theta}_j(t)-\dot{\theta}_i(t)). \tag{7.14}$$

为了分析方便，我们定义$y_i=\dot{\theta}_i,i\in\mathcal{V}$，则（7.14）式进一步写为：

$$\dot{y}_i(t)=\sum_{j=1}^{n}a_{ij}(y_j(t)-y_i(t)). \tag{7.15}$$

在图$\mathcal{G}$是连通的条件下（见假设 7.1），根据平均一致性理论[12,237]，我们可得

$$\lim_{t\to\infty}y_i(t)=\frac{1}{n}\sum_{j=1}^{n}y_j(0),\forall i. \tag{7.16}$$

于是，$\forall i,\ \dot{\theta}_i(t)$一致收敛到$\frac{1}{n}\sum_{j=1}^{n}\dot{\theta}_j(0)$，即$i,j\in\mathcal{V}$，$\lim_{t\to+\infty}(\dot{\theta}_i(t)-\dot{\theta}_j(t))=0$成立。因此，每个智能体的运动最终能够满足目标（ii）。

最后，我们证明智能体执行的任务能够满足目标（iii）。若对于$i=1,2,\cdots,n-1$，有$\lim_{t\to+\infty}\psi_i(t)=\frac{2\pi}{n}$成立，则有$\lim_{t\to+\infty}\sum_{i=1}^{n-1}\psi_i(t)=\lim_{t\to+\infty}(\theta_n(t)-\theta_1(t))=(n-1)\frac{2\pi}{n}$。于是在稳态时，有$\lim_{t\to+\infty}\psi_n=\lim_{t\to+\infty}(2\pi+\theta_1(t)-\theta_n(t))=\frac{2\pi}{n}$成立。因此为了证明条件（iii）成立，我们只需验证$\lim_{t\to+\infty}\psi_i(t)=\frac{2\pi}{n},i=1,2,\cdots,n-1$成立即可。下面我们定义$\vartheta_i=\theta_i-\theta_1-(i-1)\frac{2\pi}{n},i=2,3,\cdots,n$，显然，$\vartheta_1=0$。结合（7.11），对于$i=2,3,\cdots,n$，我们可得：

$$
\begin{aligned}
\dot{\vartheta}_i &= \dot{\theta}_i - \dot{\theta}_1 \\
&= \sum_{j=1}^{n} a_{ij}\left[(\theta_j-\theta_i)-(j-i)\frac{2\pi}{n}\right]-\sum_{j=1}^{n} a_{1j}\left[(\theta_j-\theta_1)-(j-1)\frac{2\pi}{n}\right] \\
&= \sum_{j=1}^{n} a_{ij}\left[(\theta_j-\theta_1)-(\theta_i-\theta_1)-[(j-1)-(i-1)]\frac{2\pi}{n}\right]- \\
&\quad \sum_{j=1}^{n} a_{1j}\left[(\theta_j-\theta_1)-(j-1)\frac{2\pi}{n}\right] \\
&= \sum_{j=1}^{n} a_{ij}(\vartheta_j-\vartheta_i)-\sum_{j=1}^{n} a_{1j}\vartheta_j \\
&\overset{\vartheta_1=0}{=} \sum_{j=2}^{n} a_{ij}(\vartheta_j-\vartheta_i)-\sum_{j=2}^{n} a_{1j}\vartheta_j - a_{i1}\vartheta_i \\
&= \sum_{j=2}^{n} a_{ij}\vartheta_j-\sum_{j=2}^{n} a_{ij}\vartheta_i-\sum_{j=2}^{n} a_{1j}\vartheta_j - a_{i1}\vartheta_i \\
&= \sum_{j=2}^{n} a_{ij}\vartheta_j-\sum_{j=2}^{n} a_{1j}\vartheta_j-\sum_{j=1}^{n} a_{ij}\vartheta_i \\
&= \sum_{j=2,j\neq i}^{n} a_{ij}\vartheta_j-\sum_{j=2}^{n} a_{1j}\vartheta_j-\sum_{j=1}^{n} a_{ij}\vartheta_i \\
&= -\sum_{j=2,j\neq i}^{n} l_{ij}\vartheta_j+\sum_{j=2}^{n} l_{1j}\vartheta_j - l_{ii}\vartheta_i \\
&= -\sum_{j=2}^{n} l_{ij}\vartheta_j+\sum_{j=2}^{n} l_{1j}\vartheta_j = -\sum_{j=2}^{n}(l_{ij}-l_{1j})\vartheta_j.
\end{aligned}
\tag{7.17}
$$

定义 $\boldsymbol{\vartheta}=[\vartheta_2,\vartheta_3,\cdots,\vartheta_n]^T$，结合降阶拉普拉斯矩阵 $\bar{L}$ 的定义，如（7.1）式，把方程（7.17）表示为向量的形式，可得：

$$\dot{\boldsymbol{\vartheta}}=-\bar{L}\boldsymbol{\vartheta}. \tag{7.18}$$

由于假设 7.1 成立，根据引理 7.1，我们可得 $\boldsymbol{\vartheta}(t)$ 是指数收敛到 0 的，即，对于任意的 $i\in\{2,3,\cdots,n\}$ ，有：

$$\lim_{t\to\infty}(\theta_i(t)-\theta_1(t))=(i-1)\frac{2\pi}{n}. \tag{7.19}$$

根据 $\psi_i(t)$ 的定义，可得，对于任意的 $i\in\{1,2,\cdots,n-1\}$ ，有：

$$\lim_{t\to\infty}\psi_i(t)=\lim_{t\to\infty}((\theta_{i+1}(t)-\theta_1(t))-(\theta_i(t)-\theta_1(t)))\overset{(7.19)}{=}\frac{2\pi}{n}. \tag{7.20}$$

因此，$\lim\limits_{t\to+\infty}\psi_i(t)=\dfrac{2\pi}{n},i=1,2,\cdots,n-1$ 是成立。所以每个智能体的运动最终都能够满足目标（iii）。证明完毕。

注 7.1. 由 y_i 的定义可得

$$y_i(0)=\dot{\theta}_i(0)=\sum_{j=1}^{n}a_{ij}\left[(\theta_j(0)-\theta_i(0))-(j-i)\frac{2\pi}{n}\right]+\omega^*. \tag{7.21}$$

结合（7.16）和（7.21），进一步可得：

$$\lim_{t\to\infty}y_i(t)=\lim_{t\to\infty}\dot{\theta}_i(t)=\omega^*,\forall i. \tag{7.22}$$

因此，可以通过 ω^* 设定多智能体系统的一致巡航角速度。

第四节　目标位置未知的多目标一致巡航控制设计

在本小节，我们把上述情形进一步推广到更一般的情形。

假设平面上有 m 个目标且目标的位置是未知的，目标位置定义为 $\boldsymbol{\xi}_k\in\mathbb{R}^2$，$k=1,2,\cdots,m$。由智能体构成的集合定义为 $V=\{\boldsymbol{x}_i\mid i\in\mathcal{V}\}$，其中 $\mathcal{V}=\{1,2,\cdots,n\}$。由目标构成的集合定义为 $O=\{\boldsymbol{\xi}_k\mid k\in\mathcal{O}\}$，其中 $\mathcal{O}=\{1,2,\cdots,m\}$。图 $\mathcal{G}$ 的边 $(\boldsymbol{x}_i,\boldsymbol{x}_j)$ 表示智能体 i 和智能体 j 能够相互通信。智能体 i 的智能体邻居节点构成的集合为 $\mathcal{N}_i$。图 $\mathcal{G}$ 的邻接矩阵为 $\mathcal{A}=[a_{ij}]\in\mathbb{R}^{n\times n}$。特别地，图 $\overline{\mathcal{G}}=(\mathcal{V}\cup\mathcal{O},\overline{\mathcal{E}})$ 表示多智能体和目标构成的拓扑，其中从智能体到目标的边为有向边，为了方便，我们仍然用无向边连接目标节点和智能体节点。例如，边 $(\boldsymbol{x}_i,\boldsymbol{\xi}_k)$，表示智能体 i 能够检测到目标 k，因此，目标 $\boldsymbol{\xi}_k$ 为智能体 $\boldsymbol{x}_i$ 的一个目标邻居节点。为了使智能体能够和邻居节点通信以及检测目标，则每个智能体配置一个机载传感器。若智能体 i 能检测到目标 k，则假设智能体 i 能够获得关于目标 k 的方位角 θ_i^k，如图 7-2 所示。

为了执行一致巡航任务，每个智能体以多目标中心为巡航中心，我们定义多目标的几何中心为：

$$\boldsymbol{\xi}=\frac{1}{m}\sum_{k=1}^{m}\boldsymbol{\xi}_k. \tag{7.23}$$

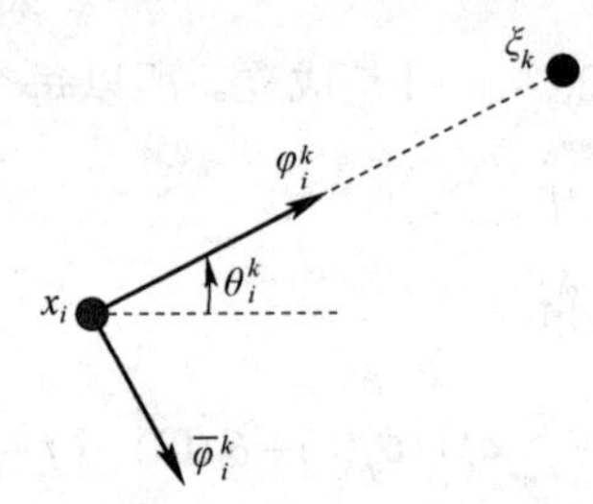

图 7-2　智能体 i 关于目标 k 的方位角

不幸的是，目标的位置未知的，智能体不能直接获得多目标中心。为了求解上述多目标一致巡航控制问题，首先，若智能体 i 能够检测到目标 k，则基于智能体 i 的位置信息 $\boldsymbol{x}_i(t)$ 和方位角测量估计目标的位置 $\boldsymbol{\xi}_k$，估计值记为 $\hat{\boldsymbol{\xi}}_k^i$。然后，智能体 i 通过与邻居相互协作估计目标中心 $\boldsymbol{\xi}$，记为 $\boldsymbol{r}_i$。最后，基于上述估计值，利用本章提出的一致巡航控制器，保证多智能体系统执行一致巡航任务。

对于这种情形，定义向量 $\hat{\boldsymbol{p}}_i=\boldsymbol{x}_i-\boldsymbol{r}_i$，表示智能体 i 和目标中心估计间的相对位置。下面给出智能体 i 关于目标中心估计 r_i 的极坐标表示，其中 $\boldsymbol{r}_i$ 为智能体 i 极坐标轴的原点，智能体 i 的极径和极角分别表示为 $\hat{\rho}_i$ 和 $\hat{\theta}_i$，极径可以进一步表示为：

$$\hat{\rho}_i=\|\hat{\boldsymbol{p}}_i\|. \tag{7.24}$$

极角 $\hat{\theta}_i$ 的初始值 $\hat{\theta}_i(0)$ 可由下式获得：

$$\hat{\theta}_i(0)=\operatorname{atan2}(\hat{p}_i^y(0),\hat{p}_i^x(0)), \tag{7.25}$$

其中 $\hat{\boldsymbol{p}}_i=[\hat{p}_i^x,\hat{p}_i^y]^T$。由文献［181］和文献［209，210］可知，对于移动的目标，控制目标（i）不再适用于目标位置未知的移动多目标一致巡航情形。对于这种情形，我们给出如下控制目标：

（1）$\lim\limits_{t\to+\infty}(\|\boldsymbol{x}_i(t)-\boldsymbol{\xi}(t)\|-d)\to o(\varepsilon),i=1,2,\cdots,n$，即 $(\|\boldsymbol{x}_i(t)-\boldsymbol{\xi}(t)\|-d)$ 收敛到 0 的领域内，其中 d 表示期望的巡航半径，ε 为足够小正常数。

（2）$\lim\limits_{t\to+\infty}(\dot{\hat{\theta}}_i(t)-\dot{\hat{\theta}}_j(t))=0,i,j=1,2,\cdots,n$。

（3）$\lim\limits_{t\to+\infty}\psi_i(t)=\dfrac{2\pi}{n}$，其中，$\psi_i(t)=\hat{\theta}_{i+1}(t)-\hat{\theta}_i(t),i=1,2,\cdots,n-1$，$\psi_n(t)=$

$2\pi-\hat{\theta}_n(t)+\hat{\theta}_1(t)$。

综上所述，目标位置未知的多智能体系统移动多目标一致巡航控制问题可以描述如下：

问题 2：考虑多智能体系统（7.2）和多目标 $\xi_k, k\in\mathcal{O}$，推导目标位置估计，目标中心估计和一致巡航控制器使得控制目标（1）～（3）满足。

为了使问题具有可解性和有意义，我们先给出下面的假设：

假设 7.2. 图 $\overline{\mathcal{G}}$ 是固定的。图 $\mathcal{G}$ 是无向连通的。而且，每个目标至少能被一个智能体检测。

假设 7.3. 假设存在一个已知常数 $D>0$ 使得对于任意的 $t\geqslant 0$，有 $\max_k\|\boldsymbol{\xi}_k(t)-\boldsymbol{\xi}(t)\|\leqslant D$ 成立。

注 7.2. 在本章节中，同一个目标可以被不同的智能体检测到，不同的目标也可以被同一个智能体检测。对于智能体 $\boldsymbol{x}$，定义 $\mathcal{N}_i^{\mathcal{O}}$ 为能够被智能体 i 检测到的目标的集合。对于目标 $\boldsymbol{\xi}_k$，定义 $\mathcal{N}_k^{\mathcal{V}}$ 为能够检测到目标 k 的智能体的集合。在后面的分析中，我们假设每个智能体预先知道 $\mathcal{N}_i^{\mathcal{O}}$。

第五节　算法设计及稳定分析

本节将设计算法求解多智能体系统多目标一致巡航控制问题。它主要有三部分构成，即，设计目标位置估计器，目标中心估计器和一致巡航控制器，使得系统（7.2）绕着所有的目标执行一致巡航任务。受文献［232］启发，目标位置估计器和目标中心估计器分别设计如下，

1. 目标位置估计器

$$\dot{\hat{\boldsymbol{\xi}}}_k^i(t)=\kappa_i(I-\boldsymbol{\varphi}_i^k(t)\boldsymbol{\varphi}_i^k(t)^T)(\boldsymbol{x}_i(t)-\hat{\boldsymbol{\xi}}_k^i(t)), i\in\mathcal{V}, k\in\mathcal{O}, \tag{7.26}$$

其中 $\hat{\boldsymbol{\xi}}_k^i(t)$ 表示智能体 i 对目标位置 $\boldsymbol{\xi}_k(t)$ 在 t 时刻的估计值，κ_i 为正常数增益，$\boldsymbol{\varphi}_i^k(t)$ 表示由 $\boldsymbol{x}_i(t)$ 指向 $\boldsymbol{\xi}_k(t)$ 的单位方向向量，它可以表示为

$\boldsymbol{\varphi}_i^k(t)=\begin{bmatrix}\cos\theta_i^k(t)\\ \sin\theta_i^k(t)\end{bmatrix}$，也可以进一步表示为：

$$\boldsymbol{\varphi}_i^k(t)=\frac{\boldsymbol{\xi}_k(t)-\boldsymbol{x}_i(t)}{\|\boldsymbol{\xi}_k(t)-\boldsymbol{x}_i(t)\|}:=\frac{\boldsymbol{\xi}_k(t)-\boldsymbol{x}_i(t)}{\rho_i^k}. \tag{7.27}$$

我定义 $\bar{\boldsymbol{\varphi}}_i^k(t)\in\mathbb{R}^2$ 为正交于 $\boldsymbol{\varphi}_i^k(t)$ 的单位向量，它可以通过对 $\boldsymbol{\varphi}_i^k(t)$ 顺时针旋转 π/2 而获得，如图 7-2 所示。

2. 目标中心估计器

对于多目标巡航控制问题，目标中心估计算法[232]设计如下：

$$\begin{aligned}&\dot{\boldsymbol{w}}_i(t)=\kappa\sum_{j\in\mathcal{N}_i}\operatorname{sgn}[\boldsymbol{r}_j(t)-\boldsymbol{r}_i(t)],\\&\boldsymbol{r}_i(t)=\boldsymbol{w}_i(t)+\frac{\boldsymbol{n}}{\boldsymbol{m}}\sum_{k\in\mathcal{N}_i^{\mathcal{O}}}\frac{1}{|\mathcal{N}_k^{\mathcal{V}}|}\hat{\boldsymbol{\xi}}_k^i(t),i\in\mathcal{V},k\in\mathcal{O},\end{aligned} \tag{7.28}$$

其中 $\boldsymbol{w}_i(t)\in\mathbb{R}^2$ 为内部状态，$\boldsymbol{r}_i(t)\in\mathbb{R}^2$ 表示智能体 i 对多目标中心 $\boldsymbol{\xi}$ 在 t 时刻的估计值，$\kappa>0$ 为待设计的常数增益，$\operatorname{sgn}(\bullet)$ 为符号函数，所有智能体的内部状态初始化使得下式成立，

$$\sum_{i=1}^{n}\boldsymbol{w}_i(0)=0. \tag{7.29}$$

3. 一致巡航控制器

$$\boldsymbol{u}_i=\dot{\boldsymbol{r}}_i+\dot{\hat{\rho}}_i\boldsymbol{s}_i+\hat{\rho}_i\dot{\hat{\theta}}_i\boldsymbol{t}_i. \tag{7.30}$$

其中，

$$\dot{\hat{\rho}}_i=-\hat{\rho}_i(\hat{\rho}_i-d),\hat{\rho}_i(0)>0, \tag{7.31}$$

$$\dot{\hat{\theta}}_i=\sum_{j=1}^{n}a_{ij}\left[(\hat{\theta}_j-\hat{\theta}_i)-(j-i)\frac{2\pi}{n}\right]+\omega^*. \tag{7.32}$$

$$\boldsymbol{s}_i=[\cos(\hat{\theta}_i),\sin(\hat{\theta}_i)]^T,\boldsymbol{t}_i=[-\sin(\hat{\theta}_i),\cos(\hat{\theta}_i)]^T. \tag{7.33}$$

其中 $\hat{\rho}_i$ 和 $\hat{\theta}_i$ 为智能体 i 关于 $\boldsymbol{r}_i$ 在极坐标系下的极径和极角。

定理 7.2. 考虑估计器（7.26）～（7.28）和一致巡航控制器（7.30）。如果假设 7.2，7.3 成立，且每个目标的运动速度足够缓慢，即存在一个充分小的正常数 ε 使得：

$$\| \dot{\boldsymbol{\xi}}_k(t) \| < \varepsilon \tag{7.34}$$

成立，则存在一个正常数 $\boldsymbol{\kappa}$（见式（7.28））使得所有的智能体执行一致巡航任务，即每个智能体满足控制目标（1）～（3）。

证明：利用估计器（7.26）～（7.28）和一致巡航控制器（7.30），类似定理 7.1 的证明，我们可得，控制目标（2）～（3）显然是满足的，而且对于任意的$\forall i$，我们有下式成立，

$$\| \boldsymbol{x}_i(t) - \boldsymbol{r}_i(t) \| - d \to 0. \tag{7.35}$$

现在，我们只需要证明控制目标（1）成立即可。如果假设 7.2、7.3 和条件（7.34）成立，则由文献［232］中定理 3.2 的证明可得，$\forall i, \boldsymbol{r}_i(t) - \boldsymbol{\xi}(t)$ 收敛到 0 的领域内，即，

$$\| \boldsymbol{r}_i(t) - \boldsymbol{\xi}(t) \| \to o(\varepsilon), \forall i. \tag{7.36}$$

由（7.35）和（7.36），我们进一步可得：

$$\| \boldsymbol{x}_i(t) - \boldsymbol{\xi}(t) \| - d \leqslant (\| \boldsymbol{x}_i(t) - \boldsymbol{r}_i(t) \| - d) + \| \boldsymbol{r}_i(t) - \boldsymbol{\xi}(t) \| \to o(\varepsilon), \forall i. \tag{7.37}$$

因此，对于智能体 i，控制目标（1）也是满足的。证明完毕。

第六节　数值仿真

在本节中，我们将给出两个算例具体说明一致巡航控制算法的有效性。首先，我们给出例子说明在目标位置已知的情况下多智能体系统能够有效一致巡航单个目标。其次，验证在目标位置未知的情况下多智能体系统仍然能够有效一致巡航多个目标。

考虑由 6 个智能体构成的多智能体系统，多智能体系统的动态如式（7.2），多智能体系统的通信拓扑如图 7-3 所示。

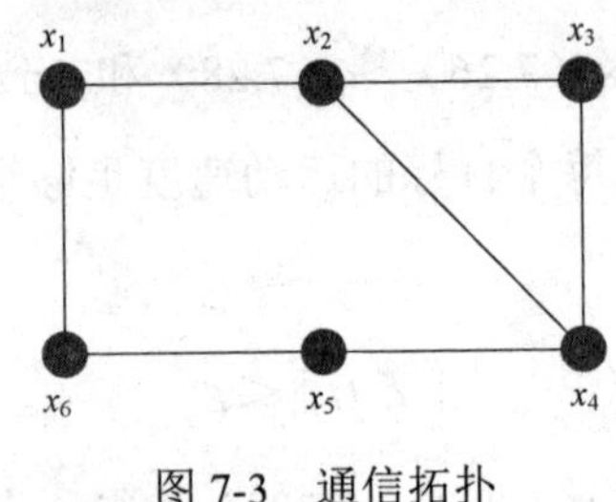

图 7-3 通信拓扑

例 7.1. 考虑 6 个智能体构成的多智能体系统一致巡航单个目标。智能体间的通信拓扑如图 7-3 所示，智能体系统与目标间检测矩阵如下：

$$B = [1,1,1,1,1,1]^T.$$

智能体的初值位置为：

$$\begin{gathered} \boldsymbol{x}_1(0) = \begin{bmatrix} 12 \\ 9 \end{bmatrix}, \boldsymbol{x}_2(0) = \begin{bmatrix} 4 \\ 8 \end{bmatrix}, \boldsymbol{x}_3(0) = \begin{bmatrix} -10 \\ 24 \end{bmatrix}, \\ \boldsymbol{x}_4(0) = \begin{bmatrix} 13 \\ -7 \end{bmatrix}, \boldsymbol{x}_5(0) = \begin{bmatrix} -5 \\ -8 \end{bmatrix}, \boldsymbol{x}_6(0) = \begin{bmatrix} -16 \\ -12 \end{bmatrix}. \end{gathered} \tag{7.38}$$

目标的初值位置为 $\boldsymbol{r}_0(0) = [-5,5]^T$，目标的动态如下：

$$\boldsymbol{r}_0(t) = \begin{bmatrix} -5 + 0.04t \\ 5 - 0.1t \end{bmatrix}.$$

应用一致巡航控制算法（7.9）～（7.11），在仿真过程中，设一致巡航半径为 $d = 10$ m，一致巡航角速度为 $\omega^* = 4$ rad/s 。于是，6 个智能体一致巡航单个目标的运动轨迹如图 7-4 所示。很容易看出，所有的智能体节点最终均匀分布在以目标为圆心以 $d = 10$ m 为半径的圆周上且绕着目标沿着顺时针方向作一致巡航运动。图 7-5 进一步表示智能体与目标间距离的轨迹，从图上可看出，随着时间的增加，$\| \boldsymbol{x}_i(t) - \boldsymbol{r}_0(t) \|, i = 1, \cdots, 6$ 渐近收敛于 $d = 10$ m，即所有的智能体渐近达到距离目标 $\boldsymbol{r}_0(t)$ 期望的距离 $d = 10$ m；图 7-6 表示智能体的一致巡航角速度 ω_i 的轨迹，显然，随着时间的增加，所有智能体的巡航角速度 $\omega_i(t)$ 渐近趋于一致值 $\omega^* = 4$ rad/s；智能体 $\boldsymbol{x}_{i+1}$ 与 $\boldsymbol{x}_i$ 间的夹角 ψ_i 的变化如图 7-7 所示，随着时间的增加，ψ_i 趋于 $\pi/3$，即智能体最终均匀分布在

以目标为圆心以 $d=10$ m 为半径的圆周上，且智能体间的夹角为 $\pi/3$。

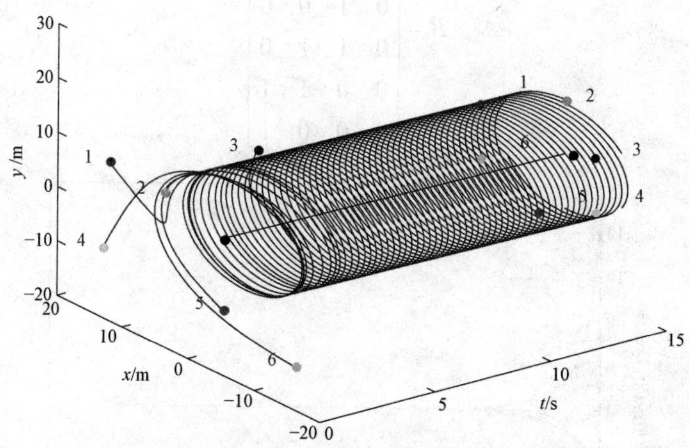

图 7-4　智能体一致巡航单个移动目标的巡航轨迹。数字标号节点表示智能体节点，黑色实心圆点表示移动目标

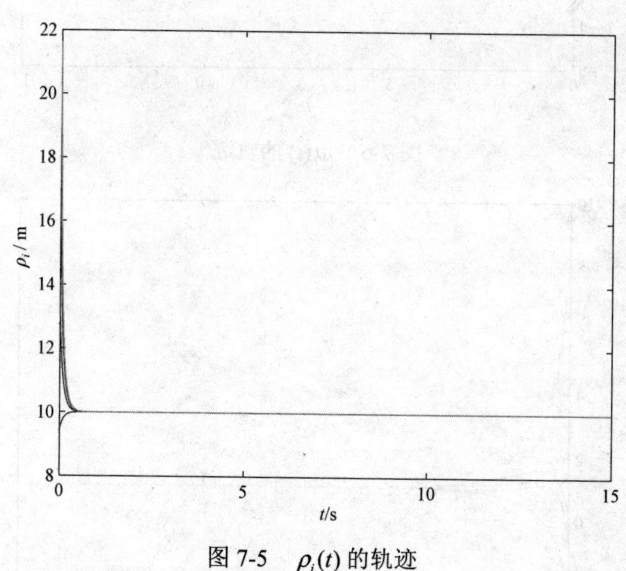

图 7-5　$\rho_i(t)$ 的轨迹

例 7.2. 在目标位置未知的前提下，考虑 6 个智能体构成的多智能体系统一致巡航 4 个目标。智能体间的通信拓扑如图 7-3 所示，智能体系统与目标间的检测矩阵如下：

$$\boldsymbol{B}=\begin{bmatrix}0&0&0&0\\1&1&0&0\\0&1&0&0\\0&1&1&0\\0&0&1&1\\0&0&0&1\end{bmatrix}$$

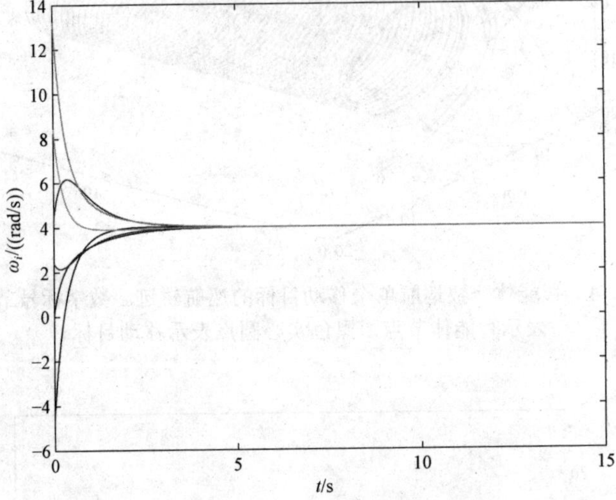

图 7-6 $\omega_i(t)$ 的轨迹

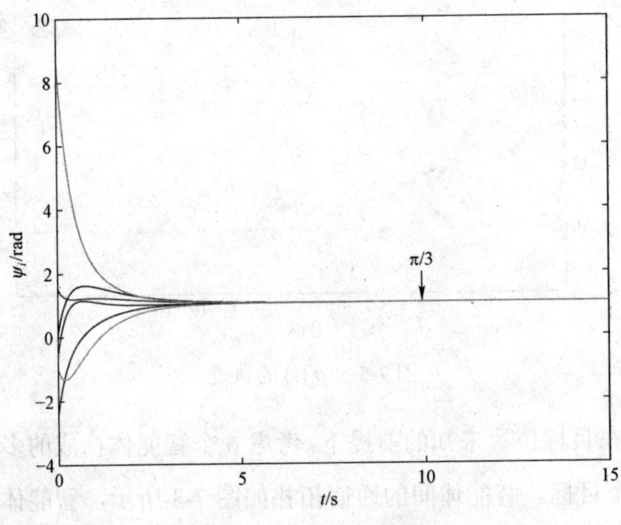

图 7-7 $\psi_i(t)$ 的轨迹

任意选取微分方程（7.26）的初值$\hat{\xi}_k^i(0)$。选取方程（7.28）的初值如下：

$$\boldsymbol{w}_1(0)=\begin{bmatrix}8\\4\end{bmatrix},\boldsymbol{w}_2(0)=\begin{bmatrix}-2\\8\end{bmatrix},\boldsymbol{w}_3(0)=\begin{bmatrix}-1\\-1\end{bmatrix},$$

$$\boldsymbol{w}_4(0)=\begin{bmatrix}0\\-4\end{bmatrix},\boldsymbol{w}_5(0)=\begin{bmatrix}-9\\1\end{bmatrix},\boldsymbol{w}_6(0)=\begin{bmatrix}4\\-8\end{bmatrix},$$

显然条件（7.29）成立。给定智能体的初始位置如（7.38）式所示。目标的初值位置为：

$$\boldsymbol{\xi}_1(0)=\begin{bmatrix}4\\3\end{bmatrix},\boldsymbol{\xi}_2(0)=\begin{bmatrix}-6\\3\end{bmatrix},\boldsymbol{\xi}_3(0)=\begin{bmatrix}-4\\-4\end{bmatrix},\boldsymbol{\xi}_4(0)=\begin{bmatrix}4\\-5\end{bmatrix}.$$

目标的动态如下：

$$\boldsymbol{\xi}_1(0)=\begin{bmatrix}3+e^{-0.1t}\\2+e^{-0.1t}\end{bmatrix},\boldsymbol{\xi}_2(0)=\begin{bmatrix}-6+0.05t\\3-0.3t\end{bmatrix},$$

$$\boldsymbol{\xi}_3(0)=\begin{bmatrix}-4-0.04t\\-4-0.01t\end{bmatrix},\boldsymbol{\xi}_4(0)=\begin{bmatrix}4-0.1t\\-5+0.07t\end{bmatrix}.$$

应用估计算法（7.26），（7.28）和一致巡航控制算法（7.30），在仿真过程中，算法（7.26）中的增益设为$\kappa_1=\kappa_2=\kappa_3=\kappa_4=\kappa_5=\kappa_6=4$。算法（7.28）中的增益设为$\kappa=3$。设一致巡航半径为 $d=10$ m，一致巡航角速度为$\omega^*=$ 4 rad/s。于是，6 个智能体一致巡航 4 个目标的运动轨迹如图 7-8 所示。很容

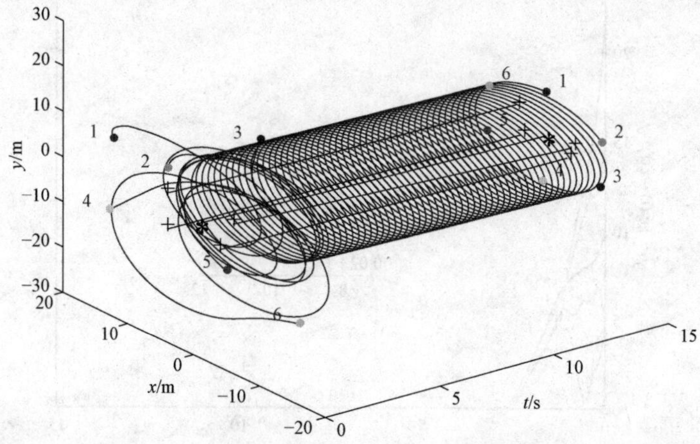

图 7-8　6 个智能体一致巡航 4 个移动目标的巡航轨迹。数字标号节点表示智能体节点，+表示移动目标，⋆表示多目标几何中心

易看出，所有的智能体节点最终均匀分布在以 $\boldsymbol{\xi}$ 为圆心以 $d=10$ 为半径的圆周上且绕着目标中心沿着顺时针方向作一致巡航运动。图 7-9 进一步表示目标位置估计误差 $\|\hat{\boldsymbol{\xi}}_k^i(t)-\boldsymbol{\xi}_k(t)\|, i=1,\cdots,6$ 渐近收敛到 0 的领域内。图 7-10 进一步表示多目标中心估计误差 $\|\boldsymbol{r}_i(t)-\boldsymbol{\xi}(t)\|, i=1,\cdots,6$ 渐近收敛到 0 的领域内。图 7-11 进一步表示智能体与目标中心间距离的轨迹，从图上可看出，随着时

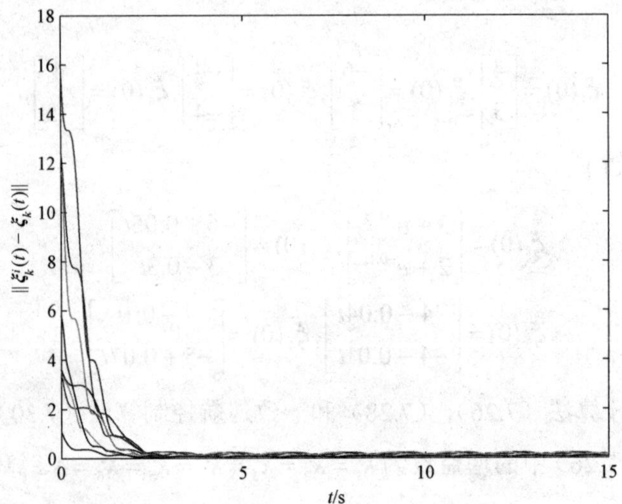

图 7-9 目标位置估计误差 $\|\hat{\boldsymbol{\xi}}_k^i(t)-\boldsymbol{\xi}_k(t)\|$ 的轨迹

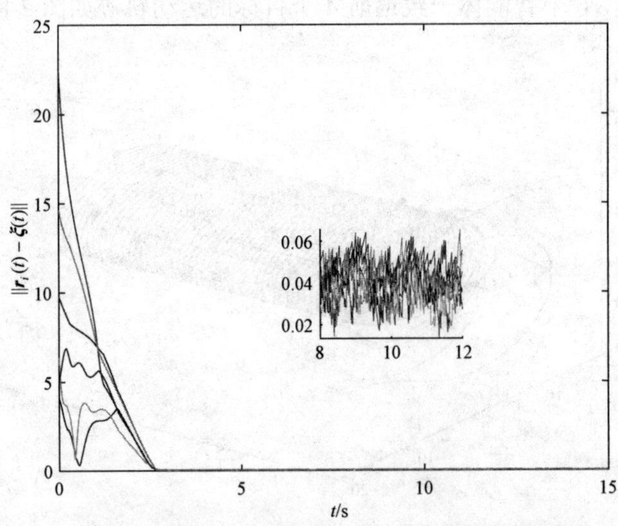

图 7-10 目标中心估计误差 $\|\boldsymbol{r}_i(t)-\boldsymbol{\xi}(t)\|$ 的轨迹

间的增加，$\|\boldsymbol{x}_i(t)-\boldsymbol{r}_i(t)\|, i=1,\cdots,6$ 渐近收敛到期望距离 $d=10$ m；图 7-12 表示智能体的一致巡航角速度 ω_i 的轨迹，显然，随着时间的增加，所有的智能体的巡航角速度渐近趋于一致值 $\omega^*=10$ rad/s；智能体 $\boldsymbol{x}_{i+1}$ 与 $\boldsymbol{x}_i$ 间的夹角 ψ_i 的变化如图 7-13 所示，随着时间的增加，ψ_i 趋于π/3，即智能体最终均匀分布在以目标中心 $\boldsymbol{\xi}$ 为圆心以 $d=10$ m 为半径的圆周上，且智能体间的夹角为π/3。

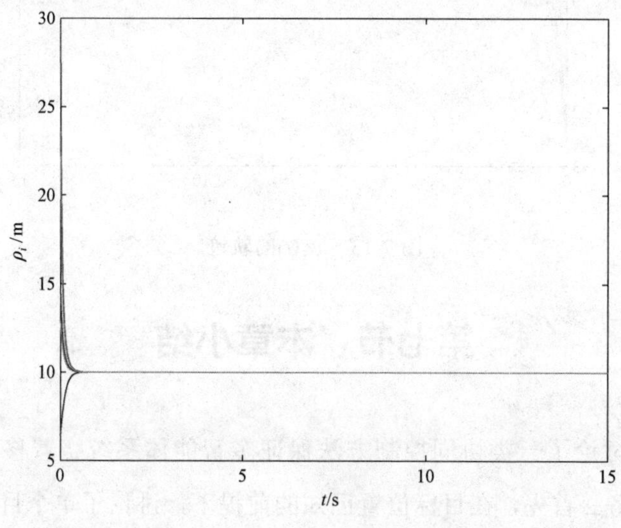

图 7-11　$\rho_i(t)$的轨迹

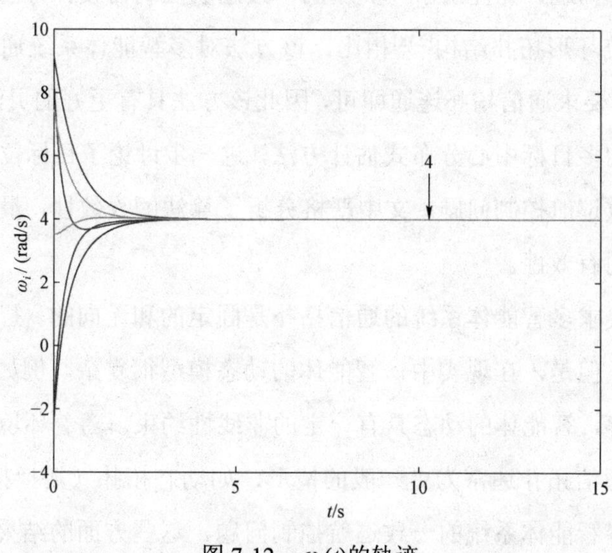

图 7-12　$\omega_i(t)$的轨迹

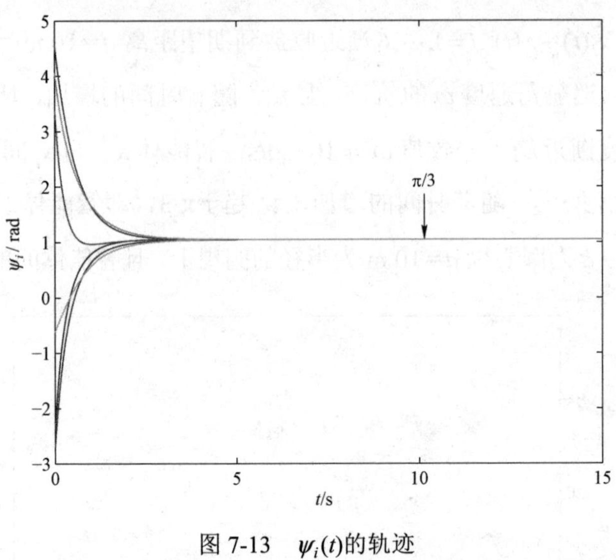

图 7-13 $\psi_i(t)$的轨迹

第七节 本章小结

在本章讨论了一类协同控制方法保证多智能体系统绕着移动目标执行一致巡航任务。首先，在目标位置已知的前提下，讨论了单个目标的一致巡航控制器设计问题，并提出了一类新的一致巡航控制器设计方法。同传统的多智能体系统环形拓扑结构[238]相比，该方法对多智能体系统通信拓扑的要求更宽松，只要求通信拓扑连通即可，因此该方法具有更好的灵活性。然后，基于第三章的多目标中心分布式估计方法，进一步讨论了目标位置未知情形的多目标一致巡航控制问题。文中严格分析了算法的收敛性，最后数值仿真验证了算法的有效性。

本章节要求多智能体系统的通信拓扑是固定的和无向的。智能体的模型也非常简单。但是，在现实中，智能体的动态模型很复杂，例如轮式小车，移动机器人等，智能体的动态具有一定的非线性约束。随着环境的变化，智能体系统的通信拓扑通常为更一般的情形，如动态拓扑（切换拓扑）、有向拓扑。针对多智能体系统的一致巡航控制问题，这些方面的结果还比较少，这也是今后需要重点研究的一个方向。

第八章　多智能体系统刚性编队控制

本章重点讨论了基于距离的多智能体系统的全局稳定性刚性编队控制问题。针对一阶积分器模型，论述了基于自适应摄动方法的编队控制策略，给出了平面中多智能体系统的全局稳定性刚性编队控制问题。结合该述方法，进一步讨论了非完整小车刚性编队系统，并分析了整个闭环系统的全局稳定性。

第一节　一阶积分器多智能体系统的刚性编队控制

本节主要讨论了平面中三个智能体的无向编队控制问题。基于负梯度控制算法，并在任意一个智能体的运动方向上加自适应向量摄动，给出了新的编队控制策略。在所提控制算法下，多智能体闭环系统有唯一的平衡态集合，且该平衡态集合就是期望的队形集合。因此，所设计的控制器不但能保证三个智能体达到期望的全局稳定的三角或者直线编队，同时能避免任意智能体之间的碰撞。

一、研究背景

近年来，随着计算机技术和无线通信技术的发展，多智能体（机器人、舰船或空间飞行器等）协调合作已经得到了越来越多的应用。多个智能体协调合作可以完成单一智能体难以完成的任务，比如搬运、编队、搜索、分类、围捕以及跟踪等。其中编队问题是多智能体协调合作中的一个典型性的问题，也是研究其他协调合作问题的基础。

编队问题按照其控制方式不同大致可分为两类：基于相对位置的编队控制[64,247,248]和基于相对距离的编队控制[242,249,250]。第一类控制问题期望的编队由相对位置向量所确定。通过适当的坐标变换，编队控制问题可以转化为一致性问题来研究，从而期望的编队仅有单平衡点，可以由线性反馈控制策略来全局镇定。第二类控制问题期望的编队由给定的一组相对距离所确定。在现有文献［64，247，248］中，基于相对位置的编队控制方法不能避免智能体之间的相互碰撞；而基于距离的编队控制能够确保运动过程中智能体间的距离不为 0 来保证智能体间不发生碰撞。避撞问题是编队控制中一个至关重要的问题。同时，基于距离的编队控制中还存在着另一个可能更具有挑战性的问题：如何设计非线性控制器来同时实现运动过程中的队形保持和相互避撞。Olfati-Saber 和 Murray[241]给出了无向编队控制的设计框架。但是，已有的结果[241,245]表明：基于现有的负梯度控制算法，由于编队控制律是非线性的，且各个子系统之间存在着耦合，则导致整个闭环系统存在多个平衡点问题[239]，从而不能达到期望的全局稳定编队，仅能证明期望平衡态的局部稳定性。Anderson 等[243]讨论了具有共同领导者的三角编队控制问题，利用 Lyapunov 稳定性理论分析了距离误差系统的稳定性，其结论指出：当期望队形满足三角不等式的条件，从任意初始位置出发，三个智能体有以下两种运动模式：① 在同一条直线并且以相同的速度运动；② 形成期望的队形且速度为零；进一步，假设三个智能体系统运动过程中一直不共线，则能证明闭环系统以指数速度收敛到期望的三角队形。随后，Cao 等[244]深入分析了三个互为领导者的有向编队控制问题。结论指出：多智能体系统收敛到梯度为零的集合，该集合是期望集合和共线且速度相等集合的并集，且期望集合和不期望集合为互不相交的；进一步，证明初始不共线的智能体一直不共线；最后用 Lasalle 不变集原理证明当三个智能体初始位置不共线，基于势能函数的负梯度方法能够使得多智能体系统达到期望的三角编队。而上述结论

[243,244]均假设期望的距离满足三角不等式，即负梯度控制算法无法稳定期望的直线编队。Dimarogonas 和 Johansson[240,242]证明了当且仅当编队图为树时，负梯度控制算法能够全局镇定多智能体编队系统。然而当编队图为树时，不能保证编队的形状。文献［241，246］指出当图为刚性图时能够保证编队形状不变，而刚性图包含圈，则不期望的平衡态出现，从而现有负梯度算法不能保证期望的刚性编队是全局稳定性的。

本节讨论了具有三个智能体的无向编队控制问题，期望的编队由期望的距离来刻画。基于负梯度控制算法，并在任意一个智能体的运动方向上加自适应向量摄动，提出了新的编队控制律。在所提控制算法下，多智能体闭环系统有唯一的平衡态集合，且该平衡态集合就是期望的队形集合。进一步，利用非光滑的 LaSalle 不变集原理证明多智能体系统能够达到期望的全局稳定的三角或者直线编队，同时能避免任意智能体之间的碰撞。

二、问题描述

对于平面中具有三个智能体的编队控制系统，每个智能体的动态用单积分器来表示：

$$\dot{r}_i = v_i, \tag{8.1}$$

其中 $r_i = [r_{xi}, r_{yi}]^T$ 表示智能体 i 的位置信息，$v_i = [v_{xi}, v_{yi}]^T$ 表示智能体 i 的速度输入，$i = 1$，2，3；令 $r = [r_1^T, r_2^T, r_3^T]^T$，$v = [v_1^T, v_2^T, v_3^T]^T$，$r_{ij} = r_i - r_j$。

平面中具有三个智能体的无向编队控制系统的示意图如图 8-1 所示。编队图用 $\mathcal{G} = (\mathcal{V}, \mathcal{E})$ 来表示，其中 $\mathcal{V} = \{1,2,3\}$ 表示节点集合，$\mathcal{E} = \{(i,j) \in \mathcal{V} \times \mathcal{V} \mid j \in \mathcal{N}_i\}$ 表示边集合。每条边 $(i,j) \in \mathcal{E}$ 需要达到的期望距离为 $d_{ij} = d_{ji}$。其中 $d_{ij}, (i,j) \in \mathcal{E}$ 为正常数。令 $\alpha_{ij} = \| r_{ij} \|^2$ 表示通信自主体之间的实际距离。本节中智能体 i 和 j，$j \in \mathcal{N}_i$ 之间的势能函数与文献［240］中所定义的形式相同，其数学表达式如下式所示：

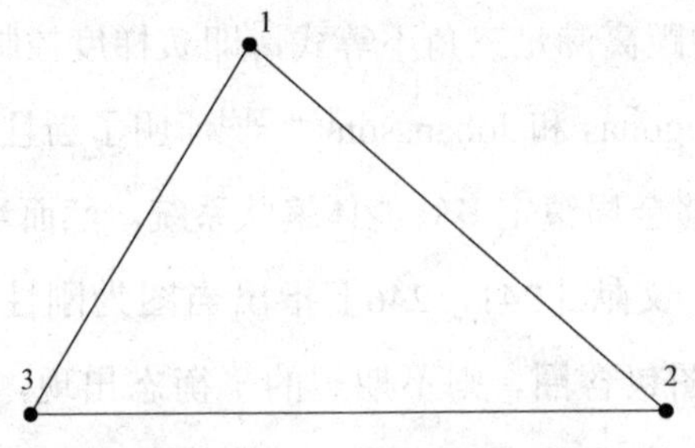

图 8-1 具有 3 个智能体的编队

$$V_{ij}=\frac{(\alpha_{ij}-d_{ij}^2)^2}{\alpha_{ij}}, \quad V_i=\sum_{j\in N_i}V_{ij}(\alpha_{ij})。 \tag{8.2}$$

显然，当智能体 i 与其所有邻居之间的距离均达到期望值时，V_i 取最小值为零；当智能体 i 与任意一个邻居之间的距离为零时，V_i 趋于无穷。此外，定义如下等式：

$$\rho_{ij}\triangleq\frac{\partial V_{ij}(\alpha_{ij})}{\partial\alpha_{ij}}=\frac{\alpha_{ij}^2-d_{ij}^4}{\alpha_{ij}^2}。 \tag{8.3}$$

注意到，$\rho_{ij}=\rho_{ji}, j\in\mathcal{N}_i$。

编队控制问题就是根据相对位置信息来设计编队控制律

$$v_i=h_i(r_{ij}), j\in\mathcal{N}_i,$$

使得对除了智能体间相重合的任意初始位置 $r_i(0)\in\mathbb{R}^2$，$i=1,2,3$，多智能体系统能够达到期望的全局稳定编队，即：

$$\lim_{t\to\infty}(\|r_{ij}\|-d_{ij})=0,\ j\in\mathcal{N}_i,$$

并且任意智能体之间不发生碰撞，即不存在 $t=t_1>0$，使得：

$$\|r_{ij}(t)\|=0,$$

其中 $j\in\mathcal{N}_i$。

注 8.1. 与已有的结论[243,251]相比，文献［243，251］中要求期望的距离满足三角不等式，而本章所提控制算法不需要满足这一条件。也就是说，本章中期望的队列形状可以为直线或三角形。直线编队有着广泛的实际应用，比如采用小卫星直线编队来增加合成孔径的长度，从而提高方位分辨率，并改善观测带宽[252]。

三、控制设计与稳定性分析

1. 已有的梯度方法

目前，基于保持成对智能体间距离的编队控制大多采用势能函数方法，文献［243-245］均提出了基于势能函数的负梯度控制律。下面，我们简单地回顾一下这一算法，其控制律如下式所示：

$$v_i=-\nabla_{r_i}V_i=-\sum_{j\in\mathcal{N}_i}\nabla_{r_i}V_{ij}(\|r_{ij}\|),i=1,2,\cdots,n, \tag{8.4}$$

其中 $V_{ij}(\|r_{ij}\|)$ 表示智能体 i 和 j 之间的势能函数。

Anderson 等[243]对具有三个共同领导者的一阶积分器系统，提出了有向三角编队控制策略。利用 Lyapunov 稳定性理论分析了距离误差系统的稳定性，结论指出：当期望队形满足三角不等式的条件，从任意初始位置出发，三个智能体有以下两种运动模式：① 在同一条直线并且以相同的速度运动；② 形成期望的队形且速度为零；进一步，假设三个智能体系统运动过程中一直不共线，则能证明闭环系统以指数速度收敛到期望的三角队形。随后，Cao 等[244]同样针对一阶积分器系统，深入分析了三个互为领导者的有向编队控制问题。他们指出基于负梯度控制算法（2.4）（8.4），整个闭环系统的平衡态为：

$$E=E_1\bigcup M, \tag{8.5}$$

其中 $E_1=\{r|\|r_{ij}\|=d_{ij}\}$ 表示期望平衡态集合，$M=\{r|\ r\in\mathbf{L},r_{12}\rho_{12}=r_{23}\rho_{23}=r_{31}\rho_{31}\}$ 表示三个智能体共线且具有相同速度的集合，$\mathbf{L}=\{r|\text{rank}[r_{12},r_{23},r_{31}]<2\}$ 表示三个智能体共线集合。

Cao 等[244]证明了期望集合 E_1 和不期望集合 M 互不相交，并利用 Lasalle 不变集原理证明当三个智能体初始位置不共线时，基于势能函数的负梯度方法能够使得多智能体系统达到期望的三角编队。然而，当三个智能体的位置初始共线，则一直共线，从而多智能体系统并不能达到期望的三角编队。

Krick 等[245]对具有 n 个智能体的编队控制系统，提出了基于负梯度算法的无向编队控制策略。当智能体的数目等于 3 的时候，整个闭环系统的平衡态如式（8.5）所示，但是，其中 M 表示智能体位置共线且静止的集合。然而，当智能体的数目大于 3 时，除了不期望的平衡态集合 M，还存在其他的不期望平衡态集合。

Dimarogonas 和 Johansson[240]证明当且仅当编队图为树时，整个闭环系统的平衡态为唯一期望的平衡态 $E_1 = E$；同时指出当编队图包含圈时，所设计的控制器为非线性的且各个子系统之间有耦合，存在多平衡点问题，从而多智能体系统不能达到期望的全局稳定编队。

因此，当编队图包含圈，如何设计全局稳定的编队控制器具有一定的挑战性和重要意义。

2. 全局稳定的编队控制器设计

为了达到期望的全局稳定编队，基于相对位置信息，在任意一个智能体的运动方向上加上自适应摄动，提出新的编队控制策略。控制律 v_i 如下式所示：

$$\begin{aligned} v_1 &= -\nabla_{r_1} V_1 - 2k_{12}\rho_{12}a - 2|k'_{12}\rho_{12}|s \\ &= -2(r_{12}+k_{12}a)\rho_{12} - 2r_{13}\rho_{13} - 2s|k'_{12}\rho_{12}|, \end{aligned} \tag{8.6}$$

$$v_2 = -\nabla_{r_2} V_2 = -2r_{23}\rho_{23} - 2r_{21}\rho_{21}, \tag{8.7}$$

$$v_3 = -\nabla_{r_3} V_3 = -2r_{31}\rho_{31} - 2r_{32}\rho_{32} \tag{8.8}$$

其中 a 为加在智能体 1 的运动方向上的单位向量摄动，$0 < k_{12} < k'_{12}$，$\nabla_{r_1} V_1 = \left[\dfrac{\partial V_1}{\partial r_{x1}} \dfrac{\partial V_1}{\partial r_{y1}}\right]^T$，$s = [\mathrm{sgn}(\nabla_{r_1} V_1)_x \ \mathrm{sgn}(\nabla_{r_1} V_1)_y]^T$。

根据所提控制律（8.6）～（8.8），由于所加非零单位常向量摄动，共线集合 $\mathbf{L}$[251]不再是不变集。也就是说，尽管智能体初始共线，但其能跳出共线集合，不会一直处于共线位置。

下面证明共线集合 $\mathbf{L}$ 不再是不变集，首先引入如下两个向量 $p, q \in \mathbb{R}^2$，

$\det[p\ \ q]=p^TGq$，其中，

$$G=\begin{bmatrix}0 & 1\\ -1 & 0\end{bmatrix}.$$

因为 $r_{12}+r_{23}+r_{31}=0$，有：

$$\det[r_{12}\quad r_{23}]=-\det[r_{12}\quad r_{31}]=-\det[r_{23}\quad r_{31}].$$

又因为，集合 **L** 定义为：

$$\mathbf{L}=\{r_{ij}|\det[r_{12}\ \ r_{23}]=0\}.$$

从而，根据控制律（8.6）～（8.8），我们有：

$$\begin{aligned}\frac{d}{dt}\det[r_{12}r_{23}]&=\frac{d}{dt}(r_{12}^TGr_{23})\\&=-4(\rho_{12}+\rho_{23}+\rho_{31})\det[r_{12}\ \ r_{23}]\\&\quad-2k_{12}\rho_{12}(a+s\,\mathrm{sgn}(k_{12}\rho_{12}))^TGr_{23}.\end{aligned}$$

假设当 $t=0$ 时，有 $\det[r_{12}(0)r_{23}(0)]=0$；又因为 $a+s\,\mathrm{sgn}(k_{12}\rho_{12})\neq 0$，则当 $t>0$ 时，$\det[r_{12}(t)r_{23}(t)]$ 不恒等于零。因此，根据不变集的定义可知，基于所提控制律（8.6）～（8.8），**L** 不再是不变集。

进一步，基于所提控制算法整个闭环系统的平衡态为：

$$v=-2R^T\rho=0,\tag{8.9}$$

其中，

$$\rho=[\rho_{12}\quad \rho_{13}\quad \rho_{23}]^T,$$

$$R^T=\begin{bmatrix}r_{12}+k_{12}a+k_{12}'\,\mathrm{sgn}(\rho_{12})s & r_{13} & 0\\ r_{21} & 0 & r_{23}\\ 0 & r_{31} & r_{32}\end{bmatrix}.$$

注 8.2. 基于已有的负梯度控制算法[245]，整个闭环控制系统如式(8.9)所示，其中矩阵 R 表示刚性矩阵[246]。当三个智能体共线时，刚性矩阵 R 的秩为 2，则由 $v=0$，并不能得到$\rho=0$，即系统的解不唯一，因此整个闭环控制系统存在不期望的平衡态。

基于本节所提的控制算法（8.6）～（8.8），我们来分析一下刚性矩阵 R 的秩，这在系统的稳定性分析中至关重要。

令 $R_1=[r_{12}^T+k_{12}a+k'_{12}\operatorname{sgn}(\rho_{12})s \quad r_{21}^T \quad 0]^T$，$R_2=[0 \quad r_{23}^T \quad r_{32}^T]^T$，$R_3=[r_{13}^T \quad 0 \quad r_{31}^T]^T$。因为$k_{12}a+k'_{12}\operatorname{sgn}(\rho_{12})s$不等于零且它的值与状态相关，从而很容易就能得到向量 R_1，R_2和 R_3线性不相关。因此，无论三个智能体是否共线，刚性矩阵 R 的秩都等于 3，即矩阵 R 是满秩矩阵。根据等式(8.9)，有$\rho=0$，即所有智能体之间的距离均达到了期望的值。也就是说，平衡态集合 E_1 中的每个点都是闭环系统的平衡点。

接下来，我们将证明整个系统的平衡态集合为E_1，即基于所提控制算法，整个系统的平衡态为唯一期望的平衡态，不存在不期望的平衡态。

3. 全局稳定性分析

本小节中，我们将证明基于自适应摄动方法的负梯度控制律能够使得三个智能体达到期望的全局稳定编队。

定理 8.1. 考虑多智能体系统（8.1），编队控制律由式（8.6）～（8.8）所确定，势能函数 V_{ij} 由等式（8.2）所确定，则期望的编队是全局渐近稳定的，且运动过程中任意智能体之间都不发生碰撞。

证明：为了证明定理 2.1，我们做了如下的准备工作。考虑如下的 Lyapunov 函数

$$V(r_{ij}(t))=\sum_{i=1}^{3}V_i=\sum_{i=1}^{3}\sum_{j\in\mathcal{N}_i}V_{ij}(\alpha_{ij}). \tag{8.10}$$

由于所设计的控制律是非光滑的，则由 V 函数的定义可知，V 是连续但不可微的。因此，我们利用非光滑的 LaSalle's 不变集原理[253]来分析闭环系统的稳定性。因为函数是可测的，由 Filippov 解的定义[254]可知，系统的解具有唯一性。

因为 V 是光滑的且正则的，它的 Clarke 梯度[255]是单点集合，即为状态空间的梯度：$\partial V=\nabla V=\nabla\sum_{i=1}^{3}V_i$。因为$r_{ij}=-r_{ji}$，有：

$$\nabla_{r_{ij}}V_{ij}=\nabla_{r_i}V_{ij}=-\nabla_{r_j}V_{ij}.$$

由于所提控制策略是不连续的，则利用文献［253］中定理 2.2 来计算 $V(r_{ij}(t))$ 对时间 t 的导数，我们有：

$$\begin{aligned}\dot{V}(r_{ij}) &= 2\sum_{i=1}^{3}(\nabla_{r_i}V_i)^T\dot{r}_i \\ &\subset \sum_{i=1}^{3}(\nabla_{r_i}V_i)^T K[v_i] \\ &= -2\sum_{i=1}^{3}\|\nabla_{r_i}V_i\|^2 - 4k_{12}\rho_{12}(\nabla_{r_1}V_1)^T a \\ &\quad -4k'_{12}|\rho_{12}|(\nabla_{r_1}V_1)^T K[s],\end{aligned} \tag{8.11}$$

其中 $K[v_i]$ 称为 Filipov 集值映射，在文献［254］中有定义，在这里就不详细解释。计算上述等式（8.11）时，我们利用了文献［255］中定理 1 来计算 Filippov 集合的微分包含。因为 $K[\mathrm{sgn}(x)]x=|x|$（见文献［255］），且满足等式（8.6）～（8.8），有：

$$\begin{aligned}\dot{V}(r_{ij}) &= -2\sum_{i=1}^{3}\|\nabla_{r_i}V_i\|^2 - 4k_{12}\rho_{12}(\nabla_{r_1}V_1)^T a \\ &\quad -4|k'_{12}\rho_{12}|[|(\nabla_{r_1}V_1)_x|+|(\nabla_{r_1}V_1)_y|] \\ &\leqslant -2\sum_{i=1}^{3}\|\nabla_{r_i}V_i\|^2 + 4|k_{12}\rho_{12}|\bullet\|\nabla_{r_1}V_1\|\bullet\|a\| \\ &\quad -4|k'_{12}\rho_{12}|[|(\nabla_{r_1}V_1)_x|+|(\nabla_{r_1}V_1)_y|] \\ &\leqslant -\sum_{i=1}^{3}\|\nabla_{r_i}V_i\|^2 \leqslant 0,\end{aligned} \tag{8.12}$$

由等式(8.12)可知，函数 V 是非增的，即对所有的 $t\geqslant 0$，有 $V(r_{ij}(t))\leqslant V(r_{ij}(0))$。

在继续定理 8.1 的证明之前，我们先给出如下两个引理：

引理 8.1. 考虑系统（8.1），控制律由（8.6）～（8.8）所确定，则闭环系统的轨迹

$$S=\{r_{ij}|\ V(r_{ij})\leqslant V_0<\infty\}$$

是不变集。

证明：由等式（8.12）可知，对任意的常数 $V_0>0$，有 $V(r_{ij})\leqslant V_0<\infty$，则由函数 $\leqslant V$ 的连续性可知，集合 $\{r_{ij}\}$ 是闭的。根据等式（8.2）和（8.10），可以得到 $\|r_{ij}\|$ 是有界的，则集合 $S=\{r_{ij}|\ V(r_{ij}(t))\leqslant V_0<\infty\}$ 是紧集。另外，又

因为 V 是非增的，有$V(r_{ij}(t))\leqslant V(r_{ij}(0))$，这里，$V(r_{ij}(0))\leqslant V_0$。因此，由文献［193］中所提的正不变集的定义可知，集合$S=\{r_{ij}|\ V(r_{ij}(t))\leqslant V_0<\infty\}$是正不变集。

引理 8.2. 考虑多智能体系统（8.1），编队控制律由等式（8.6）～（8.8）确定，势能函数由式（8.2）所确定，则当初始位置从集合$S=\{r_{ij}|\ V(r_{ij})\leqslant V_0<\infty\}$出发时，任意智能体之间不发生碰撞，即：

$$\frac{-\sqrt{V_0}+\sqrt{V_0+4d_{ij}^2}}{2}\leqslant\|r_{ij}(t)\|\leqslant\frac{\sqrt{V_0}+\sqrt{V_0+4d_{ij}^2}}{2}, \tag{8.13}$$

对所有$(i,j)\in E$，且任意$t\geqslant 0$。

证明： 由式（8.12）可知，当$r_{ij}(0)\in S$时，$V(r_{ij}(t))$对时间 $t\geqslant 0$ 的导数是非正的，则对所有 $t\geqslant 0$，有$V(r_{ij}(t))\leqslant V(r_{ij}(0))\leqslant V_0<\infty$；又因为$V(t)=\sum_{i=1}^{3}\sum_{j\in N_i}V_{ij}(\alpha_{ij})$，可以得到$V_{ij}(\alpha_{ij})\leqslant V_0$，从而，我们可以得到如下不等式：

$$\frac{-\sqrt{V_0}+\sqrt{V_0+4d_{ij}^2}}{2}\leqslant\|r_{ij}(t)\|\leqslant\frac{\sqrt{V_0}+\sqrt{V_0+4d_{ij}^2}}{2}.$$

显然，$\frac{-\sqrt{V_0}+\sqrt{V_0+4d_{ij}^2}}{2}$是严格正的，因此，运动过程中任意智能体之间都不发生碰撞。

继续定理 8.1 的证明，由引理 8.1、引理 8.2 和非光滑的 LaSalle 不变集原理[253]，整个闭环系统收敛到最大不变集合$\Omega=\{r_{ij}|0\in\dot{V}(r_{ij}(t))\}$，且所有的智能体处于稳定状态。

接下来，我们指出在不变集 Ω 中，所有智能体的速度等于 0，且整个闭环系统的平衡态为唯一期望的平衡态 E_1。

在稳定状态，我们有：

$$\dot{V}(r_{ij}(t))=W_1+W_2,$$

其中，

$$W_1=-2\sum_{i=1}\|\nabla_{r_i}V_i\|^2,$$

$$W_2 = -4|\rho_{12}|[k_{12}'(|(\nabla_{r_1}V_1)_x| + |(\nabla_{r_1}V_1)_y|) - k_{12}(\nabla_{r_1}V_1)^T a].$$

因为 $W_1 \leqslant 0$，$W_2 \leqslant 0$，则：

$$0 \in \dot{V}(r_{ij}(t)), \text{i.e.}, W_1 = 0, W_2 = 0,$$

因此，我们可以得到：

$$\overline{v}_i = 0 \text{ or } \overline{v}_i = 0, \rho_{12} = 0, i = 1,2,3,$$

其中 $\overline{v}_i = -\nabla_{r_i}V_i = -\sum_{j\in\mathcal{N}_i}\nabla_{r_i}V_{ij}(\alpha_{ij}) = -\sum_{j\in\mathcal{N}_i}2\rho_{ij}r_{ij}$ 。

从而，有：

$$\Omega = \{r_{ij} \mid \overline{v}_i = 0 \text{ or } \overline{v}_i = 0, \rho_{12} = 0, i = 1,2,3\}.$$

在不变集 Ω 中，多智能体的动态有如下两种情况：

（1）$\overline{v}_i = 0, \rho_{12} = 0$ 。

根据等式（8.6）～（8.8），很显然，我们有 $\rho_{23} = 0$，$\rho_{31} = 0$。

（2）$\overline{v}_i = 0$ 。

因为 $v_2 = v_3 = 0$，$v_{23} = v_2 - v_3 = 0$，则可知向量 r_{23} 是常数向量，又因为：

$$v_2 = -2r_{23}\rho_{23} - 2r_{21}\rho_{21} = 0,$$

则向量 r_{21} 是常数向量，因此 $v_{21} = 0$ 且 $v_1 = 0$。因为 $\overline{v}_i = 0$，$v = 0$，且矩阵 R 是行满秩矩阵，由等式（8.9）可知 $\rho = 0$，且 $\rho_{12} = 0$，$\rho_{23} = 0$，$\rho_{31} = 0$。

根据等式（8.3），我们有 $\alpha_{ij} = d_{ij}^2$，i.e.，$\| r_{ij} \| = d_{ij}$，则对任意的 $(i, j) \in E$，有 $\Omega = \{r_{ij} \mid \| r_{ij} \| = d_{ij}\}$。从而，我们可以推断出不变集 Ω 即为唯一期望的平衡态集合 E_1。综上可知，期望的编队是全局渐近稳定的，且任意智能体之间不发生碰撞。

四、数值仿真

这一小节，我们给出一些仿真实例来验证所提编队控制算法的有效性。多智能体系统的动态如式（8.1）所示。

例 8.1. 当智能体的初始位置为：

$$r_1(0) = [0,0]^T, r_2(0) = [1,1]^T, r_3(0) = [2,2]^T.$$

显然，三个智能体是初始共线的。且智能体之间需要满足的期望距离为 $d_{12} = d_{23} = d_{31} = 3$。基于已有的负梯度控制算法[240,245]，三个智能体会一直共

线，从而不能达到期望的三角队形。然而，当编队控制律取为(8.6)～(8.8)时，且加在智能体 1 上的常向量摄动取为 $a=[\sin\pi/6\ \cos\pi/6]^T$，则三个智能体的运动轨迹和实时距离$||r_{ij}||$曲线如图 8-2 和图 8-3 所示，仿真图表明多智能体系统达到了期望的三角编队；图 8-4 和图 8-5 说明智能体的速度趋于零。

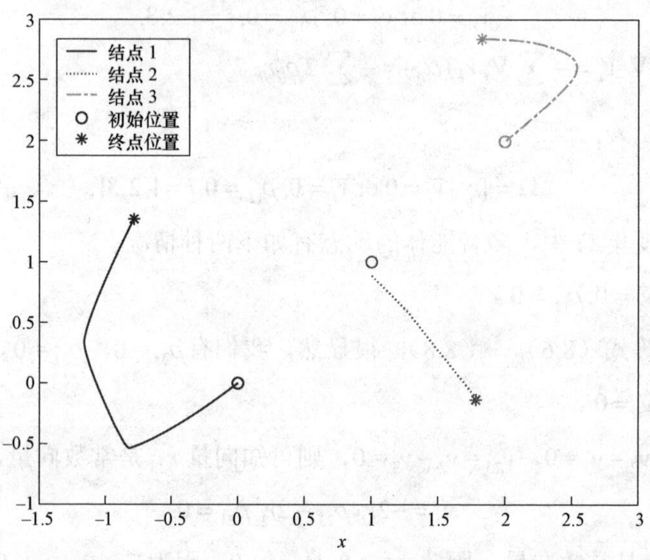

图 8-2　智能体的运动轨迹

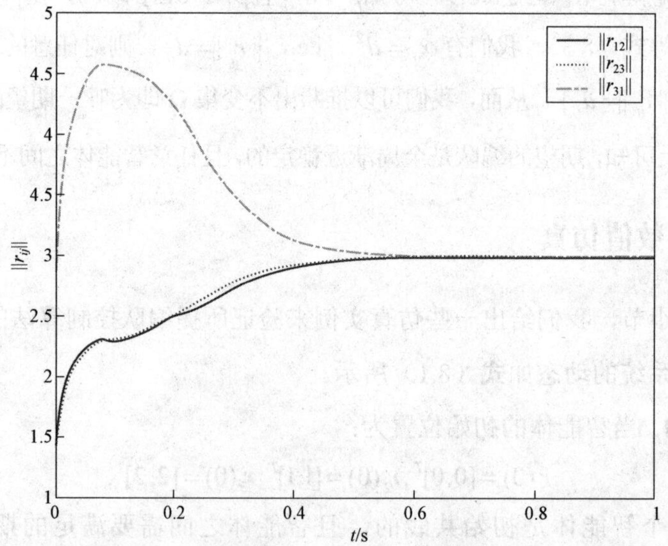

图 8-3　智能体 i 和 j 之间的实时距离$\|r_{ij}\|$曲线

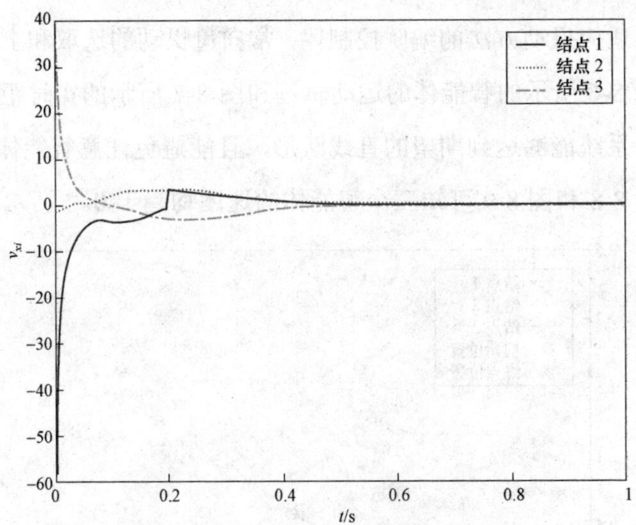

图 8-4 智能体沿着 x 轴的速度曲线 v_{xi}

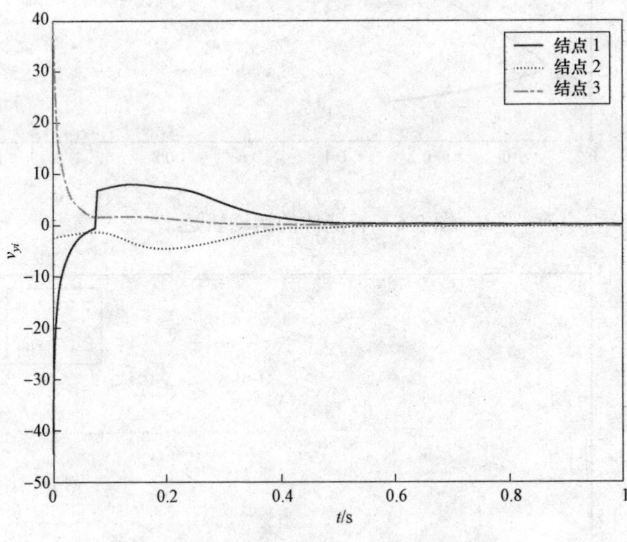

图 8-5 智能体沿着 y 轴的速度曲线 v_{yi}

例 8.2. 当智能体的初始位置取为：

$$r_1=[0.5,0.6]^T, r_2=[0.7,0.6]^T, r_3=[0.6,0.8]^T.$$

显然，它们距离彼此足够近。期望距离取为 $d_{12}=1$，$d_{23}=2$，$d_{31}=3$，显然智能体的期望编队为直线队形。基于文献［242，245，251］中所提的梯度控制算法，多智能体的期望编队不能为直线队形。现在，我们利用本章所提的基于自适应摄动方法的编队控制律，常向量摄动的选取和上述仿真算例相同。由图 8-6 所示的智能体的运动轨迹和图 8-7 所示的实时距离曲线，可知多智能体系统能够达到期望的直线队形，且能避免任意智能体之间碰撞。同时，由图 8-8 和图 8-9 可知三个智能体的速度均趋于 0。

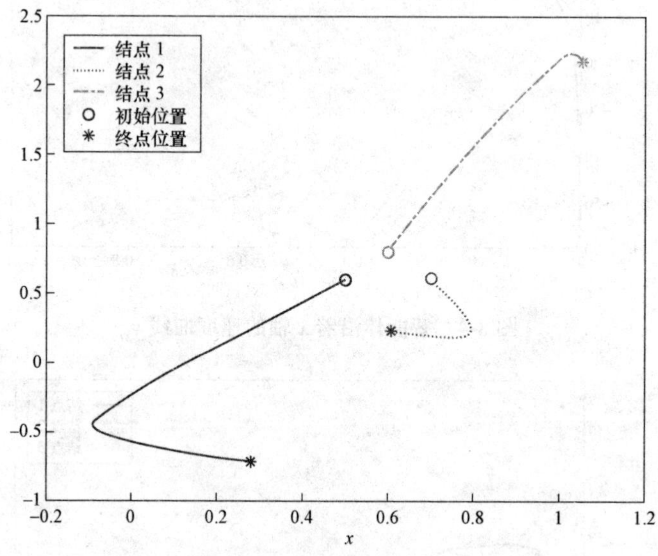

图 8-6　智能体的运动轨迹

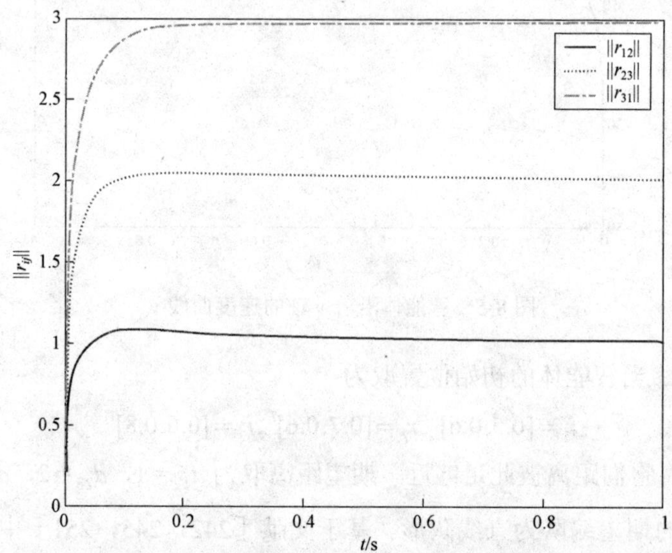

图 8-7　智能体 i 和 j 之间的实时距离 $\|r_{ij}\|$ 曲线

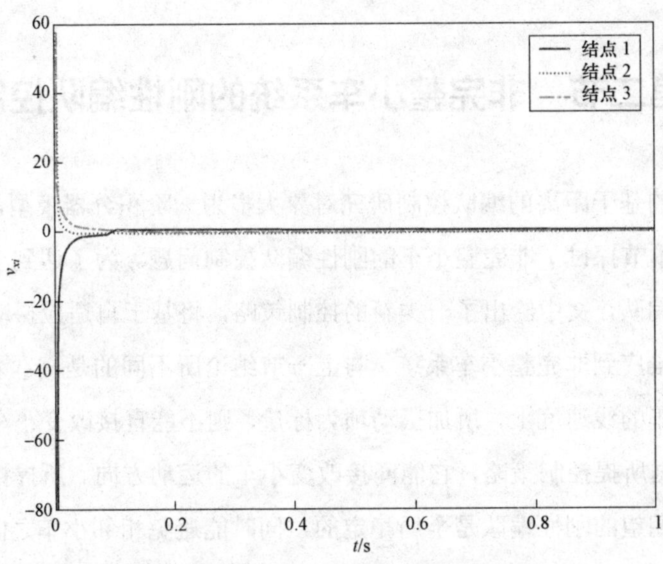

图 8-8 智能体沿着 x 轴的速度曲线 v_{xi}

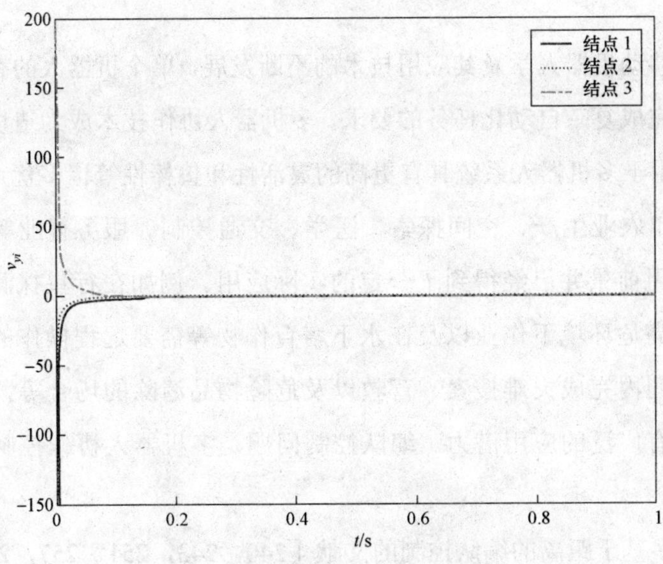

图 8-9 智能体沿着 y 轴的速度曲线 v_{yi}

综上可知，无论三个智能体的初始位置是否共线，本章所提控制策略均能保证多智能体系统达到期望全局稳定编队，且任意智能体之间不发生碰撞。

第二节　非完整小车系统的刚性编队控制

现有的基于距离的编队控制研究对象大多为一阶积分器模型，考虑到实际应用，本节探讨了非完整小车的刚性编队控制问题。为了达到全局稳定的最小刚性编队，文中给出了一类新的控制策略，将基于自适应摄动方法的梯度控制律推广到非完整小车系统。与上一节结论所不同的是，本节中将摄动项加在小车的线速度上，所加摄动项为标量，则不能直接改变小车的运动方向；但根据所提控制策略，它能间接改变小车的运动方向。所提控制算法不但能保证期望的刚性编队是全局稳定的，同时能避免相邻小车之间的碰撞。

一、研究背景

随着移动机器人学及其应用技术的不断发展，单个机器人的有限能力已不能满足完成复杂自动化任务的要求，多机器人协作技术成为迫切需要解决的问题。由于多机器人系统具有更高的灵活性和鲁棒性等诸多优点，使得其在军事、工农业生产、空间探索、医学、交通控制、服务行业等领域具有良好的应用前景并已经得到了一定的实际应用。例如在行星探测、煤矿、火山口等高危环境下作业以及在水下培育作物等需要远程操作的场合；在需要短时间内完成灾难搜索、营救以及危险物品清除的场合等，多机器人系统都具有广泛的应用潜力。编队控制问题是多机器人协作控制中最基本的问题之一。

在诸多基于距离的编队控制的文献［240，243，251，257，260，261］中，考察的智能体系统均为一阶积分器模型。上述文献［240，243，251，257，260，261］给出的结论说明已有的基于势能函数的负梯度控制算法使得多智能体系统存在多平衡点问题，从而不能达到期望的全局稳定刚性编队。与上述结论不同的是，第三章针对一阶积分器系统，提出了基于自适应摄动方法的梯度控制律，所提控制策略不但能够保证期望的刚性编队是全局渐近稳定的，而且能够保证相邻智能体之间不发生碰撞。然而，在实际应用中，不少物理对象无法用一阶积分器模型来刻画，如移动机器人、无人驾驶飞行器和自治水下潜艇等，这些对象大多都必须满足非完整约束条件。鉴于实际应用，本章研究了非完整小车系统的全局刚性编队控制问题。对于非完整小车模型，由于不满足著名的 Brockett 必要条件限制[262]，所以不存在光滑时不变的状态反馈控制律来镇定非完整系统。因而，更一般的控制策略，包括非光滑控制律、时变控制律或者非光滑的混合控制律成为解决该类控制问题的首选。由此可见，相较于一阶积分器系统，非完整小车系统的控制问题更加复杂；进一步，当考虑基于距离的编队控制问题时，需要避免非完整小车之间的碰撞，且各个子系统之间通过网络相互耦合，从而给基于距离的编队控制律的设计和系统稳定性分析带来了更多的困难和挑战。近来，Gouvea 等[263]考虑了非完整小车系统的分散编队控制问题，提出了基于饱和势能函数的负梯度控制算法，所提控制算法能够保证相邻小车之间不发生碰撞；然而它仅能够保证整个闭环系统收敛到梯度为零的集合，并不一定能收敛到期望的编队。Dimarogonas 等[242]针对非完整小车运动学模型，同样提出了基于势能函数的编队控制策略，他们指出负梯度控制算法仅能够全局镇定树图。迄今为止，针对基于距离的编队控制，尚没有学者能够提出新的控制策略来全局镇定非完整刚性编队系统。

本节将上一节所提的自适应摄动方法推广到非完整小车模型。对于本节所讨论的移动机器人来说，本身不但受到非完整约束，而且系统只有两个输入，但却存在三个状态输出，属于典型多输入多输出，欠驱动非线性系统，因此，更有研究的必要。与上一节结论所不同的是，本节工作中将摄动项加在小车的线速度上，所加摄动项为标量，则不能直接改变小车的运动方向；但根据所提控制策略，它能间接改变小车的运动方向。所提控制算法不但能保证期望的刚性编队是全局稳定的，同时能避免相邻小车之间的碰撞。

二、问题描述

1. 系统模型

对于平面 $\mathbb{R}^2$ 中具有 n 个智能体的编队控制系统，每个智能体的动态为非完整运动学模型：

$$\begin{aligned}\dot{x}_i &= u_i \cos\theta_i \\ \dot{y}_i &= u_i \sin\theta_i, \\ \dot{\theta}_i &= \omega_i\end{aligned} \tag{8.14}$$

其中 u_i，ω_i 表示非完整小车 i 的平移和旋转速度，$r_i = [x_i, y_i]^T$ 表示智能体 i 的位置信息，$\theta_i \in (-\pi, \pi]$ 表示非完整小车 i 的导向角，$i = 1, 2, \cdots, n$。如图 8-10 所示，非完整小车是由具有同轴的两个驱动轮和一个辅助前轮（自由轮）的小车所组成。

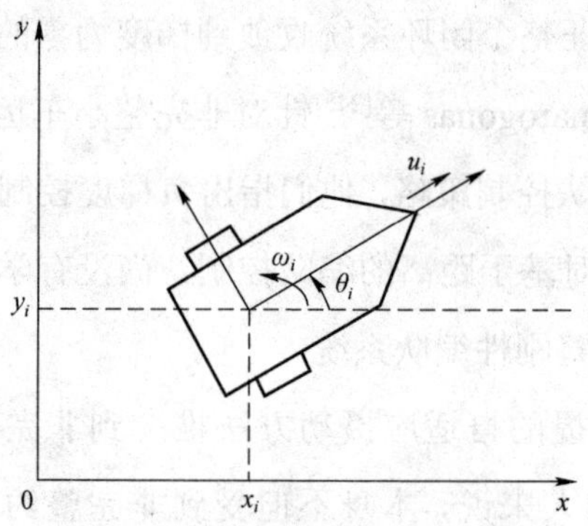

图 8-10　非完整小车的运动学模型

编队图用 $\mathcal{G} = (\mathcal{V}, \mathcal{E})$ 来表示，其中 $\mathcal{V} = \{1, 2, \cdots, n\}$ 表示节点集合，$e_{ij} = \{(i, j) \in \mathcal{V} \times \mathcal{V} | \, j \in \mathcal{N}_i\}$ 表示边集合，其中 $\mathcal{V}_i$ 表示节点 i 的所有邻居节点的集合。本章考虑刚性图，令 $\mathcal{D} = \{d_{ij} : i \in V, j \in \mathcal{N}_i\}$ 为距离集合，其中 $d_{ij} = d_{ji}$ 表示边 e_{ij} 需要保持的期望距离，则 $\{\mathcal{G}, \mathcal{D}\}$ 表示一个期望的编队。称编队 $\{\mathcal{G}, \mathcal{D}\}$ 是刚性的，即当图 $\mathcal{G}$ 中节点有连续小位移变化时，保证由集合 $\mathcal{D}$ 所定义的相邻智能体间的距离保持不变，则图 $\mathcal{G}$ 中所有节点之间的距离均保持不变。注

意到，本节所定义的编队 $\{\mathcal{G},\mathcal{D}\}$ 是刚性的与文献［258］中所定义的图的刚性是相同的。

2. 已有的梯度控制算法

文献［242］针对非完整小车模型，提出了基于梯度方法的编队控制策略。下面，我们简单地回顾一下这一算法。为了便于描述算法，做如下的准备工作。记 $\hat{r}_k = r_i - r_j$，且定义所有邻居间的相对位置向量为 $\hat{r} = [\hat{r}_1^T, \hat{r}_2^T, \cdots, \hat{r}_m^T]^T$；相应的，记距离 d_k 为多智能体 i 和 j 之间需要达到的期望距离；并定义 $\alpha_{ij} = \| r_{ij} \|^2$ 为非完整小车 i 和 j 之间的欧氏距离。众多学者提出了不同的势能函数来解决多智能体的编队控制问题。不失一般性，参考文献［240，242］，我们定义智能体 i 和其邻居 j 之间的势能函数为：

$$V_{ij}(\| r_{ij} \|) = \frac{(\alpha_{ij} - d_{ij}^2)^2}{\alpha_{ij}}. \tag{8.15}$$

同时，定义：

$$\rho_{ij} = \frac{\partial V_{ij}(\alpha_{ij})}{\partial \alpha_{ij}} = \frac{\alpha_{ij}^2 - d_{ij}^4}{\alpha_{ij}^2}. \tag{8.16}$$

非完整小车 i 的总势能函数为：

$$V_i = \sum_{j \in N_i} V_{ij}(\alpha_{ij}). \tag{8.17}$$

显然，当 $\| r_{ij} \| = 0$ 时，势能函数 V_i 没有定义；当智能体 i 与其所有邻居之间的距离均达到期望值时，V_i 取最小值为零；当智能体 i 与其任意一个邻居之间的距离为零或者趋于无穷时，V_i 趋于无穷。

考虑到非完整小车模型的平移速度和旋转速度为控制输入，则基于负梯度的编队控制律为：

$$u_i = -\mathrm{sgn}(R_i^T \nabla_{r_i} V_i) \| \nabla_{r_i} V_i \|, i = 1, 2, \cdots, n, \tag{8.18}$$

$$\omega_i = -(\theta_i - \theta_{id}), \tag{8.19}$$

其中 $[\cos\theta_i \sin\theta_i]^T$ 。令 $\nabla_{r_i} V_i = [\nabla_{r_i} V_{xi} \quad \nabla_{r_i} V_{yi}]^T$ ，且 $\nabla_{r_i} V_i = 2\sum_{j \in N_i} r_{ij} \rho_{ij}$ ，其中

$\rho_{ij}=\dfrac{\partial V_{ij}(\alpha_{ij})}{\partial \alpha_{ij}}$。令 $\theta_{id}=\arctan 2(\nabla_{r_i}V_{iy},\nabla_{r_i}V_{ix})$，$\theta_{id}\in(-\pi,\pi]$。这里，我们定义符号函数为：当 $x>0$ 时，$\mathrm{sgn}(x)=1$；当 $x<0$ 时，$\mathrm{sgn}(x)=-1$；当 $x=0$ 时，$\mathrm{sgn}(x)=0$。定义具有两个参数的反双曲正切函数，不妨设两个参数变量为 x 和 y，则 arctan2 函数定义为如下的数学表达式：

$$\arctan 2(y,x)=\begin{cases}\arctan(y/x), & x>0\\ \pi+\arctan(y/x), & y\geqslant 0,x<0\\ -\pi+\arctan(y/x), & y<0,x<0\\ \pi/2, & y>0,x=0\\ -\pi/2, & y<0,x=0\\ 0, & y=0,x=0\end{cases}.$$

基于所提编队控制策略（8.18），整个闭环系统的平衡态集合为：

$$\Omega=\{\hat{r}|\ \nabla_{r_i}V_i=0,i=1,\cdots,n\}.$$

文献［242］证明了当编队图为树时，多非完整小车系统具有唯一期望的平衡态。基于负梯度控制律（8.18）～（8.19），整个闭环系统的动态以边的状态形式可以记为：$\dot{\hat{r}}=-2(B^TBW\otimes I_2)\hat{r}=0$，其中 $\otimes$ 表示 Kronecker 积，对角矩阵 $W=\mathrm{diag}\{\rho_{ij},(i,j)\in\mathcal{E}\}\in\mathbb{R}^{m\times m}$。由引理 1.9 可知，当编队图为树时，矩阵 B^TB 是可逆矩阵。当编队图为树时，我们有 $(W\otimes I_2)\hat{r}=0,$，即 $\rho_{ij}=0$，也就意味着整个闭环系统达到了唯一期望的平衡态。当图 $\mathcal{G}$ 包含圈，此时图 $\mathcal{G}$ 不为树，则矩阵 B^TB 为奇异矩阵，从而，等式 $(B^TBW\otimes I_2)\hat{r}=0$ 有无穷多个解。因此，整个闭环系统不能达到唯一期望的平衡态集合，基于势能函数的负梯度控制律（8.18）～（8.19）不能全局镇定非完整刚性编队系统（8.14）。

下面一节中，我们将给出基于自适应摄动方法的梯度控制律的设计，并证明所提控制策略能够保证期望的刚性编队是全局渐近稳定的。

3. 控制目标

编队控制问题就是根据相对位置信息来设计编队控制律：

$$u_i = h_i(r_{ij_1}, \cdots, r_{ij_s}), j_1, \cdots, j_s \in \mathcal{N}_i$$

使得对除了智能体间相重合的任意初始位置$r_i(0) \in \mathbb{R}^2$，非完整小车系统能够达到期望的全局稳定编队$\{\mathcal{G}, \mathcal{D}\}$，即：

$$\lim_{t \to \infty}(\| r_{ij} \| - d_{ij}) = 0$$

并且任意智能体之间不发生碰撞，即不存在$t = t_1 > 0$，即：

$$\| r_{ij}(t_1) \| = 0 .$$

其中$i = 1$，2，…，n，$j \in \mathcal{N}_i$.

注 8.3. 本节中，因为我们仅仅考虑了刚性编队而不是全局刚性编队，则满足期望距离集合的编队形状不唯一。从而，整个系统的平衡态为一个集合而不是一个点，且整个系统的平衡态集合为$M = \{\hat{r} | \| r_{ij} \| = d_{ij}, (i,j) \in \mathcal{E}\}$。因此，本节中我们研究了集合$M$的全局稳定性问题。

三、全局稳定控制器设计

本节针对非完整小车系统，在规定的非完整小车的平移速度上加上向量摄动，给出了全局稳定的编队控制策略。

因为标准负梯度控制算法能够全局镇定树图，我们将最小刚性图$\mathcal{G}$分解成$\mathcal{G} = \mathcal{G}_t \cup \mathcal{G}_c$，其中子图$\mathcal{G}_t$为生成树，而子图$\mathcal{G}_c$包含剩余的节点和边。我们假设自适应摄动能够使得子图$\mathcal{G}_c$中的边收敛到期望的距离，则标准梯度算法能够使得子图$\mathcal{G}_t$中的边达到期望的距离。令最小刚性图有n个节点，则生成树$\mathcal{G}_t$有$n-1$条边，根据引理 1.11 可知，子图$\mathcal{G}_c$有$n-2$条边。因此，我们需要将$n-2$个摄动分配给$n-2$个不同的智能体来管制，且根据所提控制律可知每个智能体i仅选择其邻居中的一个智能体l来确定摄动长度ρ_{il}。

下面引理说明了这样的一个分解对最小刚性图来说总是成立的。

引理 8.3[267]**.** 假设图$\mathcal{G}(\mathcal{V}, \mathcal{E})$是最小刚性图。则存在一个图分解$\mathcal{G} = \mathcal{G}_t \cup \mathcal{G}_c$使得子图$\mathcal{G}_c$中$n-2$条边能够被$n-2$个不同的节点管制。

图 8-11 表示具有 7 个节点的最小刚性图$\mathcal{G}$的分解。由图 8-11 可知，在

智能体 3 的平移速度控制上加摄动来管制边 r_{31}；在智能体 4 的平移速度控制上加摄动来管制边 r_{43}； 在智能体 5 的平移速度控制上加摄动来管制边 r_{52}；在智能体 6 的平移速度控制上加摄动来管制边 r_{65}；在智能体 7 的平移速度控制上加摄动来管制边 r_{76}。

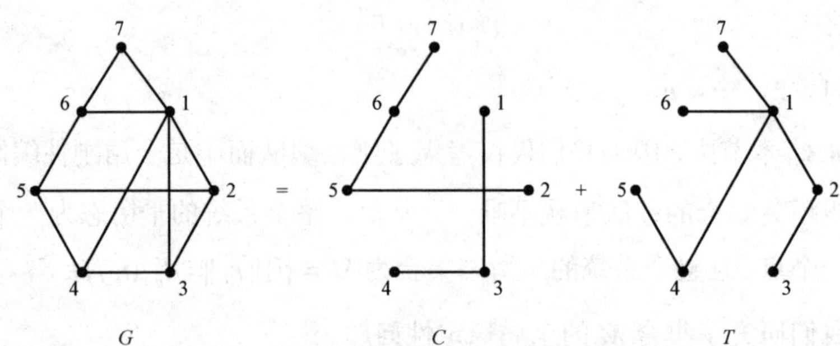

图 8-11 图 $\mathcal{G}$ 的分解示意图

则我们给出如下的基于自适应摄动方法的编队控制策略：

$$u_i = -\mathrm{sgn}(R_i^T \nabla_{r_i} V_i) \| \nabla_{r_i} V_i \|, i=1,2 \tag{8.20}$$

$$u_i = -\mathrm{sgn}(R_i^T \nabla_{r_i} V_i) \| \nabla_{r_i} V_i \| + k_{il} a_{il} \rho_{il} - \mathrm{sgn}(R_i^T \nabla_{r_i} V_i) k'_{il} | \rho_{il} |, \tag{8.21}$$

$$i = 3,4,\cdots,n, l \in \mathcal{N}_i,$$

$$\dot{\theta}_i = -k_i(\theta_i - \theta_{id}), \tag{8.22}$$

其中参数选择满足如下三个准则：

（p1）选取 a_{il} 为 $\sin(\omega_{il} t)$ 或者 $\cos(\omega_{il} t)$，这里，l 为子图 $\mathcal{G}_c$ 中 i 的邻居节点；

（p2） $w_{il}, i = 3,4,\cdots,n$ 为互不相同的常数；

（p3） k_i, k'_{il}, k_{il} 为正常数，且满足条件：$k'_{il} > k_{il} > 0$。

接下来，对所提控制器做如下的解释：

（1）受文献［242］中所提梯度控制律（8.18）～（8.19）的启发，本节提出了上述基于自适应摄动的负梯度控制律（8.20）～（8.22）。由于文献［242］中控制律（8.18）～（8.19）不是旋转不变的，则本节中所提控制策略亦不满足旋转不变性。

（2）基于相邻小车之间的相对位置信息，提出了全局稳定的编队控制策略；该控制策略使得非完整小车的运动方向沿着负梯度方向运动，因此我们并不需要假设所有的智能体有一个共同的运动方向；但是本节中所提控制策略有一个缺点就是必须要知道每个小车旋转角度的全局坐标，而并不是相对角度坐标。

（3）本节中自适应摄动加在子图$\mathcal{G}_c$中 $n-2$ 个小车的平移速度上，我们假设自适应摄动能够使得子图$\mathcal{G}_c$中的边收敛到期望的距离，则标准梯度算法能够使得子图$\mathcal{G}_t$中的边达到期望的距离（这一结论我们将在下节中给出证明）。由式（8.21）可知，自适应摄动项包括两项$k_{il}a_{il}\rho_{il}$和$-\mathrm{sgn}(R_i^T\nabla_{r_i}V_i)k_{il}'|\rho_{il}|$。确切地讲，摄动项$k_{il}a_{il}\rho_{il}$, $i=1,\cdots,n-2$随着时间 t 周期变化，且具有不同的频率 w_{il}；而摄动项$-\mathrm{sgn}(R_i^T\nabla_{r_i}V_i)k_{il}'|\rho_{il}|$仅有 3 个可能的值：$-k_{il}'|\rho_{il}|$，$k_{il}'|\rho_{il}|$和 0；因此，当且仅当智能体 i 和其邻居 l 之间的距离达到期望距离d_{il}时，摄动项才等于零。从而能够保证，当且仅当$\rho_{il}=\dfrac{\|r_{il}\|^4-d_{il}^4}{\|r_{il}\|^4}=0$（即智能体 i 的平移速度为零）时，梯度$\nabla_{r_i}V_i$才能恒等于零。从而，自适应摄动能够使得子图$\mathcal{G}_c$中的边收敛到期望的距离，而标准梯度算法能够使得子图$\mathcal{G}_t$中的边达到期望的距离。

四、全局稳定性分析

因为所提全局稳定编队控制律为时变不连续的，则我们不能直接利用非自治系统的类不变集原理[259]和文献［240］中的非光滑的 LaSalle 不变集原理来分析闭环系统的稳定性。本章利用 Filippov 解理论[254]，Clarke 梯度[253]，Barbalat 引理[259]和集合稳定性[264]来证明所提自适应摄动负梯度算法能够全局镇定非完整小车刚性编队。

定理 8.2. 考虑多智能体系统（8.14），控制律由（8.20）～（8.22）所确定，且满足条件（$p1$）～（$p3$），势能函数 V_{ij} 由（8.15）所确定。则期望的最小刚性编队是全局渐近稳定的，且所有小车的平移速度和角速度均趋于零，同时运动过程中相互通信的小车之间不发生碰撞。

1. 证明定理 8.2 所做的准备工作

为了证明定理 8.2，我们做了如下的准备工作。考虑如下的 Lyapunov 函数：

$$V(r_{ij}(t))=\sum_{i=1}^{n}V_i=\sum_{i=1}^{n}\sum_{j\in\mathcal{N}_i}V_{ij}(\alpha_{ij}). \tag{8.23}$$

注意，因为所选取的 Lyapunov 函数为非适定的，则我们利用文献［265，266］中提出的半正定 Lyapunov 函数的一些结论来分析整个闭环系统的稳定性；下面将给出详细的证明。因为$V(\hat{r})$是光滑的且正则的，它的 Clarke 梯度[255]是单点集合，即为状态空间的梯度[253]：$\partial V=\{\nabla V\}$。又因为$\nabla_{r_{ij}}V_{ij}=\nabla_{r_i}V_{ij}=-\nabla_{r_j}V_{ij}$，我们有：

$$\frac{\mathrm{d}}{\mathrm{d}t}\sum_{i=1}^{n}V_i=\sum_{i=1}^{n}\sum_{j\in\mathcal{N}_i}\dot{r}_{ij}^{T}\nabla_{r_{ij}}V_{ij}(\alpha_{ij})=2\sum_{i=1}^{n}v_i^{T}\nabla_{r_i}V_i. \tag{8.24}$$

根据（8.20）～（8.24），有：

$$\begin{aligned}\dot{V}&=2\sum_{i=1}^{n}(\nabla_{r_i}V_i)^{T}R_iu_i\\&\subset-2\sum_{i=1}^{n}R_i^{T}\nabla_{r_i}V_iK[\mathrm{sgn}](R_i^{T}\nabla_{r_i}V_i)\|\nabla_{r_i}V_i\|\\&-2\sum_{i=3}^{n}k_{ij}'R_i^{T}\nabla_{r_i}V_iK[\mathrm{sgn}](R_i^{T}\nabla_{r_i}V_i)|\rho_{ij}|\\&+2\sum_{i=3}^{n}k_{ij}R_i^{T}\nabla_{r_i}V_ia_{ij}\rho_{ij},\end{aligned} \tag{8.25}$$

其中$K[f](x)$称为 Filippov 集值映射，在文献［254］中有定义，在这里就不详细解释。计算上述等式（8.25）时，我们利用了文献［256］中定理 1 来计算 Filippov 集合的微分包含。又因为$R_i^{T}\nabla_{r_i}V_iK[\mathrm{sgn}](R_i^{T}\nabla_{r_i}V_i)=|R_i^{T}\nabla_{r_i}V_i|$（见文献［256］），有：

$$\begin{aligned}\dot{V} &= -2\sum_{i=1}^{n}|R_i^T\nabla_{r_i}V_i|\|\nabla_{r_i}V_i\| - 2\sum_{i=3}^{n}k'_{ij}|R_i^T\nabla_{r_i}V_i\|\rho_{ij}| \\ &\quad + 2\sum_{i=3}^{n}k_{ij}R_i^T\nabla_{r_i}V_i a_{ij}\rho_{ij} \\ &\leqslant -2\sum_{i=1}^{n}|R_i^T\nabla_{r_i}V_i|\|\nabla_{r_i}V_i\| \\ &\leqslant 0.\end{aligned} \tag{8.26}$$

因此，我们可以得到如下的引理。

引理 8.4. 考虑系统（8.14），控制律由（8.20）～（8.22）所确定，则存在任意正常数 $W_0 < \infty$ 使得闭环系统的轨迹集合：

$$S = \{\hat{r}|\ V(\hat{r}) \leqslant W_0 < +\infty, W_0 \in R^+\} \tag{8.27}$$

是正不变紧集。

证明： 当 $V(\hat{r}) \leqslant W_0 < \infty$ 时，由于 V 函数是连续的，则 $\|\hat{r}_i\|$ 是有界的，从而，集合 S 是紧的。又因为 $\dot{V}(\hat{r}) \leqslant 0$，我们有 $V(\hat{r}(t)) \leqslant V(\hat{r}(0))$，其中 $V(\hat{r}(0)) \leqslant W_0$。由文献[193]中所提的正不变集的定义可知，集合 $S = \{\hat{r}: V(\hat{r}) \leqslant W_0\}$ 是正不变集。

下面的引理指出，根据所选择的势能函数（8.15），任意通信智能体之间的距离总是大于一个正常数，从而能够保证互相通信智能体之间不发生碰撞。

引理 8.5. 考虑系统（8.14），控制律由（8.20）～（8.22）所确定，势能函数由式（8.15）所确定，则当初始位置从集合 S 出发时，任意通信智能体之间不发生碰撞。

证明： 对任意 $\hat{r}(0) \in S$，由式（8.23）可知，当 $t \geqslant 0$，函数 $V(\hat{r})$ 对时间 t 的导数是非正的；则对所有的 $t \geqslant 0$，有 $V(\hat{r}(t)) \leqslant V(\hat{r}(0)) \leqslant W_0 < \infty$。

又因为 $V(r_{ij}(t)) = \sum_{i=1}^{n}\sum_{j\in\mathcal{N}_i}V_{ij}(\alpha_{ij})$，我们有 $V_{ij}(\alpha_{ij}) \leqslant W_0$，因而可以得到如下的不等式：

$$\frac{-\sqrt{W_0} + \sqrt{W_0 + 4d_{ij}^2}}{2} \leqslant \|r_{ij}(t)\| \leqslant \frac{\sqrt{W_0} + \sqrt{W_0 + 4d_{ij}^2}}{2}.$$

显然，不等式的左边$\dfrac{-\sqrt{W_0}+\sqrt{W_0+4d_{ij}^2}}{2}>0$为正常数。因此，所提控制策略能够避免任意相互通信智能体之间的碰撞。

注 8.4. 上述结论将所有的非完整小车看成了质点。鉴于实际应用，小车具有一定的尺寸大小，我们可以将势能函数改进为：

$$V_{ij}(\|r_{ij}\|)=\log\left(\frac{\alpha_{ij}-4r^2}{d_{ij}^2-4r^2}\right)+\frac{d_{ij}^2-4r^2}{\alpha_{ij}-4r^2}-1. \tag{8.28}$$

这里，我们假设非完整小车为圆形，且其最大半径为 r，且 $d_{ij}\gg 2r$。显然，函数 V_{ij} 是光滑的，且当小车 i 与其所有邻居之间的所有距离均达到期望值时，V_i 取最小值为零；当小车 i 与其任意一个邻居之间的距离为 $2r$ 或者趋于无穷时，V_i 趋于无穷。定义：

$$\rho_{ij}=\frac{\partial V_{ij}(\alpha_{ij})}{\partial\alpha_{ij}}=\frac{\alpha_{ij}-d_{ij}^2}{(\alpha_{ij}-4r^2)^2}. \tag{8.29}$$

图 8-12 和图 8-13 给出势能函数（8.28）曲线及其对相对距离$\|r_{ij}\|$的梯度（8.29）变化曲线。如图所示，小车 i 和 j 之间的半径和期望的距离分别为 $r=1$, $d_{ij}=5$。由上述势能函数的例子可以发现：如果势能函数选取为（8.28），则能够避免实际环境中互相通信的非完整小车之间的碰撞。

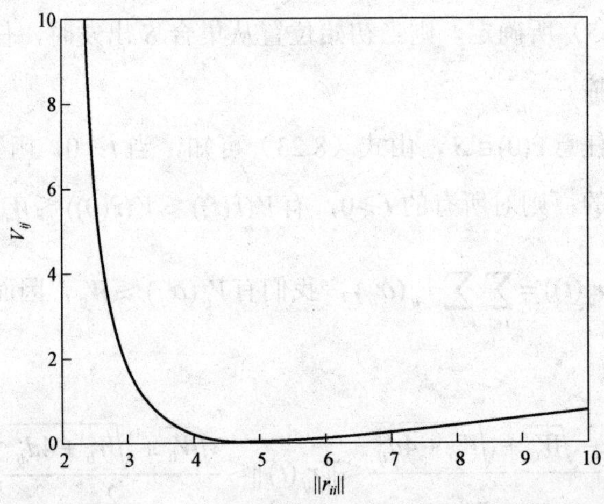

图 8-12　势能函数 $V_{ij}(\|r_{ij}\|)$

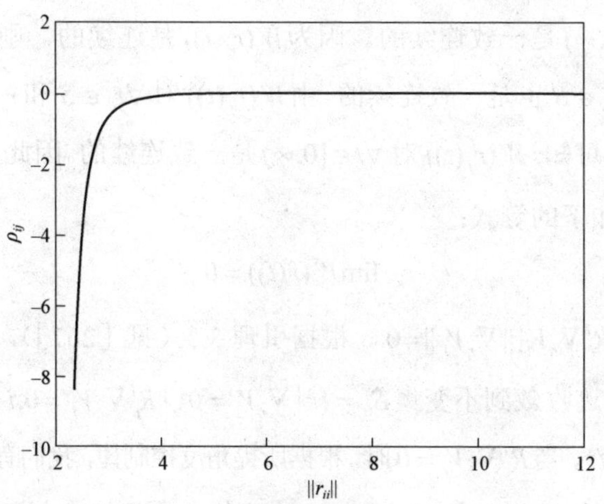

图 8-13　势能函数的导数 $\rho_{ij}(\|r_{ij}\|)$

接下来，我们利用 Barbalat 引理和文献［265，266］中提出的半正定 Lyapunov 函数的结论证明系统的轨迹收敛到不变集：

$$E=\{\hat{r}\mid\nabla_{r_i}V_i=0,i=1,\cdots,n\}.$$

引理 8.6. 考虑系统（8.14），控制律由（8.20）～（8.22）所确定，势能函数由式（8.15）所确定；则当初始位置从集合 S 出发时，闭环系统轨迹收敛到不变集：

$$E=\{\hat{r}\mid\nabla_{r_i}V_i=0,i=1,\cdots,n\}.$$

证明：因为函数 $V(\hat{r}(t))$ 是非增且有界的非负函数，则当 $t\to\infty$，函数 $V(\hat{r}(t))$ 存在极限 $V(\hat{r}(\infty))$。令 $W(\hat{r}(t))=2\sum_{i=1}^{n}|R_i^T\nabla_{r_i}V_i|\|\nabla_{r_i}V_i\|$，并将等式(8.23)左右两边取积分，有：

$$\begin{aligned}\lim_{x\to\infty}\int_0^t W(\hat{r}(\tau))\mathrm{d}\tau&\leqslant-\lim_{x\to\infty}\int_0^t\dot{V}(\hat{r}(\tau))\mathrm{d}\tau\\&=V(\hat{r}(\infty))-V(\hat{r}(0)),\end{aligned}$$

也就是说，$\int_0^t W(\hat{r}(\tau))\mathrm{d}\tau$ 存在且是有限的。下面我们将证明 $W(\hat{r}(t))$ 是一致连续的。

对任意 $\hat{r}(0)\in S,\|r_{ij}\|$ 大于一个正常数且有界。由等式（8.15）可知 ρ_{ij} 和 $\nabla_{r_i}V_i$ 是有界的，则 $W(\hat{r}(t))$ 和 u_i 也是有界的。从而，$\dot{r}_{ij}$ 是有界的，也就是说，

$r_{ij}(t)$ 对 $\forall t\in[0,\infty)$ 是一致连续的。因为 $W(r_{ij}(t))$ 是连续的，则在紧集 S 上，$W(r_{ij}(t))$ 对 $\forall t_{ij}\in S$ 也是一致连续的。由 $W(r_{ij}(t))$ 对 $\forall r_{ij}\in S$ 和 $r_{ij}(t)$ 对 $\forall t\in[0,\infty)$ 的一致连续性可知，$W(r_{ij}(t))$ 对 $\forall t\in[0,\infty)$ 是一致连续的。因此，根据 Barbalat's 引理[193]得到如下的等式：

$$\lim_{t\to\infty} W(\hat{r}(t))=0$$

上式表示 $\lim_{t\to\infty}|R_i^T\nabla_{r_i}V_i|\|\nabla_{r_i}V_i\|=0$。根据引理 3.3（见［267］），可以得到整个闭环系统的轨迹收敛到不变集 $S_0=\{\hat{r}\mid\nabla_{r_i}V_i=0\cup R_i^T\nabla_{r_i}V_i=0,i=1,\cdots,n\}$。

进而，对 $\forall i$，当 $R_i^T\nabla_{r_i}V_i=0$ 时，根据所提角度控制律，我们有 $|\dot{\theta}|=|\omega|=\pi/2$。根据角度控制律（8.22）和 $|\dot{\theta}|=|\omega|=\pi/2$ 可知曲面 $\nabla_{r_i}V_{xi}\cos\theta_i+\nabla_{r_i}V_{yi}\sin\theta_i=0$ 不满足不变性，从而整个闭环系统收敛到不变集 S_0 中的最大不变集 $E:S_0\supset E=\{\hat{r}\mid\nabla_{r_i}V_i=0,i=1,\cdots,n\}$。在不变集 E 中，$\dot{\theta}_i=-k_i\theta_i$，从而每个小车的方向角趋于零。

因为 $V(\hat{r}(t))$ 不是径向无界的，从而我们并不能证明系统的渐近稳定性。然而，我们可以用如下的条件来代替径向无界这一条件：整个闭环系统的解有界[265,266]。根据控制律（8.22），$\theta_i,i=1,\cdots,n$ 是有界的。因此，根据以上结论可知非完整小车编队系统是渐近稳定的，且闭环系统的轨迹收敛到集合 E。

接下来，我们将证明在不变集 E 中，所有小车的平移速度等于零，且期望的平衡态是唯一平衡态。

2. 完成定理 8.2 的证明

由引理 8.6 可知，当 $t\to\infty$ 时，

$$\nabla_{r_i}V_i=2\sum_{j\in\mathcal{N}_i}r_{ij}\rho_{ij}\to 0 \tag{8.30}$$

$$u_i\to k_{il}a_{il}\rho_{il},i=3,4,\cdots,n \tag{8.31}$$

由上式可知，在不变集 E 中，u_i 不包含符号项 sgn，且 ρ_{ij} 和 r_{ij} 是可微函数，则根据式（8.30），当 $t\to\infty$ 时，有：

$$\frac{\mathrm{d}(\nabla_{r_i} V_i)}{\mathrm{d}t} = 2\sum_{j\in\mathcal{N}_i}\left[r_{ij}\frac{4d_{ij}^4 j_{ij}^T(u_iR_i-u_jR_j)}{\|r_{ij}\|^6} + (u_iR_i-u_jR_j)\rho_{ij}\right] \to 0. \tag{8.32}$$

令，

$$\mathrm{d}V_{i1} = 2\sum_{i\in N_i}(u_iR_i-u_jR_j)\rho_{ij}, \tag{8.33}$$

$$\mathrm{d}V_{i2} = 2\sum_{j\in\mathcal{N}_i} r_{ij}\frac{4d_{ij}^4 r_{ij}^T(u_iR_i-u_jR_j)}{\|r_{ij}\|^6}. \tag{8.34}$$

下面用反证法来证明所有小车的平移速度均趋于零。假设 $n-2$ 个智能体中至少有一个智能体的速度不趋于零，不妨设为智能体 i，即 $u_i = k_{il}a_{il}\rho_{il} \neq 0$，$i\in 3,4,\cdots,n$。因为 $\mathrm{d}V_{i2}$ 的方向由向量 $r_{ij}(t)$来确定，而 $\mathrm{d}V_{i1}$ 的方向由向量$u_i(t)R_i - u_j(t)R_j = \dot{r}_{ij}(t)$来确定，则 $\mathrm{d}V_{i1}$ 和 $\mathrm{d}V_{i2}$ 线性不相关。因为$R_i = [1\quad 0]^T$，$i=1,2,\cdots,n$，根据（8.32）～（8.33）可知$\mathrm{d}V_{i1}\to 0$，即，

$$\begin{aligned} D_{i1} &= u_i(\rho_{ij_1}+\cdots+\rho_{ij_s}) - u_{j_1}\rho_{ij_1} - \cdots - u_{j_s}\rho_{ij_s} \\ &\to 0, i=1,2,\cdots,n. \end{aligned} \tag{8.35}$$

因为每个 a_{il}，i=3，4，…，n 具有不同的旋转频率 w_{il}，则 u_i，u_{j1}，…，u_{js} 不可能有相同频率的运动速度；且因为$u_i \neq 0$，则$\rho_{ij_k} = \frac{\|r_{ij_k}\|^4 - d_{ij_k}}{\|r_{ij_k}\|^4}, j_k\in\mathcal{N}_i, k=1,2,\cdots,s$不能恒等于零，从而可以得到$u_{j_k}\to 0, j_k\in(j_1,\cdots,j_s)$，也就意味着小车 i 的所有邻居的速度均趋于零。然而，本章考虑的是无向编队控制，因而小车 i 同样为小车 l 的邻居，则：

$$\begin{aligned} D_{l1} &= u_l(\rho_{il}+\rho_{lk_1}+\cdots+\rho_{lk_p}) - u_i\rho_{il} - u_{k_1}\rho_{lk_1} - \cdots - u_{k_p}\rho_{lk_p} \\ &\to 0, i,k_1,\cdots,k_p\in\mathcal{N}_l. \end{aligned} \tag{8.36}$$

由假设可知$\rho_{il}\neq 0$，又因为所有的周期信号具有不同的频率，根据式(8.36)可以得到 $u_i=0$。而这与假设相矛盾，也就是说假设不成立，从而可以得到所有智能体的速度均趋于零，即 $u_i=0$，$i=3$，4，…，n，这就意味着子图$\mathcal{G}_c$中所有的边都达到了期望的距离。接下来，需要证明子图$\mathcal{G}_t$中所有的边均能收敛到期望的值，证明过程与定理 3.2[267]的证明过程相似，这里不给出详细的

证明过程。

综上所述，我们可以得到$\rho_{ij}=0,(i,j)\in\mathcal{E}$，即$\|r_{ij}\|=d_{ij},(i,j)\in\mathcal{E}$。因此，对任意的$\hat{r}(0)\in S,$，有$\lim\limits_{t\to\infty}d(\hat{r}(t,\hat{r}(0)),M)=0$（这里，定义$d(x,M)\triangleq\inf\limits_{y\in M}\|y-x\|$）。因此，期望的平衡态集合$M=\{\hat{r}|\|r_{ij}\|=d_{ij},(i,j)\in\mathcal{E}\}$是全局渐近稳定的。也就是说，在所提编队控制策略下期望的非完整刚性编队是全局渐近稳定的，且所有小车的平移速度和角速度均趋于零，同时相互通信的小车之间不发生碰撞。

五、数值仿真

这一小节，我们给出一些仿真实例来验证所提编队控制算法的有效性。首先，我们给出例子说明传统的梯度控制律（8.18）～（8.19）使得非完整小车系统存在不期望的稳定的平衡点。其次，对任意初始位置，基于自适应摄动方法的负梯度控制律（8.20）～（8.22）能够使得非完整小车系统达到期望的全局稳定刚性编队。

考虑具有 7 个智能体的最小刚性编队，多智能体系统的动态如式（8.14）所示。期望的编队如图 8-11 所示。

例 8.3. 该仿真实例中所用控制策略为标准的梯度控制算法（8.18），令期望的距离向量为：$D=[d_{12},d_{23},d_{34},d_{45},d_{56},d_{61},d_{76},d_{71},d_{13},d_{25},d_{41}]^T$，其中$d_{12}=d_{23}=d_{34}=d_{45}=d_{56}=d_{61}=d_{76}=d_{71}=3$，$d_{25}=d_{41}=6$，$d_{13}=3\sqrt{3}$。基于梯度控制律（8.18），闭环系统存在如下的平衡态：

$$\hat{r}=[r_{12}^T,r_{23}^T,r_{34}^T,r_{45}^T,r_{56}^T,r_{67}^T,r_{71}^T,r_{13}^T,r_{61}^T,r_{41}^T,r_{25}^T]^T$$

其中，

$$\begin{aligned}&r_{12}^T=[-2.669,-1.344],r_{23}^T=[0.908,-3.276],r_{34}^T=[3.024,-1.107],\\&r_{45}^T=[-2.601,-1.148]\\&r_{56}^T=[0.669,3.438],r_{67}^T=[-2.057,2.184],r_{71}^T=[2.726,1.253],\\&r_{13}^T=[-1.761,-4.612]\\&r_{61}^T=[0.669,3.438],r_{41}^T=[-1.263,5.727],r_{25}^T=[1.331,-5.531]\end{aligned}$$

结合例 8.3 中给定的位置，我们有：

$$\sum_{j\in\mathcal{N}_i}\nabla_{r_i}V_{ij}(\|r_{ij}\|)=0, i=1,2,\cdots,7.$$

上式表明系统达到了梯度为零的集合，则该位置状态为系统的一个平衡态。在该平衡态，小车最终达到的距离集合为：

$$D_1=[2.988,3.400,3.212,2.843,3.502,3.502,3.000,3.000,4.944,5.689,5.864]^T,$$

显然，上述向量不等于期望的距离向量，从而该平衡态为不期望的平衡态。基于梯度控制律（8.18）～（8.19），将初始位置从不期望的平衡态的邻域内出发，做了大量的仿真，仿真结果表明闭环系统只能趋于不期望的平衡态，而不能达到期望的平衡态集合。这里，我们仅给出其中的一个仿真算例。非完整小车的运动轨迹和相邻智能体之间的距离 $\|r_{ij}\|$ 曲线如图 8-14 和图 8-15 所示，仿真曲线表明 7 辆小车不能达到期望的编队形状，且不期望的平衡态是局部稳定的。图 8-16 和图 8-17 表示 7 辆小车平移速度和角速度均趋于零。也就是说，虽然负梯度控制算法使得非完整小车系统达到了梯度为零的集合，但是该平衡态是不期望的平衡态，且是稳定的。因而，负梯度控制算法（8.18）～（8.19）不能全局镇定非完整小车刚性编队。

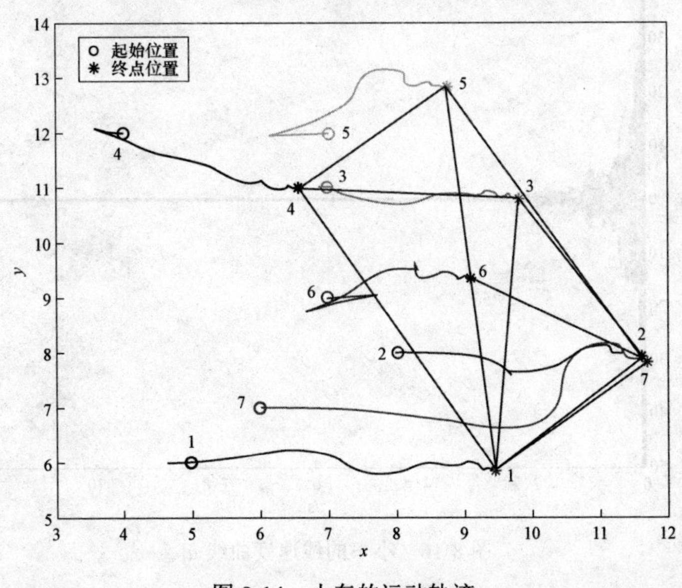

图 8-14　小车的运动轨迹

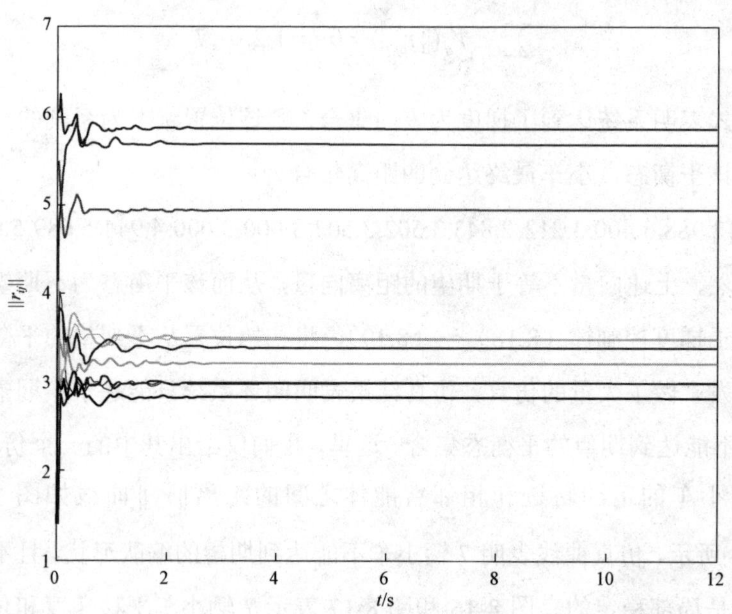

图 8-15　小车 i 和其邻居 j 之间的实时距离 $\|r_{ij}\|$ 曲线

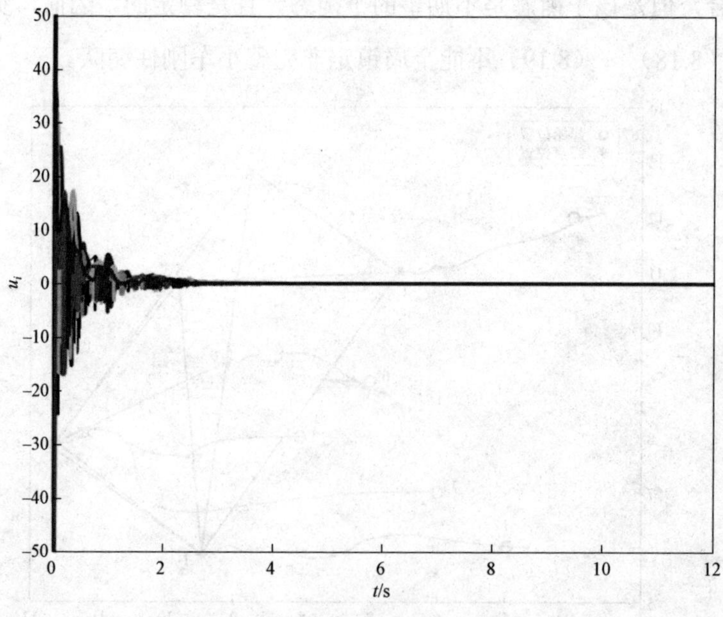

图 8-16　小车的线速度曲线 u_i

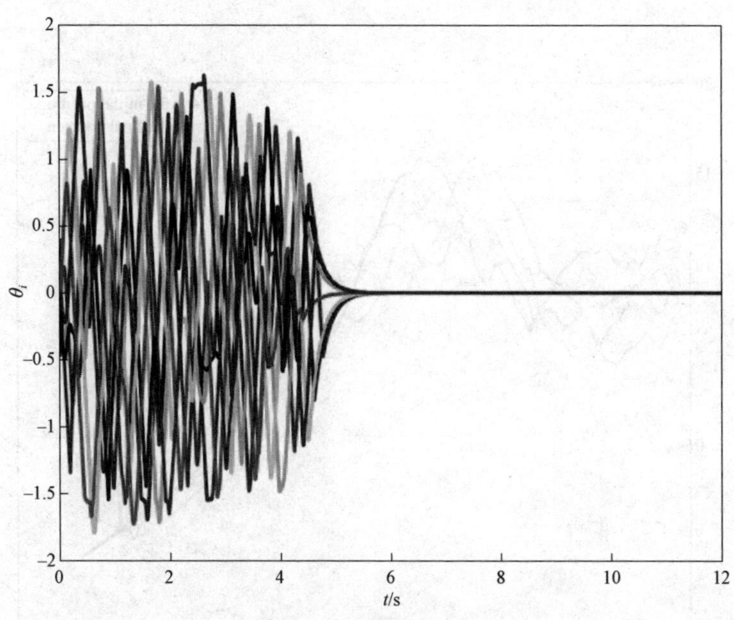

图 8-17　小车的角速度曲线θ_i

例 8.4. 基于自适应摄动方法，将自适应摄动加在子图$\mathcal{G}_c$中的 5 个智能体的平移速度上，从而来管制图$\mathcal{G}_c$中的 5 条边。摄动小车选为 3，4，5，6，7，且选取$\omega_{31}=1.4$，$\omega_{43}=1.3$，$\omega_{52}=1.2$，$\omega_{65}=1.6$，$\omega_{76}=1.5$，期望的距离向量如例 8.3 所示。我们将初始位置取为由标准梯度方法所导致的不期望的平衡态的邻域内，做了大量的仿真，所有的仿真结果均表明基于所提控制算法（8.20）～（8.22），非完整小车编队系统将不再被吸引到不期望的平衡态，而是收敛到期望的平衡态。这里，我们仅仅给出其中的一个仿真实例，取初始位置为不期望平衡态的邻域：

$$r_1(0)=[5,6]^T, r_2(0)=[8,8]^T, r_3(0)=[7,11]^T, r_4(0)=[4,12]^T,$$
$$r_5(0)=[7,12]^T, r_6(0)=[7,9]^T, r_7(0)=[6,7]^T.$$

小车的运动轨迹、最终位置和相邻小车之间的距离$\|r_{ij}\|$曲线分别如图 8-18、图 8-19 和图 8-20 所示，仿真曲线表明 7 辆小车均达到了期望的队形，且相互通信小车之间不发生碰撞。图 8-21 和图 8-22 表明小车的线速度和角速度均趋于零。

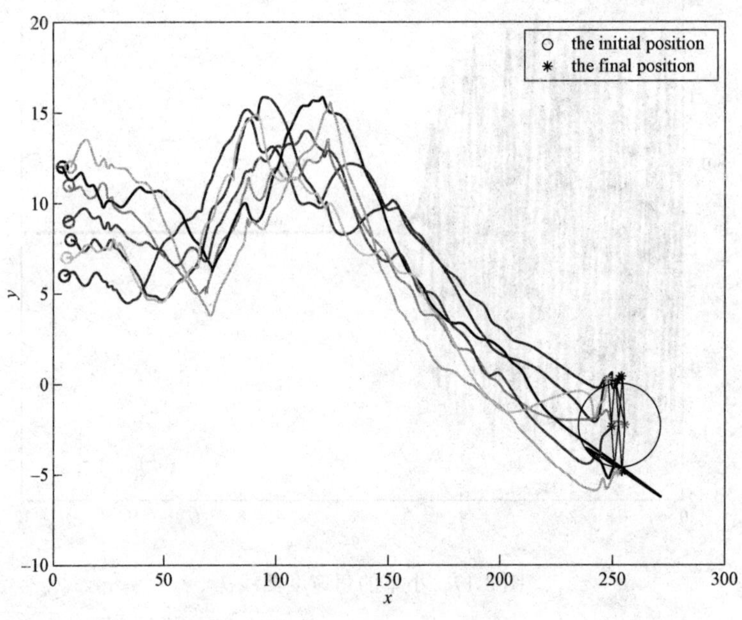

图 8-18　小车的运动轨迹

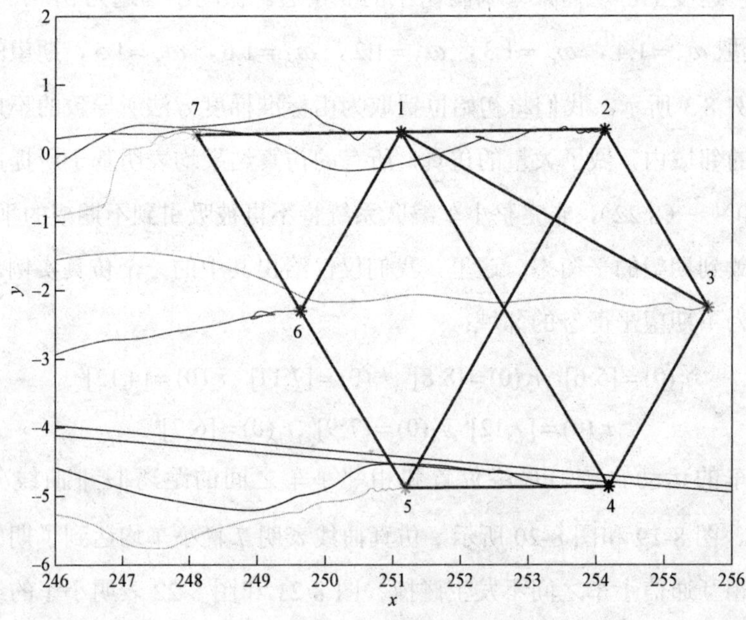

图 8-19　7 辆小车的最终位置图

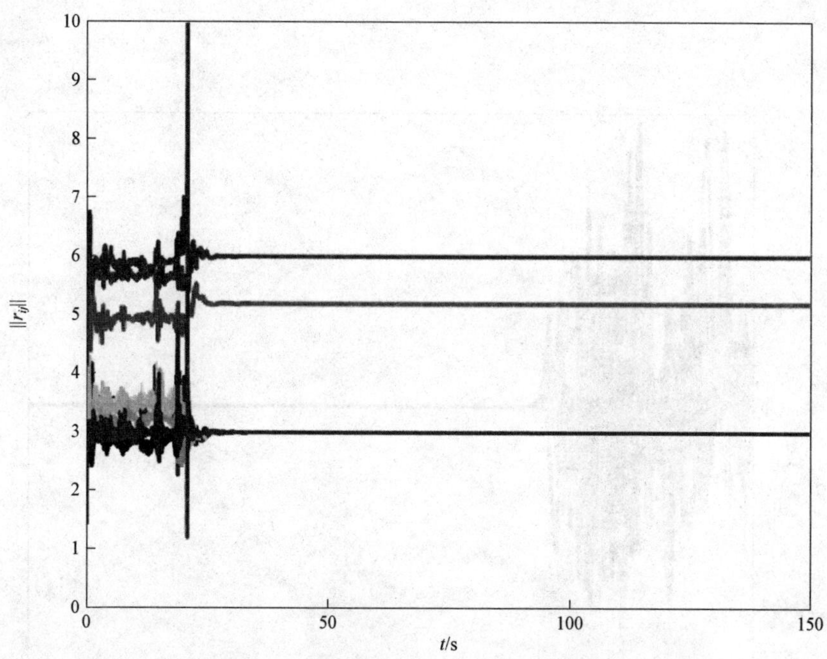

图 8-20　小车 i 和其邻居 j 之间的实时距离 $\|r_{ij}\|$ 曲线

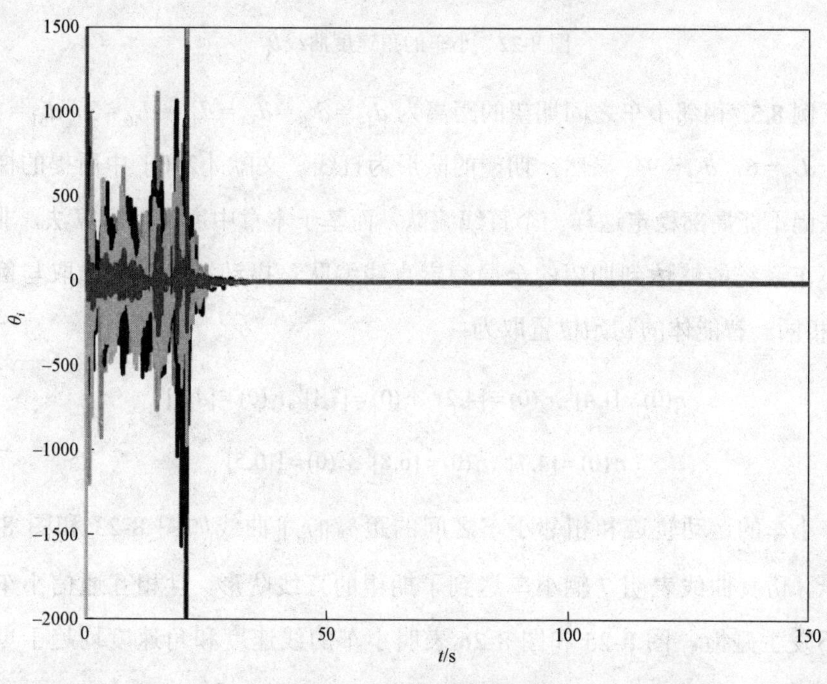

图 8-21　小车的线速度曲线 u_i

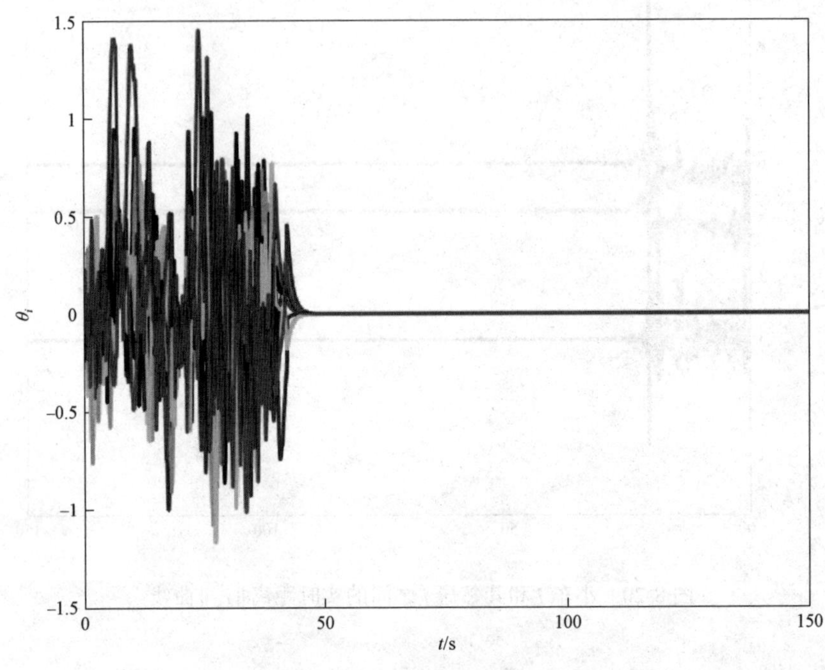

图 8-22　小车的角速度曲线 θ_i

例 8.5. 相邻小车之间期望的距离为 $d_{12}=d_{23}=d_{34}=d_{45}=d_{56}=3$，$d_{61}=15$，$d_{13}=d_{46}=6$，$d_{25}=9$。显然，期望的队形为直线。文献［240］中所提的梯度算法尚不能局部稳定这样一个直线编队，而基于本章中所提控制算法，非完整小车系统能够达到期望的全局稳定直线编队。摄动智能体的选取与例子 8.4 相同。智能体的初始位置取为：

$$r_1(0)=[1,4]^T, r_2(0)=[4,2]^T, r_3(0)=[7,1]^T, r_4(0)=[4,4]^T,$$

$$r_5(0)=[4,7]^T, r_6(0)=[6,8]^T, r_7(0)=[10,5]^T.$$

小车的运动轨迹和相邻小车之间的距离 $\| r_{ij} \|$ 曲线如图 8-23 和图 8-24 所示，仿真曲线表明 7 辆小车达到了期望的直线队形，且相互通信小车之间不发生碰撞。图 8-25 和图 8-26 表明小车的线速度和角速度均趋于零。

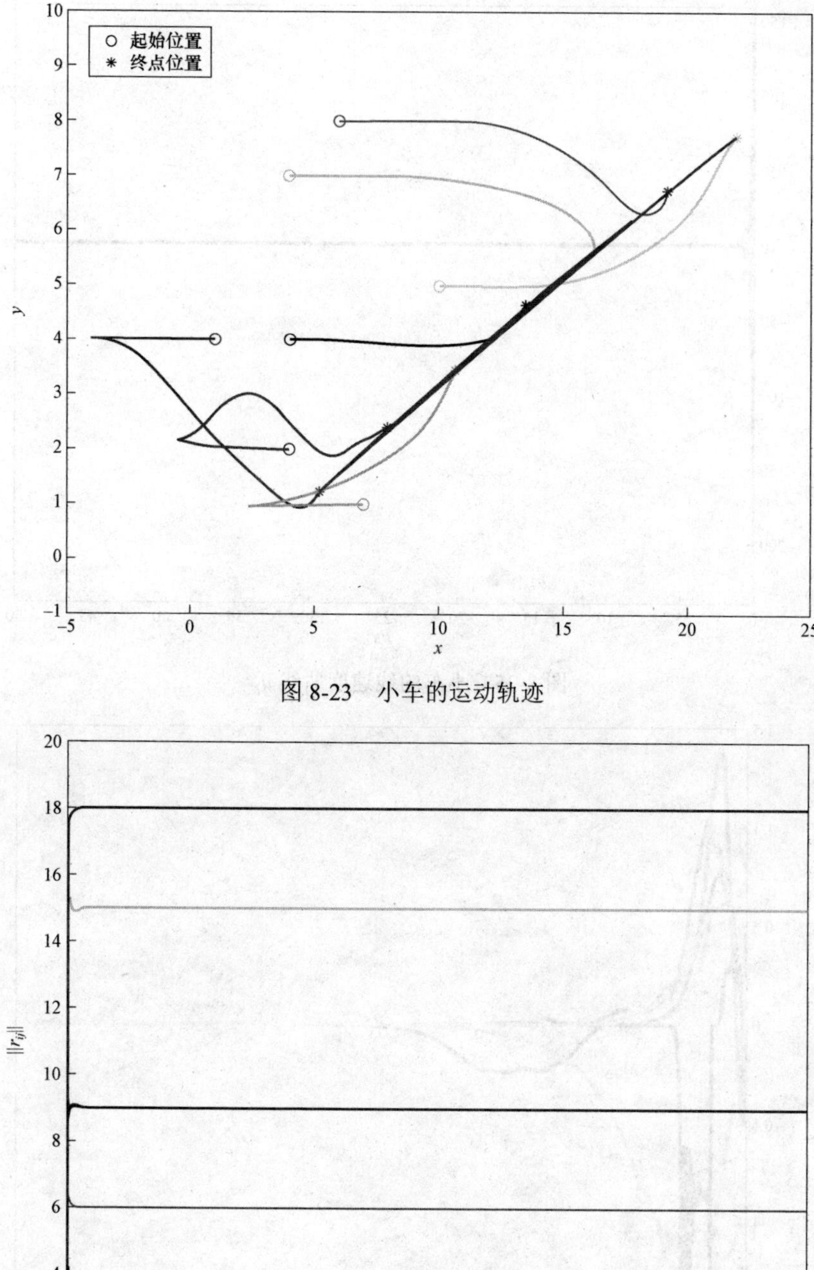

图 8-23　小车的运动轨迹

图 8-24　小车 i 和其邻居 j 之间的实时距离 $\| r_{ij} \|$ 曲线

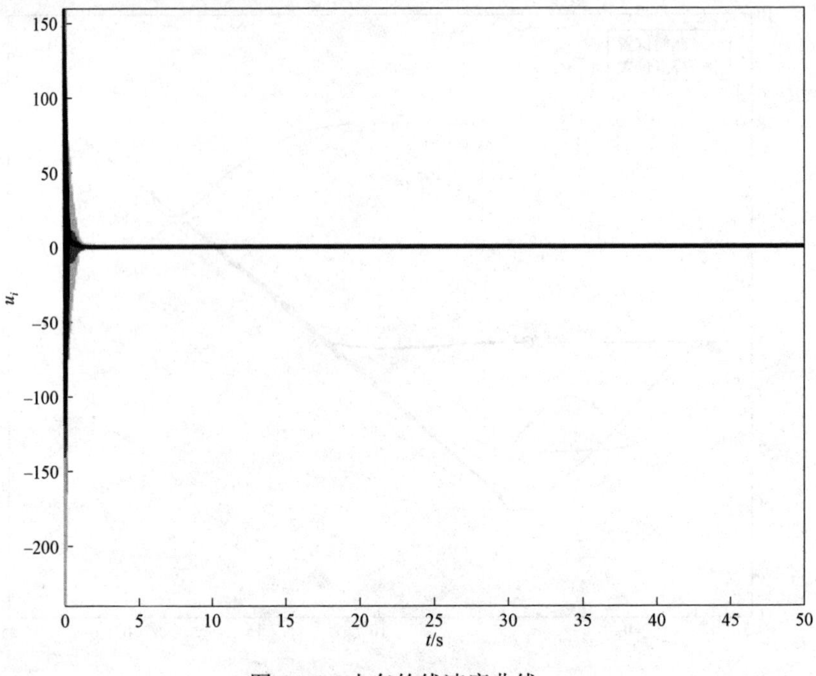

图 8-25　小车的线速度曲线 u_i

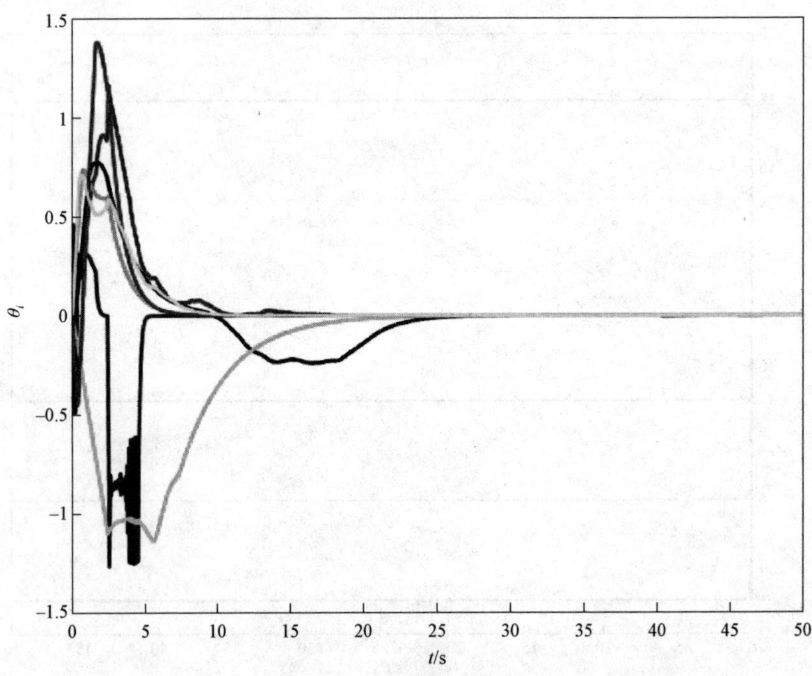

图 8-26　小车的线速度曲线 θ_i

参考文献

［1］薛宏涛，叶缓缓，沈林成，常文森．多智能体系统体系结构及协调机制研究综述［J］．机器人，2001，23（1）：85-90.

［2］Murray R M. Recent research in cooperative control of multi-vehicle systems［J］. Journal of Dy-namic Systems, Measurement, and Control, 2007, 129 (5): 571-583.

［3］Olfati-Saber R. Distributed Kalman Filter with Embedded Consensus Filters［C］. In: 44th IEEE Conference on Decision and Control and 2005 European Control Conference (CDC-ECC'05), 2005: 8179-8184.

［4］Olfati-Saber R, Shamma J S. Consensus Filters for Sensor Networks and Distributed Sen-sor Fusion［C］. In: 44th IEEE Conference on Decision and Control and 2005 European Control Conference (CDC-ECC'05), 2005: 6698-6703.

［5］Wang P K C. Navigation Strategies For Multiple Autonomous Mobile Robots Moving In For-mation［J］. Journal of Robotic Systems, 1991, 8 (2): 177-195.

［6］Wang P K C, Hadaegh F Y. Coordination and Control of Multiple Micro-spacecraft Moving in Formation［J］. Journal of the Astronautical Sciences, 1996, 44 (3): 315-355.

［7］Stilwell D J, Bishop B E. Platoons of underwater vehicles［J］. IEEE Control Systems Magazine, 2000, 20 (12): 45-52.

［8］Sheikholeslam S, Desoer C A. Control of interconnected nonlinear dynamical systems: the pla-toon problem［J］. IEEE Transactions on Automatic Control, 1992, 37 (6): 806-810.

［9］Tomlin C, Pappas G J, Sastry S. Conflict resolution for air traffic management: a study in multi-agent hybrid systems［J］. IEEE Transactions on Automatic Control, 1998, 43 (4): 509-521.

［10］楚天广，陈志福，王龙，谢广明. 群体动力学与协同控制［C］. 第二十六届中国控制会议论文集，2007：611-615.

［11］Ren W, Beard R W, Atkins E M. Information consensus in multi-vehicle cooperative control［J］. IEEE Control Systems Magazine, 2007, 27 (2): 71-82.

［12］Olfati-Saber R, and Murray R M. Consensus problems in networks of agents with switching topology and tome-delays［J］. IEEE Transactions on Automatic Control, 2004, 49 (9): 1520-1533.

［13］Lynch N A, Distributed algorithms［M］. Morgan Kaufmann Publishers, Inc, 1996.

［14］DeGroot M H. Reacing a consensus［J］. Journal of American Statistical Assoiation, 1974, 69 (345): 118-121.

［15］Borkar V and Varaiya P. Asymptotic agreement in distributed estimation［J］. IEEE Transactions on Automatic Control, 1982, 27 (3): 650-655.

［16］Tsitsiklis J. N and Athans M. Convergence and asymptotic agreement in distributed decision prob-lems［J］. IEEE Transactions on Automatic Control, 1984, 29 (1): 42-50.

［17］Tsitsiklis J, Bertsekas D and Athans M. Distributed asynchronous deterministic and stochas-tic gradient optimization algorithms［J］. IEEE Transactions on Automatic Control, 1986, 31 (9): 803-813.

［18］Vicsek T, Czirok A, Jacob E B, Cohen I, Schochet O. Novel type of phase transitions in a system of self-driven particles［J］. Physical Review

Letters, 1995, 75 (6): 1226-1229.

[19] Jadbabaie A, Lin J and Morse A S. Cooedination of groups of mobile autonomous agents using nearest neighbor rules [J]. IEEE Transactions on Automatic Control, 2003, 48 (9): 988-1001.

[20] Ren W and Beard R W. Consensus seeking in multi-agent systems under dynamically changing interaction topologies [J]. IEEE Transactions on Automatic Control, 2005, 50 (5): 655-661.

[21] Hu J P and Hong Y G. Leader-followering coordination of multiagent systems with coupling time delays [J]. Physica A, 2007, 374 (2): 853-863.

[22] Cao Y C and Ren W. Multi-vehicle coordination for double intergrator dynamics under fixed undirected/directed interaction in a sampled-data setting [J]. International Journal of Robust and Nonlinear Control, 2010, 20 (9): 987-1000.

[23] Lin P and Jia Y. Further results on decentralized coornination in networks of agents with second-order dynamics [J]. IET Control Theory and Applications, 2009, 3 (7): 957-970.

[24] Ren W, Moore K L, Y Chen. High-order and model reference consensus algorithms in cooperative control of multivehicle systems [J]. Journal of Dynamic Systems Measurement and Control, 2007, 129 (5): 678-688.

[25] Tian Y P, Liu C L. Consensus of multi agent systems with diverse input and communication delays [J]. IEEE Transactions on Automatic Control, 2008, 53 (9): 2122-2128.

[26] Olfati Saber R, Murray R M. Consensus problems in networks of agents with switching topology and time delays [J]. IEEE Transactions on Automatic Control, 2004, 49 (9): 1520-1533.

[27] Liu H Y, Xie G M, Wang L. Consensus of multi agent systems with time-varying delay [C]. Forty-ninth IEEE Conference on Decision and

Control. Atlanta: Institute of Electrical and Electronics Engineers Inc, 2010, 3078-3083.

[28] Aysal T C, Barner K E. Convergence of consensus models with stochastic disturbances [J]. IEEE Transactions on Informaction Theory, 2010, 56 (8): 4101-4113.

[29] Wang J H, Cheng D Z, and Hu X M. Consensus of multi-agent linear dynamic systems [J]. Asian Journal of Control, 2010, 10 (2): 144-155.

[30] Munz U, Papachristodoulou A, Allgower F. Generalized Nyquist consensus condition for high-order linear multi-agent systems with communication delays [C]. Proceeding of the Forty-eighth Conference on Decision and Control. Shanghai: Institute of Electrical and Electronics Engineers Inc, 2009, 4765-4771.

[31] Jiang F C, Wang L, Xie G M. Consensus of high-order dynamic multi agent sys-tems with switching topology and time-varying delays [J]. Journal of Control Theory and Applications, 2010, 8 (1): 52-60.

[32] Tian Y P. Frequency-domain Analysis and Design of Distributed Control Systems [M]. Singa-pore: Wiley-IEEE, 2012.

[33] 马翠芹. 线性多自主体系统的分析和控制综合 [D]. 中国科学院数学与系统科学研究院，2009.

[34] Isidori A. Nonlinear Control Systems [M]. 3rd ed., Springer-Verlag, Berlin, 1995.

[35] Murray R M, Li Z, and Sastry S S. A Mathematical Introduction to Robotic Manipulation [M]. CRC Press, Inc., 1994, Boca Raton.

[36] Lewis F L, Abdallah C T, and Dawson D M. Control of Robot Manipulators [M]. Macmillan, New York, 1993.

[37] Qu Z and Dawson D M. Robust Tracking Control of Robot Manipulators. IEEE Press, 1996, New York.

[38] Spong M W and Vidyasagar M. Robot Dynamics and Control [M]. John Wiley and Sons, New York, NY, 1989.

[39] Qu Z H. Cooperative Control of Dynamical Systems: Applications to Autonomous Vehicles [M]. Springer-Verlag, London, 2009.

[40] Spong M W. Energy based control of a class of underactuated mechanical systems. In Proceedings of IFAC World Congress [C]. San Francisco, CA, 1996: pages 431-435.

[41] Oriolo G and Nakamura Y. Free-joint manipulators: motion control under second-order nonholo-nomic constraints. In Proceedings of IEEE/RSJ International Workshop on Intelligent Robots and Systems (IROS'91) [C]. Osaka: Japan, 1991: pages 1248-1253.

[42] Reyhanoglu M, Der Schaft A V, McClamroch N H, and Kolmanovsky I. Dynamics and control of a class of underactuated mechanical systems [J]. IEEE Transactions on Automatic Control, 44: 1663- 1671, 1999.

[43] Bushnell L, Tilbury D, and Sastry S S. Steering three-input chained form nonholonomic systems using sinusoids: The firetruck example [J]. In Proceedings of European Controls Conference, pages 1432-1437, 1993.

[44] Sordalen O J. Conversion of the kinematics of a car with n trailers into a chained form. In Pro-ceedings of IEEE Conference on Robotics and Automation [J]. Atlanta, Georgia, May 1993: pages 382-387.

[45] Kaplan M H. Modern Spacecraft Dynamics and Control [M]. John Wiley, New York, 1976.

[46] Wie B. Space Vehicle Dynamics and Control[M]. AIAA, Reston, Virginia, 1998.

[47] Greenwood D T. Principles of Dynamics. Prentice Hall [M]. Engelwood Cliffs, NJ, 1988.

[48] Egeland O, Berglund E, and Sordalen O J. Exponential stabilization of a

nonholonomic underwa-ter vehicle with constant desired configuration [J]. In Proceedings of IEEE Conference on Robotics and Automation, pages 20-25, S. Diego, CA, May 1994.

[49] Nakamura Y and Savant S. Nonlinear tracking control of autonomous underwater vehicles [J]. In Proceedings of IEEE Conference on Robotics and Automation, pages A4-A9, Nice, France, May 1992.

[50] Reyhanoglu M. Exponential stabilization of an underactuated autonomous surface vessel [J]. Auto-matica, 33: 2249-2254, 1997.

[51] Wichlund K Y, Sordalen O J, and Egeland O. Control of vehicles with second-order nonholo-nomic constraints: underactuated vehicles [C]. In Proceedings of European Control Conference, pages 3086-3091, Rome, Italy, 1995.

[52] Fossen T I. Guidance and Control of Ocean Vehicles [M]. Wiley, New York, 1994.

[53] Nelson R C. Flight Stability and Automatical Control [M]. McGraw-Hill, New York, NY, 1989.

[54] Stevens B L and Lewis F L. Aircraft Control and Simulation. Wiley, Hoboken, N. J., 2003.

[55] Nguyen X. Vinh. Flight Mechanics of High Performance Aircraft [M]. Cambridge University Press, Great Britain, 1993.

[56] Sastry S. Nonlinear Systems: Analysis, Stability and Control. Springer-Verlag [M]. New York, 1999.

[57] Siouris G M. Missile Guidance and Control Systems. Springer [M]. New York, 2004.

[58] 程兆林，马树萍，线性系统理论 [M]. 北京：科学出版社，2006.

[59] Godsil C and Royle G, Algebraic Graph Theory, Springer [M]. New York, 2001.

[60] 郭雷，程代展，冯德兴，控制理论导论—从基本概念到研究前沿 [M]. 北京：北京科学出版社，2005.

[61] Michel A N and Miller R K, Qualitative Analysis of Large Scale Dynamical Systems [M]. Academic Press, New York, 1977.

[62] 方世昌. 离散数学 [M]. 3 版. 西安：西安电子科技大学出版社，2009.

[63] Lin Z. Coupled dynamic systems: From structure towards stability and stabilizability [D]. Toronto, Canada: University of Toronto, 2005.

[64] Lin Z Y, Francis B, Maggiore M. Necessary and sufficient graphical conditions for formation control of unicycles [J]. IEEE Transactions on Automatic Control, 2005, 50 (1): 121-127.

[65] Olfati-Saber R, Murray R M. Consensus problems in networks of agents with switching topology and time-delays [J]. IEEE Transactions on Automatic Control, 2004, 49 (9): 1520-1533.

[66] Berman A, Plemmons R. Nonnegative Matrices in the Mathematical Sciences [M]. New York: Academic Press, Inc., 1979.

[67] Kovacs I, Silver D. S and Williams S. G. Determinants of block matrices and Schur's formula[EB/OL]1999. Available from: http: //citeseer. ist. psu. edu/497635. html.

[68] Horn R and Johnson C. Matrix analysis [M]. New York: Cambridge University Press, 1985.

[69] Ren W and Cao Y. C, Distributed Coordination of Multiagent Networks [M]. London: Springer-Verlay, 2011.

[70] Tay T, Whiteley W. Generating isostatic frameworks [J]. Structural Topology, 1985, 11: 21-69.

[71] Jackson B, Jordan T. Connected rigidity matroids and unique realizations of graphs [J]. Journal of Combinatorial Theory, 2004, B (94): 1-29.

[72] Hendrickx J, Anderson B D O, Delvenne J C, et al. Directed graphs for the

analysis of rigidity and persistence in autonomous agent systems［J］. International Journal of Robust Nonlinear Control, 2007, 17 (1011): 960-981.

［73］Laman G. On graphs and rigidity of plane skeletal structures［J］. Journal of Engineering Mathe-matics, 1970, 4: 331-340.

［74］Hendrickx J M, Fidan B, Yu C, Anderson B D O, Blondel V D. Formation reorganization by prim-itive operations on directed graphs［J］. IEEE Transactions on Automatic Control, 2008, 53 (4): 68-979.

［75］Lafferriere G, Williams A, Caughman J, et al. Decentralized control of vehicle formations［J］. System & Control Letters, 2004, 54 (9): 899-910.

［76］Ren W, Chen Y Q. Leaderless formation control for multiple autonomous vehicles［C］. In: Pro-ceedings of the 2006 AIAA Guidance, Navigation, and Control Conference and Exhibit, 2006, 6069-6078.

［77］Zhu J D, Tian Y-P, Kuang J. On the general consensus protocol of multi-agent systems with double-integrator dynamics［J］. Linear Algebra and its Applications, 2009, 431 (5-7): 701-715.

［78］Xie G, Wang L. Consensus control for a class of networks of dynamic agents: fixed topology［C］. In: Proceedings of the 44th IEEE Conference on Decision and Control and the 2005 European Control Conference, 2005, 96-101.

［79］Tuna S E. Synchronizing linear systems via partial-state coupling［J］. Automatica, 2008, 44 (8): 2179-2184.

［80］Ma C-Q, Zhang J-F. Necessary and sufficient conditions for consensusability of linear multi-agent systems［J］. IEEE Transactions on Automatic Control, 2010, 55 (5): 1263-1268.

［81］Fax J A, Murray R M. Information flow and cooperative control of vehicle formations［J］. IEEE Transactions on Automatic Control, 2004, 49 (9):

1465-1476.

[82] Seo J H, Shim H, Back J. Consensus of high-order linear systems using dynamic output feedback compensator: low gain approach [J]. Automatica, 2009, 45 (11): 2659-2664.

[83] Kim H, Shim H, Seo J H. Output consensus of heterogeneous uncertain linear multi-agent systems [J]. IEEE Transactions on Automatic Control, 2011, 56 (1): 200-206.

[84] Olfati-Saber R, Murray R M. Consensus protocols for networks of dynamic agents [C]. In: Pro-ceedings of the 2003 American Control Conference, 2003, 951-956.

[85] Qing H, Haddad W M. Distributed nonlinear control algorithms for network consensus [J]. Au-tomatica, 44 (9): 2375-2381, 2008.

[86] Xiao F, Wang L, Chen J. General distributed protocols for finite-time consensus of multi-agent systems [C]. In: Proceedings of the 48th IEEE Conference on Decision and Control and the 28th Chinese Control Conference, 2009, 4741-4746.

[87] Ren W. On consensus algorithms for double-integrator dynamics [J]. IEEE Transactions on Au-tomatic Control, 2008, 53 (6): 1503-1509.

[88] Cortes J. Achieving coordination tasks in finite time via nonsmooth gradient flows [C]. In: Pro-ceedings of the 44th IEEE Conference on Decision and Control and the 2005 European Control Conference, 2005, 6376-6381.

[89] Cortes J. Finite-time convergent gradient flows with applications to network consensus [J]. Au-tomatica, 2006, 42 (11): 1993-2000.

[90] Xiao F, Wang L. Reaching agreement in finite time via continuous local state feedback [C]. In: Proceedings of the 26th Chinese Control Conference, 2007, 711-715.

［91］Dimarogonas D V, Kyriakopoulos K J. On the rendezvous problem for multiple nonholonomic agents［J］. IEEE Transactions on Automatic Control, 2007, 52 (5): 916-922.

［92］Ji M, Egerstedt M. Connectedness preserving distributed coordination control over dynamic graphs［C］. In: Proceedings of the 2005 American Control Conference, 2005, 93-98.

［93］Cao Y, Ren W. Distributed coordinated tracking with reduced interaction via a variable structure approach［J］. IEEE Transactions on Automatic Control, 2012, 57 (1): 33-48.

［94］Arcak M. Passivity as a design tool for group coordination［J］. IEEE Transactions on Automatic Control, 2007, 52 (8): 1380-1390.

［95］Kashyap A, Basar T, Srikant R. Quantized consensus［J］. Automacica, 2007, 43 (7): 1192-1203.

［96］Ren W, Cao Y. Convergence of sampled-data consensus algorithms for double-integrator dy-namics［C］. In: Proceedings of the 47th IEEE Conference on Decision and Control, 2008, 3965- 3970.

［97］Dimarogonas D, Johansson K H. Stability analysis for multi-agent systems using the incidence matrix: quantized communication and formation control［J］. Automatica, 2010, 46 (4): 695-700.

［98］Zhang Y, Tian Y-P. Consensus of data-sampled multi-agent systems with random communication delay and packet loss［J］. IEEE Transactions on Automatic Control, 2010, 55 (4): 939-943.

［99］Liu S, Li T, Xie L, et al. Sampled-data based average consensus with logarithmic quantizers［C］. In: Proceedings of the 31st Chinese Control Conference, 2012, 6141-6146.

［100］Yamaguchi H, Burdick J W. Time-varying feedback control for nonholonomic mobile robots forming group formations［C］. In:

Proceedings of the 37th IEEE Conference on Decesion and Control, 1998, 4156-4163.

［101］ Brockett R W. Asymptotic Stability and Feedback Stabilization［A］. In: Brockett R W, Millman R S, Sussmann H J. Differential Geometric Control Theory［M］. Boston: Birkhauser, 1983, 181- 191.

［102］ Dong W J, Farrell J A. Cooperative control of multiple nonholonomic mobile agents［J］. IEEE Transactions on Automatic Control, 2008, 53 (6): 1434-1448.

［103］ Zhai G, Takeda J, Imae J, et al. An approach to achieving consensus in nonholonomic systems［C］. In: Proceedings of the 2010 IEEE International Symposium on Intelligent Control, 2010, 1476-1481.

［104］ Zhai G, Takeda J, Imae J, et al. Towards consensus in networked non-holonomic systems［J］. IET Control Theory and Applications, 2010, 4 (10): 2212-2218.

［105］ Chopra N, Spong M W. Passivity-based control of multi-agent systems［A］. In: Kawamura S, Svinin M. Advances in Robot Control: From Everyday Physics to Human-Like Movements［M］. Berlin: Springer Verlag, 2006, 107-134.

［106］ Krogstad T R, Gravdahl J T. 6-DOF mutual synchronization of formation flying spacecraft［C］. In: Proceedings of the 45th IEEE Conference on Decesion and Control, 2006, 5706-5711.

［107］ Sun D, Shao X, Feng G. A model-free cross-coupled control for position synchronization of multi-axis motions: theory and experiments［J］. IEEE Transactions on Control Systems Tech-nology, 2007, 15 (2): 306-314.

［108］ Ren W. Distributed leaderless consensus algorithms for networked Euler-Lagrange systems［J］. International Journal of Control, 2009, 82 (11): 2137-2149.

［109］ Lohmiller W, Slotine J-J E. On contraction analysis for non-linear systems［J］. Automatica, 1998, 34 (6): 683-696.

［110］ Chung S-J, and Slotine J-J E. Cooperative robot control and synchronization of Lagrangian systems［C］. In: Proceedings of the 46th IEEE Conference on Decesion and Control, 2007, 2504- 2509.

［111］ Chung S-J, and Slotine J-J E. Cooperative robot control and concurrent synchronization of La-grangian systems［J］. IEEE Transactions on Robotics, 2009, 25 (3): 686-700.

［112］ Zhang W, Wang Z, Guo Y. Backstepping-based synchronisation of uncertain net-worked Lagrangian systems［J］. International Journal of Systems Science, DOI: 10. 1080/00207721. 2012. 669869.

［113］ Ren W, Beard R W, McLain T W. Coordination variables and consensus building in multiple vehicle systems［J］. Cooperative Control, Lecture Notes in Control and Information Science, 2005, 309: 171-188.

［114］ Wolfowitz J. Products of indecomposable, aperiodic, stochastic matrices［J］. In: Proceedings of the American Mathematical Society, 1963, 14 (5): 733-737.

［115］ Cao M, Morse A S, Anderson B D O. Reaching a consensus in a dynamically changing environment-a graphical approach［J］. SIAM Journal on Control and Optimization, 2008, 47 (2): 575-600.

［116］ Yamaguchi H, Arai T. Distributed and autonomous control method for generating shape of mul-tiple mobile robot group［C］. In: Proceedings of the IEEE/RSJ/GI International Conference on Intelligent Robots and Systems, 1994, 2: 800-807.

［117］ Ren W, Atkins E. Distributed multi-vehicle coordinated control via local information exchange［J］. International Journal of Robust and Nonlinear Control, 2007, 17 (10-11): 1002-1033.

［118］ Zhang Y, Tian Y-P. Consentability and protocol design of multi-agent systems with stochastic switching topology［J］. Automatica, 2009, 45 (5): 1195-1201.

［119］ You K, Xie L. Consensusability of discrete-time multi-agent systems via relative output feed-back［C］. In: Proceedings of the 11th International Conference on Control, Automation, Robotics and Vision, 2010, 1239-1244.

［120］ Zhang Y, Tian Y. -P. Maximum allowable loss probability for consensus of multi-agent systems over random weighted lossy networks［J］. IEEE Transactions on Automatic Control, 2012, 57 (8): 2127-2132.

［121］ Porfiri M, Stilwell D J, Bollt E M, et al. Random talk, random walk and synchronizability in a moving neighborhood network［J］. Physica D, 2006, 224: 102-113.

［122］ Porfiri M, Stilwell D J, Bollt E M. Synchronization in random weighted directed networks［J］. IEEE Transactions on Circuits and Systems-I, 2008, 55 (10): 3170-3177.

［123］ Lee D J, Spong M W. Stable flocking of multiple inertial agents on balanced graphs［J］. IEEE Transactions on Automatic Control, 2007, 52 (8): 1469-1475.

［124］ Sun Y G, Wang L. Consensus of multi-agent systems in directed networks with nonuniform time-varying delays［J］. IEEE Transactions on Automatic Control, 2009, 54 (7): 1607-1613.

［125］ Moreau L. Stability of continuous-time distributed consensus algorithms［C］. In: Proceedings of the 43rd IEEE Conference on Decision and Control, 2004, 3998-4003.

［126］ Moreau L. Stability of continuous-time distributed consensus algorithms［EB/OL］. arXiv: math. OC/0409010v1, 2004.

［127］ Wang L, Liu Z X, Guo L. Robust consensus of multi-agent systems with noise［C］. In: Proceed-ings of the 26th Chinese Control Conference, 2007, 737-741.

［128］ Xiao L, Boyd S, Kim S J. Distributed average consensus with leastmeansquare deviation［J］. Journal of Parallel and Distributed Computing, 2007, 67 (1): 33-46.

［129］ Porfiri M, Stilwell D J. Consensus seeking over random weighted directed graphs［J］. IEEE Transactions on Automatic Control, 2007, 52 (9): 1767-1773.

［130］ Munz U, Papachristodoulou A, Allgower F. Nonlinear multi-agent system consensus with time-varying delays［C］. In: Proceedings of the 17th IFAC World Congress, 2008, 1522-1527.

［131］ Moreau L. Stability of multiagent systems with time-dependent communication links［J］. IEEE Transactions on Automatic Control, 2005, 50 (2): 169-182.

［132］ Wang J, Elia N. Consensus over networks with dynamic channels［C］. In: Proceedings of the 2008 American Control Conference, 2008, 2637-2642.

［133］ Lin P, Jia Y, Du J, et al. Distributed consensus control for second-order agents with fixed topol-ogy and time-delay［C］. In: Proceedings of the 26th Chinese Control Conference, 2007, 577- 581.

［134］ Tian Y-P, Liu C-L. Robust consensus of multi-agent systems with diverse input delays and asymmetric interconnection perturbations［J］. Automatica, 2009, 45 (5): 1347-1353.

［135］ Lee D, Spong M W. Agreement with non-uniform information delays［C］. In: Proceedings of the 2006 American Control Conference, 2006, 756-761.

［136］Lestas I, Vinnicombe G. Scalable decentralized robust stability certificates for networks of in-terconnected heterogeneous dynamical systems［J］. IEEE Transactions on Automatic Control, 2006, 51 (10): 1613-1625.

［137］Lestas I, Vinnicombe G. The S-hull approach to consensus［C］. In: Proceedings of the 46th IEEE Conference on Decision and Control, 2007, 182-187.

［138］Lestas I, Vinnicombe G. Heterogeneity and scalability in group agreement protocols: Beyond small gain and passivity approaches［J］. Automatica, 2010, 46 (7): 1141-1151.

［139］Tian Y-P, Zhang Y. High-order consensus of heterogeneous multi-agent systems with unknown communication delays［J］. Automatica, 2012, 48 (6): 1205-1212.

［140］许耀熙. 有向通信拓扑下多自主体系统非线性一致性协议的设计与分析［D］. 南京：东南大学，2013.

［141］Ren W, Beard R W. Consensus seeking in multiagent systems under dynamically changing interaction topologies［J］. IEEE Transactions on Automatic Control, 2005, 50 (5): 655-661.

［142］Cao M, Morse A S, Anderson B D O. Reaching a consensus in a dynamically chang-ing environment: a graphical approach［J］. SIAM Journal on Control and Optimization, 2008, 47 (2): 575-600.

［143］Cao M, Morse A S, Anderson B D O. Reaching a consensus in a dynamically changing environment: convergence rates, measurement delays, and asynchronous events［J］. SIAM J on Control and Optimization, 2008, 47 (2): 601-623.

［144］TahbazSalehi A, Jadbabaie A. A necessary and sufficient condition for consensus over random networks［J］. IEEE Transactions on Automatic

Control, 2008, 53 (3): 791-795.

[145] Boyd S, Ghosh A, Prabhakar B, et al. Randomized gossip algorithms [J]. IEEE Transactions on Information Theory, 2006, 5 (6): 2508-2530.

[146] Kar S, Moura J. Sensor networks with random links: topology design for distributed consensus [J]. IEEE Transactions on Signal Processing, 2008, 56 (7): 3315-3326.

[147] TahbazSalehi A, Jadbabaie A. A necessary and sufficient condition for consensus over random networks [J]. IEEE Transactions on Automatic Control, 2008, 53 (3): 791-795.

[148] Fagnani F, Zampieri S. Randomized consensus algorithms over large scale networks [J]. IEEE Journal on Secected Areas in Communications, 2008, 26 (4): 634-649.

[149] Hatano Y, Mesbahi M. Agreement over random networks [J]. IEEE Transactions on Automatic Control, 2005, 50 (11): 1867-1872.

[150] Ren W. Secondorder consensus algorithm with extensions to switching topologies and refer-ence models [C]. In: Proceedings of the 2007 American control conference, 2003, 1431-1436.

[151] Tanner H G, Jadbabaie A, Pappas G J. Flocking in fixed and switching networks [J]. IEEE Transactions on Automatic Control, 2007, 52 (5): 863-868.

[152] Hong Y G, Chen G, Bushnell L. Distributed observers design for leaderfollowing control of multiagent Networks [J]. Automatica, 2008, 44 (3): 846-850.

[153] Hu J, Hong Y. Leaderfollowing coordination of multiagent systems with coupling time delays [J]. Physica A, 2007, 374 (2): 853-863.

[154] Sinopoli B, Schenato L, Franceschetti M, et al. Kalman filtering with intermittent observations [J]. IEEE Transactions on Automatic Control,

2004, 49 (9): 1453-1464.

[155] Smith S C, Seiler P. Estimation with lossy measurements: jump estimators for jump systems [J]. IEEE Transactions on Automatic Control, 2003, 48 (12): 2163-2171.

[156] Lee K K, Chanson S T. Packet loss probability for realtime wireless communications [J]. IEEE Transactions on Vehicular Technology, 2002, 51 (6): 1569-1575.

[157] Costa O L V, Marques R P, Fragoso M D. DiscreteTime Markov Jump Linear Systems [M]. London: SpringerVerlag London, 2005.

[158] Bystrom J, Persson L E, Stromberg F. A basic course in applied mathematics [EB/OL]. http://www.sm.luth.se/johanb/applmath/ indexen. htm.

[159] 张明淳. 工程矩阵理论 [M]. 南京：东南大学出版社，1999.

[160] TahbazSalehi A, Jadbabaie A. A necessary and sufficient condition for consensus over random networks [J]. IEEE Transactions on Automatic Control, 2008, 53 (3): 791-795.

[161] Mohanarajah G, Hayakawa T. Formation stability of multiagent systems with limited infor-mation [C]. In: 2008 American Control Conference (ACC), Seattle, Washington: 2008, 704-709.

[162] Zhang Fuzhen. The Schur Complement and Its Applications [M]. Springer, 2005.

[163] Ghaoui L E, Oustry F, AitRami M. A cone complementarity linearization algorithm for static outputfeedback and related problems [J]. IEEE Transactions on Automatic Control, 1997, 42 (8): 1171-1176.

[164] Roy S, Herlugson K, Saberi A. A controltheoretic approach to distributed discretevalued deci-sionmaking in networks of sensing agents [J]. IEEE Transactions on Mobile Computing, 2006, 5 (8): 945-957.

[165] Ren W, Atkins E. Secondorder consensus protocols in multiple vehicle systems with local interactions [C]. In: AIAA Guidance, Navigation, and Control Conference and Exhibit, 2005, 3689-3701.

[166] Xiao F, Wang L. Consensus problems for highdimensional multiagent systems [J]. IET Control Theory & Applications, 2007, 1 (3): 830-837.

[167] Porfiri M, Roberson D G, Stilwell D J. Tracking and formation control of multiple autonomous agents: a twolevel consensus approach [J]. Automatica, 2007, 43 (8): 1318-1328.

[168] Mohanarajah G, Hayakawa T. Formation stability of multiagent systems with statedependent stochastic communication loss [C]. In: SICE Annual Conference 2007, Kagawa University, Japan: 2007, 1426-1431.

[169] Lü J, Chen G. A timevaryng complex dynamical network model and its controlled synchronization network [J]. IEEE Transactions on Automatic Control, 2005, 50 (6): 841-846.

[170] Motter A E, Zhou C S, Kurths J. Network synchronization, diffusion, and the paradox of heterogeneity [J]. Physical Review E, 2005, 71: 016116.

[171] Belykh I V, Belykh V N, Hasler M. Blinking model and synchronization in smallworld net-works with a timevarying coupling [J]. Physica D, 2004, 195 (1-2): 188-206.

[172] Lü J, Yu X, Chen G. et al. Characterizing the synchronizability of smallworld dynami-cal networks [J]. IEEE Transactions on Circuits and SystemsI, 2004, 51 (4): 787-796.

[173] Chen C T. Linear System Theory and Design [M]. New York: Holt, Rinehart, and Winston, 1984.

[174] Hu S, Yan W Y. Stability robustness of networked control systems with respect to packet loss [J]. Automatica, 2007, 43 (7): 1243-1248.

[175] Chan H, Ozguner U. Closedloop control of systems over communications

network with queues［J］. International Journal of Control, 1995, 62 (3): 493-510.

［176］ Zhang L Q, Shi Y, Chen T W, et al. A new method for stabilization of net-worked control systems with random delays［J］. IEEE Transactions on Automatic Control, 2005, 50 (8): 1177-1181.

［177］ Cao Y, Ren W and Li Y, Distributed discrete-time coordinated tracking with a time-varying reference state and limited communication. Automatica［J］. 2009, 45 (5): 1299-1305.

［178］ 邵敬平. 基于观测器的多智能体系统一致性［M］. 西安：西安电子科技大学，2012.

［179］ Moore D, Leonard J, Rus D, Teller S. Robust distributed network localization with noisy range measurements［C］. In: Proceedings of the 2nd International Conference on Embedded Networked Sensor Systems, 2004, 50-61.

［180］ Yang Z, Liu Y H, Li X Y. Beyond trilaterlation: on the localizability of wireless ad-hoc networks［J］. IEEE/ACM Transactions on Networking, 2010, 18 (6): 1806-1814.

［181］ Shames I, Dasgupta S, Fidan B, Anderson B D O. Circumnavigation using distance measure-ments under slow drift［J］. IEEE Transactions on Automatic Control, 2012, 57 (4): 889-903.

［182］ Khan U, Kar S, Moura J M F. Distributed sensor localization in random environments using minimal number of anchor nodes［J］. IEEE Transactions on Signal Processing, 2009, 57 (5): 2000- 2016.

［183］ Chai G F, Che L, Lin Z Y, Zhang W D. Consensus-based cooperative source localization of multi-agent systems with sampled range measurements［J］. Unmanned Systems, 2014, 2 (3): 231- 241.

［184］ Chai G F, Lin Z Y, Fu M Y. Consensus-based cooperative source localization of multi-agent systems [C]. In: Proceedings of the 32th Chinese Control Conference, 2013, 6809-6814.

[185] Chen W S, Wen C Y, Hua S Y, Sun C Y. Distributed cooperative adaptive identification and control for a group of continuous-time systems with a cooperative Pe condition via consensus [J]. IEEE Transactions on Automatic Control, 2014, 59 (1): 91-106.

[186] Murray R M. Recent research in cooperative control of multivehicle systems [J]. Journal of Dynamic Systems, Measurement, and Control, 2007, 129 (3): 571-1001.

[187] Ren W, Beard R. Distributed Consensus in Multi-vehicle Cooperative Control: Theory and Applications [M]. London: Springer-Verlag, 2008.

[188] Dandach S H, Fidan B, Dasgupta S, Anderson B D O. A continuous time linear adaptive source localization algorithm, robust to persistent drift [J]. System Control Letters, 2009, 58 (1): 7-16.

[189] Andersson L A A, Nygards J. C-SAM: Multi-robot slam using square root information smooth-ing [C]. In: Proceedings of the 2008 IEEE International Conference on Robotics and Automation, 2008, 2798-2805.

[190] Mathews G M, Durrant-Whyte H F. Scalable decentralised control for multi-platform recon-naissance and information gathering tasks [C]. In: Proceedings of the 9th IEEE Conference on Information Fusion, 2006, 1-8.

[191] Aragues R, Cortes J, Sagues C. Distributed consensus algorithms for merging feature-based maps with limited communication [J]. Robotics and Autonmous Systems, 2011, 59 (3): 163-180.

[192] Khalil H K.，非线性系统 [M]. 3 版. 朱义胜，董辉，李作洲，等译. 北京：电子工业出版社，2005.

[193] Krstic M, Kanellakopoulos I, Kokotovic P V. Nonlinear and Adaptive

Control Design［M］. New York: Wiley, 1995.

［194］ Anderson B D O. Exponential stability of linear equations arising in adaptive identifcation［M］. IEEE Transactions on Automatic Control, 1977, 22 (1): 83-88.

［195］ Sansone G. Orthogonal Functions［M］. New York: Dover Publications, 1991.

［196］ 匡继昌. 常用不等式［M］. 3 版. 济南：山东科学技术出版社，2004.

［197］ Xu Y J, Tian Y-P. Design of a class of nonlinear consensus protocols for multi-agent systems［M］. International Journal of Robust and Nonlinear Control, 2013, 23 (13): 1524-1536.

［198］ Sandhu J, Mesbahi M, Tsukamaki T. Cuts and flows in relative sensing and control of spatially distributed systems［C］. In: Proceedings of the American Control Conference, 2005, 73-78.

［199］ Sandhu J, Mesbahi M, Tsukamaki T. Relative sensing networks: Observability, estimation, and the control structure［C］. In: Proceedings of the 44th IEEE Conference on Decision and Control, 2005, 6400-6405.

［200］ Ibrir S. Online exact differentiation and notion of asymptotic algebraic observers［J］. IEEE Transactions on Automatic Control, 2003, 48 (11): 2055-2060.

［201］ Hazewinkel M. Encyclopaedia of Mathematics［M］. Springer press, 1995.

［202］ Hong Y G, Hu J P, Gao L X. Tracking control for multi-agent consensus with an active leader and varible topology［J］. Automatica, 2006, 42 (7): 1177-1182.

［203］ 邵敬平. 多自主体系统的协作目标定位与巡航控制［D］. 南京：东南大学，2018.

［204］ Milam M B, Petit N, Murray R M. Constrained trajectory generation for micro-satellite forma-tion flying［C］. In: Proceedings of the 2001 AIAA Guidance, Navigation and Control Confer-ence, 2001, 328-333.

［205］Chen F, Ren W, Cao Y C. Surrounding control in cooperative agent networks［J］. Systems and Control Letters, 2010, 59 (11): 704-712.

［206］Kim T, Sugie T. Cooperative control for target-capturing task based on a cyclic pursuit strategy［J］. Automatica, 2007, 43 (8): 1426-1431.

［207］Ceccarelli N, Marco M D, Garulli A, Giannitrapani A. Collective circular motion of multi-vehicle systems［J］. Automatica, 2008, 44: 3025-3035.

［208］Deghat M, Shames I, Anderson B D O, Yu C B. Target localization and circumnavigation using bearing measurements in 2d［C］. In: Proceedings of the 49th IEEE Conference on Decision and Control, 2010, 334-339.

［209］Deghat M, Shames I, Anderson B D O. Localization and circumnavigation of a slowly mov-ing target using bearing measurements［J］. IEEE Transactions on Automatic Control, 2014, 59 (8): 2182-2188.

［210］Deghat M, Lu X, Anderson B D O, Hong Y G. Multi-target localization and circumnavigation by a single agent using bearing measurements［J］. International Journal of Robust and Nonlinear Control, 2015, 25 (14): 2362-2374.

［211］Matveev A S, Semakova A A, Savkin A V. Range-only based circumnavigation of a group of moving targets by a non-holonomic mobile robot［J］. Automatica, 2016, 65: 76-89.

［212］Zheng R H, Liu Y H, Sun D. Enclosing a target by nonholonomic mobile robots with bearing-only measurements［J］. Automatica, 2015, 53: 400-407.

［213］Shi Y J, Li R, Teo K L. Cooperative enclosing control for multiple moving targets by a group of agents［J］. International Journal of Control, 2015, 88 (1): 80-89.

［214］ Shi Y J, Li R, Wei T T. Target-enclosing control for second-order multi-agent systems［J］. In-ternational Journal of Systems Science, 2015, 46 (12): 2279-2286.

［215］ Shames I, Fidan B, Anderson B D O. Close target reconnaissance with guaranteed collision avoidance［J］. International Journal of Robust and Nonlinear Control, 2011, 21 (16): 1823-1840.

［216］ Ren W, Beard R W, Atkins E M. A survey of consensus problems in multi-agent coordination［C］. In: Proceedings of the 2005 American Control Conference, 2005, 1859-1864.

［217］ Xiao L, Boyd S. Fast linear iterations for distributed averaging［J］. Systems and Control Letters, 2003, 53 (1): 65-78.

［218］ Xiao L, Boyd S, Lall S. A scheme for robust distributed sensor fusion based on average con-sensus［C］. In: Proceedings of the 4th International Symposium on Information Processing in Sensor Networks, 2005, 63-70.

［219］ Spanos D P, Olfati-Saber R, Murray R M. Dynamic consensus on mobile networks［C］. In: Proceedings of 16th IFAC World Congress, 2005, 1-6.

［220］ Freeman R A, Yang P, Lynch K M. Stability and convergence properties of dynamic average consensus estimators［C］. In: Proceedings of the 45th IEEE Conference Decision Control, 2006, 338-343.

［221］ Bai H, Freeman R A, Lynch K M. Robust dynamic average consensus of time-varying inputs［C］. In: Proceedings of th 49th IEEE Conference Decision Control, 2010, 3104-3109.

［222］ Chen F, Cao Y, Ren W. Distributed average tracking of multiple time-varying reference signals with bounded derivatives［J］. IEEE Transactions on Automatic Control, 2012, 57 (12): 3169- 3174.

［223］ Chen F, Ren W, Lan W, Chen G. Distributed average tracking for reference signals with bounded accelerations［J］. IEEE Transactions on

Automatic Control, 2015, 60 (3): 863-869.

［224］ Sastry S, Bodson M. Adaptive Control: Stability, Convergence, and Robustness［M］. New Jer-sey: Prentice-Hall, 1994.

［225］ Ryan E P. Remarks on the l_p-input converging-state property［J］. IEEE Transactions on Auto-matic Control, 2005, 50 (7): 1051-1054.

［226］ Khalil H. Nonlinear Systems (Third ed)［M］. New Jersey: Prentice Hall, 2002.

［227］ Loria A, Panteley E. Uniform exponential stability of linear time-varying systems: revisited［J］. Systems and Control Letters, 2002, 47 (1): 13-24.

［228］ Cao Y G. UAV circumnavigating an unknown target under a GPS-denied environment with range-only measurements［J］. Automatica, 2015, 55: 150-158.

［229］ Ovchinnikov K, Semakova A, Matveev A. Cooperative surveillance of unknown environmen-tal boundaries by multiple nonholonomic robots［J］. Robotics and Autonomous Systems, 2015, 72: 164-180.

［230］ Cui L X, Chen S H, Wang L. Distributed control for multi-target circumnavigation by a group of agents［J］. International Journal of Systems Science, 2017, 48 (12): 2565-2574.

［231］ Shao J P, Tian Y P. Multi-target localization and circumnavigation control by a group of moving agents［C］. In: Proceedings of the 13th IEEE International Conference on Control and Automa-tion, 2017, 606-611.

［232］ Shao J P, Tian Y P. Multi-target localization and circumnavigation by a multi-agent system with bearing measurements in 2D space［J］. International Journal of Systems Science, 2018, 49 (1): 15- 26.

［233］ Fidan B, Dasgupta S, Anderson B. Adaptive range-measurement-based target pursuit［J］. Inter-national Journal of Adaptive Control and Signal

Processing, 2013, 27 (1-2): 66-81.

[234] Guler S, Baris F, Dasgupta S, Anderson B D O, Shames I. Adaptive source localization based station keeping of autonomous vehicles [J]. IEEE Transactions on Automatic Control, 2017, 62 (7): 3122-3135.

[235] Cao Y, Muse J, Casbeer D, Kingston D. Circumnavigation of an unknown target using UAVs with range and range rate measurements [C]. In: Proceedings of the 52nd IEEE Conference on Decision and Control, 2013, 3617-3622.

[236] 张亚. 基于随机通信网络的多自主体系统的一致性研究 [D]. 南京：东南大学，2010.

[237] Olfati-Saber R, Fax J A, Murray R M. Consensus and cooperation in networked multi-agent systems [J]. Proceedings of the IEEE, 2007, 95 (1): 215-233.

[238] Zheng R H, Lin Z Y, Fu M Y. Distributed control for uniform circumnavigation of ring-coupled unicycles [J]. Automatica, 2015, 53: 23-29.

[239] De Gennaro MC, Iannelli L, Vasca F. Formation control and collision avoidance in mobile agent systems [C]. In: Proceedings of the IEEE International Symposium on Intelligent Control and 13th Mediterranean Conference on Control and Automation, 2005, 27-29.

[240] Dimarogonas D V, Johansson K H. On the stability of distance-based formation control [C]. In: Proceedings of the 47th IEEE Conference on Decision and Control, 2008, 1200-1205.

[241] Saber O R, Murray R M. Graph rigidity and distributed formation stabilization of multivehicle systems [C]. In: Proceedings of the 41st IEEE Conference on Decision and Control, 2002, 2965-2971.

[242] Dimarogonas D V, Johansson K H. Further results on the stability of

distance-based multi-robot formations [C]. In: Proceedings of the American Control Conference, 2009, 2972-2977.

[243] Anderson B, Yu C, Soura D, et al. Control of a three-coleader formation in the plane [J]. Systems and Control Letters, 2007, 56 (910): 573-578.

[244] Cao M, Morse A S, Yu C, et al. Controlling a triangular formation of mobile autonomous agents [C]. In: Proceedings of the 46th IEEE Conference on Decision and Control, 2007, 3603-3608.

[245] Krick L, Broucke M, Francis B. Stabilization of infinitesimally rigid formations of multi-robot networks [J]. International Journal of Control, 2009, 82 (3): 423-439.

[246] Yu C, Anderson B D O, Dasgupta S, et al. Control of minimally persistent formations in the plane [J]. SIAM Journal on Control and Optimization, 2009, 48 (1): 206-233.

[247] Zelazo D, Rahmani A, Sandhu J, Mesbahi M. Decentralized formation control via the edge laplacian [C]. In: Proceedings of the American Control Conference, 2008, 783-788.

[248] Sorensen N, Ren W. A unified formation control scheme with a single or multiple leaders [C]. In: Proceedings of the American Control Conference, 2007, 5412-5418.

[249] Oh K K, Ahn H S. Distance-based formation control using euclidean distance dynamics matrix: general cases [C]. In: Proceedings of the American control conference, 2011, 4816-4821.

[250] Huang H, Yu C B, Wang X K. Control of triangular formations with a time-varying scale func-tion [C]. In: Proceedings of the American control conference, 2011, 4828-4833.

[251] Cao M, Anderson B D O, Morse A S, et al. Control of acyclic formations of mobile autonomous agents [C]. In: Proceedings of the 42th IEEE

Conference on Decision and Control, 2008, 1187-1192.

［252］ 王文生，王小谟. 小卫星直线编队合成孔径雷达的对地观测性能［J］. 北京理工大学学报，2006，26（1）：76-78.

［253］ Shevitz D, Paden B. Lyapunov stability theory of nonsmooth systems［J］. IEEE Transactions Automatic Control, 1994, 49 (9): 1910-1914.

［254］ Filippov A. Differential Equations With Discontinuous Right-Hand Sides［M］. Norwell, MA: Kluwer, 1988.

［255］ Clarke F. Optimization and Nonsmooth Analysis［M］. Reading, MA: Addison-Wesley, 1983.

［256］ Paden B, Sastry S S. A calculus for computing Filippov's differential inclusion with application to the variable structure control of robot manipulators［J］. IEEE Transactions on Circuits System, 1987, 34 (1): 73-82.

［257］ Baillieul J, Suri A. Information patterns and hedging Brocketts theorem in controlling vehicle formations［C］. In: Proceedings of the 42nd IEEE Conference on Decision and Control, 2003, 556-563.

［258］ Asimow L, Roth B. The rigidity of graphs II［J］. Journal of Mathematical Analysis and Appli-cations, 1979, 68 (1): 171-190.

［259］ Khalil H K. Nonlinear Systems. Second edition, Upper Saddle River, NJ: Prentice-Hall, 1996.

［260］ Eren T, Whitely W, Anderson B D O, Morse A S, Belhumeur P N. Information structures to secure control of rigid formations with leader-follower architecture［C］. In: Proceedings of the 2005 American Control Conference, 2005, 2966-2971.

［261］ Krick L, Broucke M E, Francis B A, Stabilization of infinitesimally rigid formations of multi-robot networks［C］. In: Proceedings of the 47th IEEE Conference on Decision and Control, 2008, 477-482.

[262] Brockett R W. Asymptotic Stability and Feedback Stabilization, Differential Geometric Control Theory [M]. Birkhauser: 1994.

[263] Gouvea J A, Pereira A R, Hsu L, Lizarralde F. Adaptive formation control of dynamic non-holonomic systems using potential functions [C]. In: Proceedings of 2010 American Control Conference, 2010, 230-235.

[264] Liao X X. Theory Methods and Applications of Stability [M]. Wuhan: Huazhong University of Science and Technology Press, 2002.

[265] Iggidr A, Kalitine B, Outbibt R. Semidefinite lyapunov functions stability and stabilization [J]. Mathematics of Control, Signals, and Systems, 1996, 9: 95-106.

[266] Chabour R, Kalitine B. Semidefinite lyapunov functions stability and stabilizability [J]. www. math. univmetz. fr.

[267] 王芹. 基于距离的多自主体系统刚性编队控制研究 [D]. 南京：东南大学，2013.

[268] Tadmor E. A review of numerical methods for nonlinear partial differential equations [J]. Bull. Amer. Math. Soc., 2012, 49 (4): 507-554.

[269] 李荣华，刘播. 微分方程数值解法 [M]. 4 版. 北京：高等教育出版社，2009.

[270] Adams R A, Fournier J J F. Sobolev spaces [M]. 2nd ed. Amsterdam: Elsevier, 2003.

[271] Trefethen L N, Weideman J A C. The exponentially convergent trapezoidal rule [J]. SIAM Rev., 2014, 56 (3): 385-458.

[272] Shen J. Efficient spectral-Galerkin method I. Direct solvers of second-and fourth-order equa-tions using Legendre polynomials [J]. SIAM J. Sci. Comput., 1994, 15 (6): 1489-1505.